21世纪高职高专精品规划教材

湖南省"十二五"规划课题《对接高职制造类专业需求的"一体两翼，五环相链"数学课程体系开发研究》(XJK013CZY116)终期成果

Gaozhi Gongke Yingyong Shuxue

高职工科应用数学

主　审　李　晖
主　编　谢金云
副主编　刘婉贞　周克平　刘国安
　　　　李清莲　向　洁　阳　亮
　　　　蒋庆来　陈　敏　周才文

湖南师范大学出版社
·长沙·

图书在版编目（CIP）数据

高职工科应用数学 /谢金云主编.— 长沙：湖南师范大学出版社，2015.8
ISBN 978-7-5648-2241-5

Ⅰ.①高… Ⅱ.①谢… Ⅲ.①应用数学－高等职业教育－教材 Ⅳ.①O29

中国版本图书馆 CIP 数据核字(2015)第 210717 号

高职工科应用数学

GAO ZHI GONG KE YING YONG SHU XUE

谢金云　主编

- ◇　责任编辑：朱敬敬　柳　丰
- ◇　责任校对：龙长林
- ◇　出版发行：湖南师范大学出版社
  - 地址/ 长沙市岳麓山　　邮编/ 410081
  - 电话/ 0731.88872751　　传真/ 0731.88872636
  - 网址/ https://press.hunnu.edu.cn
- ◇　经　　销：全国新华书店
- ◇　印　　刷：长沙金鹰印务有限公司

- ◇　开　　本：787 mm×1092 mm 1/16
- ◇　印　　张：17
- ◇　字　　数：400 千字
- ◇　版　　次：2015 年 8 月第 1 版
- ◇　印　　次：2022 年 8 月第 2 次印刷
- ◇　书　　号：ISBN 978-7-5648-2241-5
- ◇　定　　价：48.00 元

致亲爱的读者

有人说,"不懂微积分,就是不懂现代文明",也许您会认为这句话有点夸大,其实不然!我们知道,数学是"看不见的文化",数学的思想和方法已广泛应用于科学技术、社会经济等领域,而微积分更是人类文明发展史上最伟大的成就之一,它是现代数学的基础和起点,是科学技术发展的集中体现,是人类进步所必需的文化素养和研究工具。

高职工科应用数学作为高职院校各工科类专业开设的一门专业基础课,它对大学生的专业学习、能力提高、素养储备和职业发展都有着极其重要的作用,但由于长期以来数学学习与专业应用的脱节,使原本就极具抽象性的数学一度被学生"拒之门外",学习兴趣不浓、逻辑思维不强、创新能力缺乏、应用意识淡薄,这些都严重影响了他们的数学学习和全面发展。

为了改变这种现状,本书编写组齐心合力,对接高职制造类专业需求,开发了"一体两翼,五环相链"数学课程体系,一改"数学教学单一"的局面,从数学基础知识、数学文化拓展、数学课外活动等多方面培养,经过两年的实践,反响较好,效果甚佳。

本书是湖南省"十二五"规划课题《对接高职制造类专业需求的"一体两翼,五环相链"数学课程体系开发研究》(XJK013CZY116)的终期成果之一,是编写组根据教育部制定的有关文件精神,针对现阶段工科类专业学生的学习特点及素养、知识和能力需求,精心编写而成,主要适合于高职高专制造大类专业和建筑大类专业学生的高等数学课程学习使用。

在编写过程中,我们力求做到"一个突破,两个重视,三个衔接"。

一个突破——突破传统的大学数学教材的编写方法和体系,有轻有重,轻理论推导,重实践应用,更好地服务于高职技能型人才培养的需求。

两个重视——重视基础知识的传授,重视数学能力的培养。我们以提高学生的综合能力为指导思想,以"掌握概念、强化应用、培养技能"为重点,重视基础知识的学习巩固,培养学生的理性思维、迁移能力和逻辑思维能力,使学生的数学能力大幅提升。

三个衔接——和制造类专业需求相衔接、和素质养成相衔接、和高职学生的实际水平相衔接。首先,本书编排了近80个与汽车、机械、建筑、经济等专业密切相联的实际案例,并选用了近100个以生产生活实际为背景的练习题,"学中用,用中学",凸显数学与专业学习、数学和现代生活的零距离。其次,在每一章的开头和结尾中都编排了数学文化聚焦和数学文化欣赏模块,以丰富的史料和浅显的知识为载体,渗透德育,提升素养。再次,无论是概念的引入、例题的分析,习题的编排,还是问题的求解,我们都注重从历史到课堂、从简单到复杂、从实操到理论的认知规律,力求低起点思维、语言通俗易懂,更切合学生实际。

全书主要内容包括:函数的极限与连续,导数与微分,导数的应用,积分及其应用,微分方程,行列式、矩阵与线性方程组,MatLAB软件的使用,共7章。

全书基本教学时数为72-108学时,供三年制大专学生一年一期和一年二期使用。

本书的编写得到了长沙职业技术学院领导的关心和老师的帮助。参与本教材编写的人员有长沙职业技术学院的刘婉贞、周克平、刘国安、李清莲、向洁、蒋庆来,以上各位老师给教材编写提供了大量的素材,阳亮老师负责了图形的编辑;同时,长沙职业技术学院李晖副院长(教授)担任本教材的主审,为编写组做全程指导;在出版过程中,我们还得到了湖南师范大学出版社和湖南金城教育的具体指导和帮助,在此,编者对他们的辛勤付出表示最衷心的感谢!

由于时间仓促,准备不够充分,书中定还有不当之处,恳请您批评指正,并请将错漏处通过电子邮件(邮箱:1049039703@qq.com)反馈给我们,以便在今后的工作中加以改进。

编者:谢金云

目 录

第1章 函数的极限与连续 ... 1

1.1 初等函数 ... 2
1.1.1 函数的概念及性质 ... 2
1.1.2 基本初等函数 ... 5
1.1.3 复合函数 ... 6
1.1.4 初等函数 ... 7
习题 1.1 ... 7

1.2 简单数学建模 ... 8
1.2.1 数学建模的概念 ... 8
1.2.2 数学模型的建立 ... 8
1.2.3 数学建模案例分析 ... 9
习题 1.2 ... 12

1.3 函数的极限 ... 13
1.3.1 古代极限思想 ... 13
1.3.2 数列的极限 ... 14
1.3.3 函数的极限 ... 15
习题 1.3 ... 17

1.4 函数极限的运算 ... 17
1.4.1 无穷小量与无穷大量 ... 18
1.4.2 极限的四则运算 ... 20
1.4.3 两个重要的极限 ... 22

习题 1.4 ································· 24

1.5 函数的连续性 ································· 25

  1.5.1 函数连续性的概念 ································· 26

  1.5.2 连续函数的运算 ································· 27

  1.5.3 闭区间上连续函数的性质 ································· 28

  习题 1.5 ································· 29

复习题一 ································· 30

数学文化欣赏(一)——极限思想的产生、发展与应用 ································· 33

第 2 章 导数与微分 ································· 38

2.1 导数的概念 ································· 39

  2.1.1 导数产生的背景 ································· 39

  2.1.2 导数的概念 ································· 40

  2.1.3 求导举例 ································· 42

  2.1.4 可导与连续的关系 ································· 43

  习题 2.1 ································· 44

2.2 初等函数的求导 ································· 45

  2.2.1 导数的四则运算 ································· 45

  2.2.2 反函数的求导 ································· 47

  2.2.3 基本初等函数的导数 ································· 47

  2.2.4 复合函数的求导 ································· 49

  2.2.5 高阶导数 ································· 51

  习题 2.2 ································· 52

2.3 隐函数及参数方程所确定函数的求导 ································· 54

  2.3.1 隐函数的求导 ································· 54

  2.3.2 对数求导法 ································· 54

  2.3.3 参数方程所确定函数的求导 ································· 55

  习题 2.3 ································· 56

2.4 微分及其应用 ································· 57

  2.4.1 函数的微分 ································· 58

  2.4.2 微分公式与微分运算法则 ································· 59

  2.4.3 微分在近似计算中的应用 ································· 61

        2.4.4 微分在误差估计中的应用···62
        习题 2.4··63

    复习题二···65

    数学文化欣赏(二)——几种重要的数学思想···69

第 3 章 导数的应用···73

    3.1 微分中值定理和洛必达法则···73
        3.1.1 微分中值定理···74
        3.1.2 洛必达法则···75
        习题 3.1··79

    3.2 函数及曲线的特性···79
        3.2.1 函数的单调性···80
        3.2.2 函数的极值···81
        3.2.3 函数的凹凸性与拐点···83
        3.2.4 函数图像的描绘···85
        习题 3.2··88

    3.3 函数最值在优化问题中的应用···90
        3.3.1 闭区间上连续函数的最值···90
        3.3.2 最值在实际问题中的应用···91
        习题 3.3··94

    3.4 平面曲线的曲率···95
        3.4.1 曲率的概念及计算···95
        3.4.2 曲率圆和曲率半径···97
        3.4.3 曲率的应用···97
        习题 3.4··99

    复习题三···101

    数学文化欣赏(三)——微积分的创立于发展···104

第 4 章 积分及其应用···107

    4.1 不定积分的概念及性质···108
        4.1.1 原函数···108
        4.1.2 不定积分的概念···108

4.1.3 不定积分的性质 ·· 109
4.1.4 基本积分公式 ·· 110
习题 4.1 ··· 113

4.2 不定积分的换元积分法和分部积分法 ·· 114
4.2.1 第一类换元积分法 ·· 114
4.2.2 第二类换元积分法 ·· 117
4.2.3 分部积分法 ··· 120
习题 4.2 ··· 122

4.3 定积分的概念及性质 ·· 123
4.3.1 曲边梯形 ·· 124
4.3.2 定积分的概念 ·· 126
4.3.3 定积分的性质 ·· 127
习题 4.3 ··· 129

4.4 定积分的积分法 ·· 130
4.4.1 牛顿(Newton)–莱布尼茨(Leibniz)公式 ····································· 130
4.4.2 定积分的换元积分法 ··· 131
4.4.3 定积分的分部积分法 ··· 134
习题 4.4 ··· 135

4.5 定积分的应用 ··· 136
4.5.1 定积分的微元分析法 ··· 136
4.5.2 利用定积分求平面曲线的弧长 ··· 137
4.5.3 利用定积分求平面图形的面积 ··· 138
4.5.4 利用定积分求旋转体的体积 ·· 144
4.5.5 利用定积分求功、压力和总量 ·· 146
习题 4.5 ··· 148

复习题四 ·· 150

数学文化欣赏(四)——数学悖论与三次数学危机 ··································· 154

第5章 微分方程 ··· 159

5.1 微分方程的基本概念 ·· 160
5.1.1 微分方程的定义 ··· 160
5.1.2 微分方程的解 ·· 161

| 习题 5.1 | 163 |

5.2 可分离变量的微分方程 164
5.2.1 可分离变量的微分方程的概念 165
5.2.2 可分离变量的微分方程的解法 165
习题 5.2 167

5.3 一阶线性微分方程 168
5.3.1 一阶线性微分方程的概念 169
5.3.2 一阶线性齐次微分方程的解法 169
5.3.3 一阶线性非齐次微分方程的解法 170
习题 5.3 173

复习题五 174

数学文化欣赏（五）——简单的数学建模 177

第 6 章 行列式、矩阵与线性方程组 183

6.1 行列式的概念 184
6.1.1 二阶、三阶行列式 184
6.1.2 阶行列式 186
习题 6.1 187

6.2 行列式的性质与计算 188
6.2.1 行列式的性质 188
6.2.2 克莱姆(Grammer)法则 190
习题 6.2 192

6.3 矩阵的概念和运算 192
6.3.1 矩阵的概念 193
6.3.2 矩阵的运算 195
习题 6.3 200

6.4 矩阵的初等变换 201
6.4.1 矩阵的初等变换 201
6.4.2 矩阵的秩 203
6.4.3 用初等行变换求逆矩阵 205
6.4.4 逆矩阵法求解线性方程组 206
习题 6.4 208

6.5 矩阵化技术的应用 209
 6.5.1 线性方程组的消元法 209
 6.5.2 线性方程组解的判定 212
 6.5.3 齐次线性方程组的解 215
 习题 6.5 218
复习题六 220
数学文化欣赏(六)——线性代数在经济学中的应用 224

第 7 章 MATLAB 软件的使用 229

7.1 MATLAB 基础知识 229
 7.1.1 MATLAB 的启动与界面 229
 7.1.2 基本数学运算 230

7.2 一元函数微积分的计算 231
 7.2.1 函数的极限计算 231
 7.2.2 求导数运算 233
 7.2.3 求积分运算 234
 7.2.4 求解微分方程 235
 习题 7.2 235

7.3 行列式、矩阵运算及线性方程组求解 236
 7.3.1 行列式计算 237
 7.3.2 矩阵运算 237
 7.3.3 线性方程组求解 239
 习题 7.3 240

习题参考答案 242

主要参考书目 259

第1章 函数的极限与连续

  由静止的、不变的数学发展为运动、变化的数学，"函数"便应运而生.从17世纪开始，许多数学家为函数概念的不断完善而奋斗.意大利物理学家伽利略(G.Galileo，1564-1642年)在《两门新科学》一书中，首次提出了"函数"概念，用文字和比例的语言表达了函数的关系；法国数学家笛卡尔（Descartes，1596-1650年）将一个变量对于另一个变量的依赖关系放入直角坐标系中，为后来建立解析几何体系奠定了基础；德国数学家莱布尼茨（Gottfried Wihelm Leibniz, 1646-1716年）最初使用了"函数"一词，但没有提炼"函数"的概念，只是被当作了曲线来研究；1718年瑞士数学家约翰·贝努力（Bernoulli Johann, 1667-1748年）在莱布尼茨"函数"概念基础上，对"函数"概念进行了明确定义：由任一变量和常数的任一形式所构成的量就叫做"函数"；18世纪瑞士数学家欧拉（L.Euler，1707-1783年）形象给出了函数符号"$f(x)$"；1837年德国数学家狄利克雷（Dirichlet，1805-1859年）拓广了"函数"概念；德国数学家康托尔（Cantor，1845-1918年）用"集合"和"对应"的概念给出了近代函数的定义，把函数的对应关系、定义域和值域进一步具体化.

  极限思想是微积分的基本思想.公元前5世纪,《庄子》中"至大无外，谓之大一；至小无内，谓之小一"就蕴含着极限思想，古希腊安提丰(公元前373年-426年)的"穷竭法"和中国晋代数学家刘徽(公元前225年-295年)的"割圆术"中都饱含极限思想，牛顿的微积分中也体现了极限思想，1821年法国数学家柯西给极限下了明确的定义，到19世纪70年代德国数学家威尔斯特拉斯（Weierstrass，1815-1897年）用"$\varepsilon-N$"语言定义极限.有了完整的极限理论，微积分才具备了严格的理论基础，从而迎来了微积分的蓬勃发展.

微积分的主要研究对象是变量,而变量之间的对应关系即为函数.本章从函数的基础知识出发,引入初等函数、函数的极限与连续等知识,为进一步学习微积分打下坚实的基础.

1.1 初等函数

1.1.1 函数的概念及性质

1. 区间与邻域

区间通常用 I 表示,有开区间 (a, b)、闭区间 $[a, b]$、无穷区间 $(-\infty, +\infty)$ 等.

以点 a 为中心、δ 为半径的开区间,我们称之为点 a 的 δ **邻域**,记作 $U(a, \delta)$,即

$$U(a, \delta) = (a-\delta, a+\delta)(\delta > 0),$$

其中,a 为邻域中心,δ 为邻域半径(图 1-1).

点 a 的去心 δ 邻域(图 1-2)记作:$\overset{\circ}{U}(a, \delta) = (a-\delta, a) \cup (a, a+\delta)$.

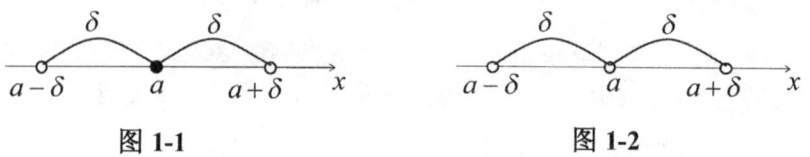

图 1-1　　　　　　　　图 1-2

2. 函数的概念

引例 1.1 学生在实验报告上记录了他实习期间每天生产的零件数(表 1-1).

表 1-1

时间 t(单位:天)	1	2	3	4	5	6	7
生产的零件数 N(单位:件)	23	27	30	36	43	54	61
合格的零件数 M(单位:件)	16	20	24	30	38	48	60

从上表可知,任一时间 t 都与一个生产的零件数 N 和一个合格零件数 M 相对应.

引例 1.2 容积为 V 的有盖圆柱形铁桶,其表面积 S 与底面半径 r 之间的关系可用数学表达式表示为 $S = 2\pi r^2 + \dfrac{2V}{r}$.

以上给出的两例都是函数关系.

定义 1.1 设某一过程中有两个变量 x 和 y,D 是一个数集,若对于任意 $x \in D$,按照某一个对应法则 f,都有唯一的 y 值与之相对应,则称 y 是定义在 D 上 x 的**函数**,记作:

$$y = f(x),(x \in D)$$

其中,x 叫做**自变量**,y 叫做**因变量**,数集 D 称为函数 $y = f(x)$ 的**定义域**.

全体函数值构成的集合 $W = \{y \mid y = f(x), x \in D\}$ 称为**函数的值域**,记作 M.

例 1.1 设函数 $f(x) = 2x^2 - 3$,求函数值 $f(-1)$,$f(x_0)$,$f(\dfrac{1}{a})$.

解 $f(-1) = 2 \times (-1)^2 - 3 = -1$, $f(x_0) = 2x_0^2 - 3$,

$$f(\dfrac{1}{a}) = 2 \times (\dfrac{1}{a})^2 - 3 = \dfrac{2}{a^2} - 3.$$

例 1.2 求函数 $f(x) = \dfrac{3x^2}{\sqrt{1-x}} + \lg(3x+1)$ 的定义域.

解 要使函数有意义,必须满足 $\begin{cases} 1 - x > 0 \\ 3x + 1 > 0 \end{cases}$,解得 $-\dfrac{1}{3} < x < 1$.

因此该函数的定义域为 $\left(-\dfrac{1}{3}, 1\right)$.

3. 函数的表示法

函数的表示方法通常有以下三种.

解析法:也称公式法,即用数学式子表示函数的方法,如引例 1.2.

列表法:将自变量的某些取值与对应函数值列成表格表示函数,如引例 1.1.

图像法:用图形来表示函数,如电流图、声波图等.

4. 反函数

定义 1.2 设函数 $y = f(x)$ 的值域为 U,若对于 U 中的任意一个 y 值,都有唯一的 x 与之对应,则我们将定义在 U 上,且以 y 为自变量、x 为因变量的新函数称为 $y = f(x)$ 的

反函数，记作 $x = f^{-1}(y)$，并称 $y = f(x)$ 为**直接函数**.

例 1.3 求 $y = 2^{x-1}$ 的反函数.

解 由已知函数 $y = 2^{x-1}$ 可得 $x = 1 + \log_2 y$，交换变量 x 和 y，即 $y = 1 + \log_2 x$.

因此，函数 $y = 2^{x-1}$ 的反函数为 $y = 1 + \log_2 x$.

注 函数 $y = f(x)$ 的图像与其反函数 $y = f^{-1}(x)$ 的图形关于直线 $y = x$ 对称.

5. 函数的特性

定义 1.3 设函数 $f(x)$ 在某区间 D 上有定义，若存在正数 M，使得对任意 $x \in D$，都有 $|f(x)| \leq M$，则称函数 $f(x)$ 在区间 D 上**有界**.

例如，函数 $y = \sin x$ 在 $(-\infty, +\infty)$ 上恒有 $|\sin x| \leq 1$，因此它是界为 1 的有界函数.

定义 1.4 对于区间 D 内的任意两点 x_1，x_2，当 $x_1 < x_2$ 时，

(1) 若恒有 $f(x_1) < f(x_2)$，则称函数 $f(x)$ 在 D 上**单调递增**，D 称为**单调增区间**；

(2) 若恒有 $f(x_1) > f(x_2)$，则称函数 $f(x)$ 在 D 上**单调递减**，D 称为**单调减区间**.

单调增区间和单调减区间统称为**单调区间**.

定义 1.5 设函数 $y = f(x)$ 的定义域 D 关于原点对称，对任意的 $x \in D$，

(1) 若有 $f(-x) = -f(x)$，则称 $y = f(x)$ 为**奇函数**；

(2) 若有 $f(-x) = f(x)$，则称 $y = f(x)$ 为**偶函数**.

奇函数的图形关于原点 O 对称（图 1-3），偶函数的图形关于 y 轴对称（图 1-4）.

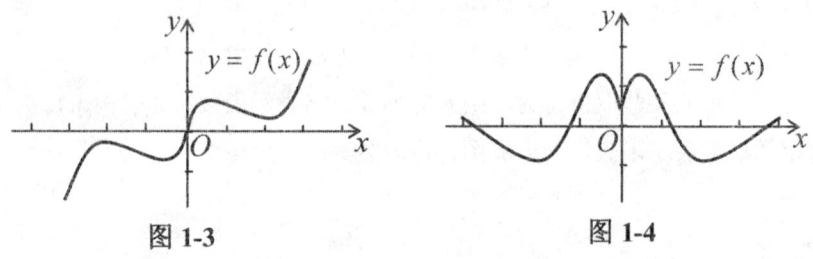

图 1-3　　　　　　　　　图 1-4

定义 1.6 设函数 $y = f(x)$ 的定义域为 D，若存在一个不为零的常数 T，使得对任一 $x \in D$，都有 $(x \pm T) \in D$，且 $f(x + T) = f(x)$，则称常数 T 为 $f(x)$ 的**周期**.

周期函数的周期可能有多个,我们把其中最小的正周期称为**最小正周期**.

三角函数 $y=\sin x$、电学中的矩形波(图 1-5)和锯齿波(图 1-6)等都是周期函数.

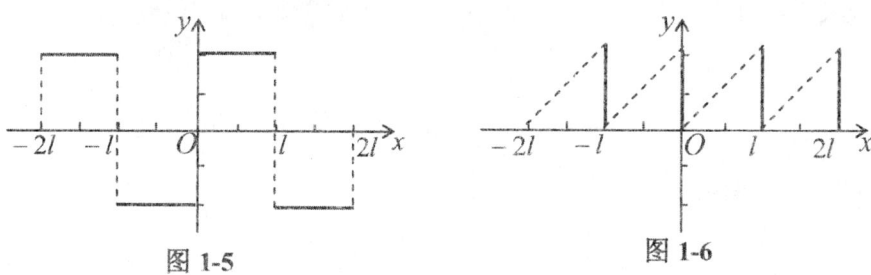

图 1-5　　　　　　　　　　　图 1-6

6. 隐函数

定义 1.7　若变量 x,y 之间的函数关系是由一个方程 $F(x,y)=0$ 所确定的,则称 y 是 x 的**隐函数**. 相应地,把直接用含有自变量的代数式表示的函数 $y=f(x)$ 称为**显函数**.

有的隐函数可变形化为显函数,我们把隐函数化为显函数的过程叫做**隐函数的显化**.

例如,隐函数 $x^2+y^3=1$ 可显化为 $y=\sqrt[3]{1-x^2}$.

隐函数的有关问题在第二章中我们会进一步学习.

1.1.2　基本初等函数

常值函数:$y=C$（C 为常数）;

幂函数:$y=x^a$（a 为常数）;

指数函数:$y=a^x$ $(a>0$ 且 $a\neq 1)$;

对数函数:$y=\log_a x$ $(a>0$ 且 $a\neq 1)$;

三角函数:$y=\sin x$,　$y=\cos x$,　$y=\tan x$,　$y=\cot x$,　$y=\sec x$,　$y=\csc x$;

反三角函数:$y=\arcsin x$,　$y=\arccos x$,　$y=\arctan x$,　$y=\mathrm{arc}\cot x$.

上述六类函数统称为**基本初等函数**,它们的图像与性质在微积分中运用非常广泛.

对上述基本初等函数进行有限次四则运算,可构成新的函数,如二次函数 $y=ax^2+bx$、有理函数 $y=\dfrac{ax+b}{cx+d}$ 等,我们把基本初等函数和由它们经过有限次四则运算所得到的函数统称为**简单函数**.

1.1.3 复合函数

生活中我们还经常会碰到很多比较复杂的函数,在同一变化过程中,两个变量的关系不是直接发生,而是通过另一个变量间接地联系起来,如下面的问题.

引例 1.3 做自由落体运动的物体,其动能 E 是速度 v 的函数,即

$$E = f(v) = \frac{1}{2}mv^2 \text{(其中 } m \text{ 表示物体的质量)},$$

而速度 v 又是时间 t 的函数,即 $v = \varphi(t) = gt$,因此有

$$E = f[\varphi(t)] = \frac{1}{2}mg^2t^2.$$

上式表明动能 E 是关于时间 t 的函数,我们称上述函数为复合函数.

定义 1.8 函数 $y = f(u)$ 的定义域为 D_1,函数 $u = \varphi(x)$ 的值域为 D,若 $D \subset D_1$,则称 $y = f[\varphi(x)] = f \circ g(x)$ 为**复合函数**,其中 x 为自变量,y 为因变量,u 为**中间变量**.

变量 x、y 和 u 之间的对应关系可用图形(图 1-7)形象表示.

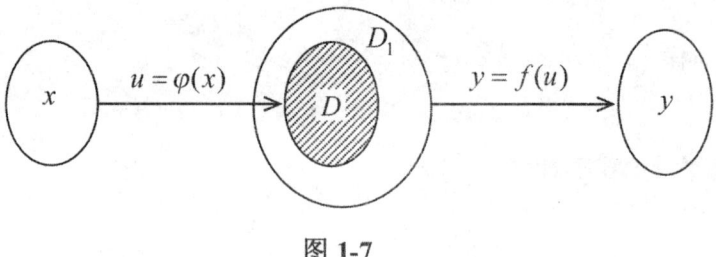

图 1-7

利用上述复合函数的概念,可以将一个较复杂的函数"分解"成两个或多个简单函数.

例 1.4 讨论下列函数的复合过程.

(1) $y = \sin 5x$; (2) $y = e^{\sqrt{x^2+1}}$.

解 (1)函数形成过程是:$x \to 5x \to \sin 5x$,设中间变量 $u = 5x$,则函数 $y = \sin 5x$ 是由简单函数 $y = \sin u$,$u = 5x$ 复合而成的.

(2)函数形成过程是:$x \to x^2 + 1 \to \sqrt{x^2+1} \to e^{\sqrt{x^2+1}}$,因此函数 $y = e^{\sqrt{x^2+1}}$ 是由简单函数 $y = e^u$,$u = \sqrt{v}$,$v = x^2 + 1$ 复合而成的.

案例 1.1 已知正弦交流电流 $I(t)$ 关于时间 t 的函数 $I_t = 3\sin(\frac{\pi}{4}t + \frac{\pi}{3})$ 是一个复合函数,请写出其复合过程.

解 函数 $I_t = 3\sin(\dfrac{\pi}{4}t + \dfrac{\pi}{3})$ 是由简单函数 $I_t = 3\sin u$、$u = \dfrac{\pi}{4}t + \dfrac{\pi}{3}$ 复合而成的.

注 (1) 由复合函数"分解"出的每个函数都必须是简单函数形式.

(2) 并非任意两个简单函数都能复合,如函数 $y = \sqrt{u}$ 和 $u = -x^2 - 1$ 就不能复合.

1.1.4 初等函数

定义 1.9 由基本初等函数经过有限次四则运算或有限次复合,且能用一个解析式表示的函数,我们称为**初等函数**.

例如:$y = e^{\cos x} + 7x^2$,$y = \sqrt{\ln(x^2 + 1)}$,$y = 3^{\tan\frac{1}{x}}$ 等都是初等函数.

不是初等函数的函数统称为**非初等函数**,如分段函数就不是初等函数.

在今后学习中,我们所讨论的函数大多都是初等函数.

习 题 1.1

1. 下列函数中哪些是奇函数?哪些是偶函数?

(1) $y = x + \sin^3 x$;

(2) $y = x^2 \cos x$;

(3) $y = \sin x^2$;

(4) $y = \dfrac{\sin x}{x}$.

2. 设 $f(x) = \begin{cases} |\sin x|, & x < 1 \\ 0, & x \geq 1 \end{cases}$,求 $f(1)$,$f(\dfrac{\pi}{4})$,$f(\pi)$.

3. 设函数 $f(x+2) = x^2 + x - 2$,求 $f(x)$.

4. 求下列函数的定义域.

(1) $y = \dfrac{1}{x^2 - 3x + 2} + \sqrt{2x - 1}$;

(2) $y = \lg\dfrac{x}{x-3} + \sqrt{x^2 - x - 2}$

5. 求由函数 $y = e^{2u}$,$u = \sqrt{x}$ 复合而成的函数.

6.指出下列复合函数的复合过程.

(1) $y = (e^{2x+5})^3$;

(2) $y = \arccos(e^x - 1)^4$;

(3) $y = \lg(\cos\sqrt{x+3})$;

(4) $y = \sqrt{1 + \tan^2 x}$.

1.2 简单数学建模

科学技术的进步使数学的应用不再局限于自然科学,"数学模型"这个词也频繁出现在工程生产、经济管理、环境科学等领域.本节我们将初步了解数学建模的过程和方法,领略如何用数学知识来解决实际问题.

1.2.1 数学建模的概念

定义 1.10 对于一个特定的对象为了一个特定的目标,根据特有的内在规律,作出一些必要的简化假设,运用适当的数学工具,得到一个数学结构(数学结构可以是数学公式,算法,表格,图示等),获得一个数学模型的过程就叫**数学建模(Mathematical Modeling)**.

1.2.2 数学模型的建立

一般地,数学建模可按以下几个步骤进行:

1. 建模准备　先对实际问题背景、数据来源、模型使用场合等作全面的调查研究.
2. 模型假设　理想化假设,使问题更加集中、清晰和明确.
3. 建立模型　根据假设,利用与问题有关的自然科学、社会科学以及数学的规律和定理,或借鉴已有的标准形式,建立起解决实际问题的框架——数学模型.
4. 求解模型　通过人工或计算机(借助一些软件)求出模型的解析解或数值解.
5. 模型验证　将模型的解进行实际检验,或应用于实际场合进行验证.
6. 模型应用　把所有模型上升为理论,再指导实际应用.

根据以上建模步骤,我们总结出数学建模的基本流程(图1-8).

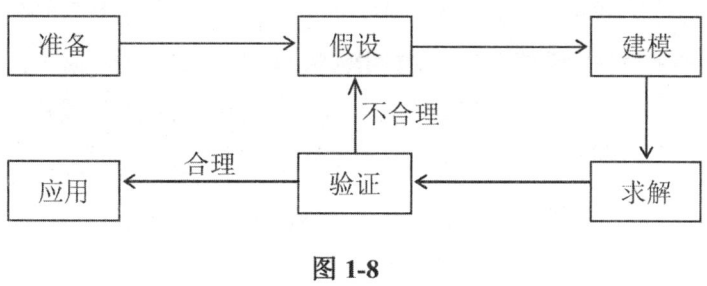

图 1-8

1.2.3 数学建模案例分析

案例 1.2 （哥尼斯堡七桥问题）在普鲁士的小城镇哥尼斯堡，有一条小河从市中心穿过，河中有小岛 A 和 D，河上有连接两个岛和两岸 B、C 的七座桥（图 1-9）.问能否将每座桥既无重复也无遗漏地走过一次？

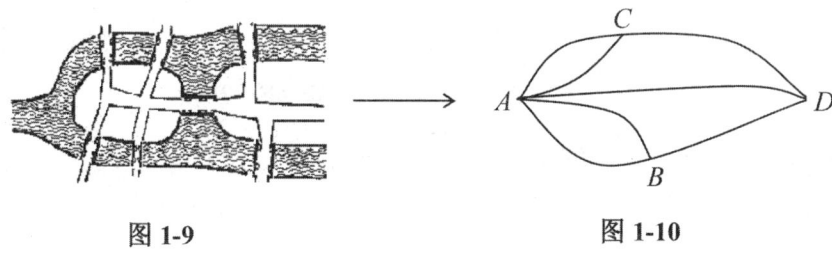

图 1-9　　　　　　　　　　图 1-10

瑞士数学家欧拉把问题抽象成几何图形（图 1-10），将"七桥问题"转化为"一笔画"问题，并证明出"图形一笔画 ⇔ 该图形中的所有点均为偶点，或有且只有两个奇点".

根据上述结论，欧拉断定图 1-10 不能一笔画出，即无法按要求走过这七座桥.该结论引发了高等数学的一个重要分支——"拓扑学"（topology）的产生与发展.

请读者思考：对上述问题做何改进，才可以既无重复也无遗漏地一次性走过这七座桥？

案例 1.3 （安全车距模型）汽车在刹车后，其轮胎和地面摩擦的痕迹长 $s(m)$ 与车速 $v(km/h)$ 的平方成正比，刹车时，车速为 $30km/h$，其痕迹长为 $3m$，求痕迹长 s 与车速 v 的函数关系式，并估算在限速为 $120km/h$ 的高速公路上，安全车距为多少？

解 由题意可知，痕迹长 s 与车速 v 的函数关系式为 $s = kv^2$，其中 k 是比例常数.

将 $v = 30$，$s = 3$ 代入上式，得 $k = \dfrac{1}{300}$，即痕迹长与车速的函数关系式为：

$$s = \frac{1}{300}v^2 \ (v > 0).$$

因此，当速度 $v=120km/h$ 时，估算出痕迹长 $s=48m$，这就是安全车距.

案例 1.4 （曲柄滑块运动模型）在曲柄滑块机构（图 1-11）中，曲柄 OA 以等角速度 ω 作连续整周运动，且通过连杆 AB 带动滑块 B 在水平方向作往复直线移动. 已知曲柄长 $OA=r$，连杆长 $AB=l$，曲柄转角 φ 与时间 t 成正比，试确定滑块 B 的运动方程，并分别求出当 $\omega=2\pi\ rad/s$ 时，滑块 B 在时间 $t=0s$、$0.5s$、$1s$ 时的位置.

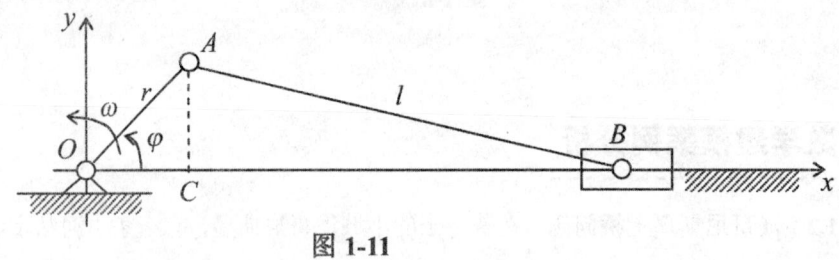

图 1-11

分析 随着时间 t 的变化，滑块 B 做水平往复运动，因此只需确定滑块 B 与点 O 的距离即可.

解 建立直角坐标系（图 1-11），过点 A 作 $AC \perp Ox$ 轴，垂足为 C，则有
$$OC = r\cos\varphi = r\cos\omega t, \quad AC = r\sin\varphi = r\sin\omega t,$$

则点 B 到垂足 C 的距离为
$$BC = \sqrt{l^2 - r^2\sin^2(\omega t)},$$

于是有
$$S = OC + CB = r\cos\omega t + l\sqrt{1-\left(\frac{r}{l}\right)^2\sin^2(\omega t)}.$$

以上即为滑块 B 的运动方程，且当 $\omega=2\pi$ 时，$S = r\cos 2\pi t + l\sqrt{1-\left(\frac{r}{l}\right)^2\sin^2(2\pi t)}$.

当 $t=0$ 时，$S = r+l$；当 $t=0.5$ 时，$S = r\cos\pi + l\sqrt{1-\left(\frac{r}{l}\right)^2\sin^2\pi} = l-r$；

当 $t=1$ 时，$S = r\cos 2\pi + l\sqrt{1-\left(\frac{r}{l}\right)^2\sin^2 2\pi} = r+l$.

曲边滑块机构是将一个物体的圆周运动转化为另一个物体的水平往复运动，角速度 $\omega=2\pi\ rad/s$ 说明曲柄 OA 绕点 O 旋转的周期为 $1s$，滑块 B 也会做周期为 $1s$ 的往复运动.

案例 1.5 （裁剪用料最省模型）现有规格为 $100\times50\ cm$ 的板料若干块，要用这些板料裁剪出两种规格的板材，一种尺寸为 $40\times40\ cm$，另一种尺寸为 $50\times20\ cm$，前者需要 25 件，后者需要 30 件，问如何裁剪，才能最省板料？

分析 现有三个裁剪方案（图 1-12、1-13、1-14），若只选用其中的某一个，显然均达不到要求，因此需要三个方案的优化组合.

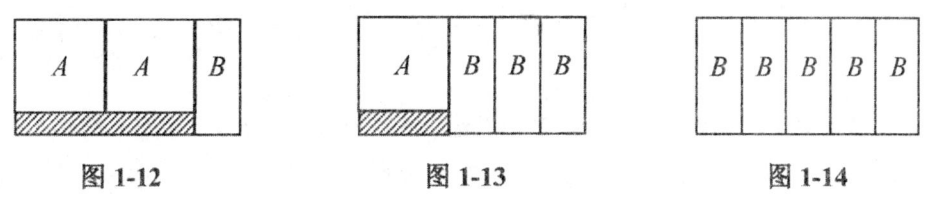

图 1-12　　　　　　　图 1-13　　　　　　　图 1-14

解 用 A、B 分别表示裁剪出的尺寸为 $40\times 40\,cm$ 和 $50\times 20\,cm$ 的板材.

设使用第 i 个方案裁剪的板料数为 x_i 件，共需板料 y 件，且 $y=x_1+x_2+x_3$，按题意，即求 y 的最小值.

同时，板料数 x_i 满足条件 $\begin{cases} 2x_1+x_2 \geq 25, \\ x_1+3x_2+5x_3 \geq 30, \\ x_i \geq 0,(x_i \in Z,\ i=1,2,3) \end{cases}$.

通过分析，得出上述规划问题的最优解有以下四个（表 1-2）.

表 1-2

板料数 x_i	方法一	方法二	方法三	方法四
x_1	12	11	10	9
x_2	1	3	5	7
x_3	3	2	1	0

按上述四种方法裁剪，都能使所用板料数量最少，且 $\min y=16$ 块.

通过上述案例，我们知道，利用函数模型求解实际问题时，首先要分析模型所涉及到的常量和变量，然后分析各个变量之间的相互关系，列出等量或不等量关系式，并求解.

习题 1.2

1. (**多面体欧拉公式**) 足球表面是由黑色正五边形皮和白色正六边形皮缝接而成，已知两种颜色的皮共有32块，请问它们各有多少块？（提示：多面体欧拉公式 $V+F-E=2$，其中 V 为顶点数、F 为面数、E 为棱数.）

2. (**最大车流量确定**) 在交通拥挤及事故多发地段，为确保安全，规定车距 d 与车速 $v(km/h)$ 的平方和车身长 $s(m)$ 的积成正比，且要求最小车距不小于车身长的一半，现假定车速为 $50km/h$ 时，车距恰等于车长.(1)试写出车距 d 与车速 $v(km/h)$ 的函数模型（其中 s 为常数）；(2)应规定怎样的车速才能使此地段的车流量达到最大？

3. (**修建牧场投资**) 某牧场要建造占地 $100\,m^2$ 的矩形围墙，现有一排长为 $20\,m$ 的旧墙可供利用，为节约投资，围墙的一边直接用旧墙修，另外三边尽量用拆去的旧墙改造，不足部分用购置的新砖新建.已知整修一米旧墙需24元，拆去一米旧墙改建成一米新墙需100元，建一米新墙需200元，设保留旧墙部分的长度为 x，写出投资金额 y 关于 x 的函数.

4. (**汽车耗油量函数**) 汽车油箱是长、宽、高分别为 $a\,cm$、$b\,cm$、$c\,cm$ 的长方体容器.已知油箱内装满汽油，汽车耗油量为 $n(cm^3/km)$.试写出汽车行驶的路程 $y\,km$ 关于油箱内剩余油的液面高度 $x\,cm$ 的函数关系式.

5. (**货物调运方案**) 某工厂在甲、乙两地设分厂，并同时生产了某种型号的机床共18台，其中甲分厂生产了12台.现将生产的机床销售给 A 地10台，B 地8台，已知从甲地调运1台至 A 地、B 地的运费分别为400元和800元，从乙地调运1台至 A 地、B 地的运费分别为300元和500元.

(1)设从乙地调运至 A 地的台数为 x，求总运费 y 关于 x 的函数关系式；

(2)若总运费不超过9000元，问共有几种调运方案？

6. (**细杆中心位置函数**) 有一半径为 a 的半球形碗，在碗内随机放入一根质量均匀，长度为 l（$2a<l<4a$）的细杆，求细杆的中心所在位置的函数关系式.

7. （偏心圆凸轮机构）下图为平底从动件偏心圆凸轮机构原理图，其凸轮的半径为 $r=6cm$，偏心距为 $e=4cm$. 若凸轮以 $\varphi=5t$ 的角速度按逆时针方向转动（φ 以弧度计，t 以秒计）. 试求从动杆 M 点的运动方程，并求出当 $t_1=0$，$t_2=\dfrac{\pi}{20}s$ 时，M 点的位置.

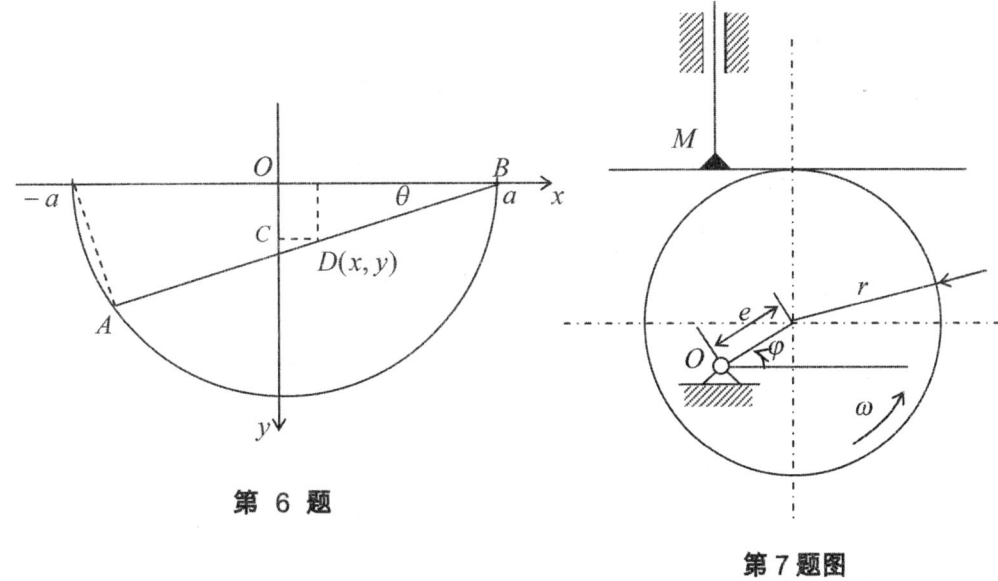

第 6 题

第 7 题图

1.3 函数的极限

极限是微积分学中的一个基本概念，它表示的是变量变化的终极状态. 本节主要学习函数极限的概念及性质.

1.3.1 古代极限思想

在古希腊、古埃及和古代中国的大量书籍中，均有极限思想的体现.

引例 1.4 （无穷等比数列）我国《庄子》中有一著名的例子："一尺之锤，日取其半，万世不竭"，其中就隐含着一个无穷等比数列，即 1，$\dfrac{1}{2}$，$\dfrac{1}{4}$，$\cdots$，$\dfrac{1}{2^n}$，$\cdots$.

若将此数列中的各项对应到在数轴上,可直观地看出,当项数 n 无限增大时,点 $\frac{1}{2^n}$ 无限靠近于原点,说明数列的项 $x_n = \frac{1}{2^n}$ 无限接近于常数 0.

引例 1.5 ("割圆术")晋代数学家刘徽在《九章算术注》中以"割之弥细,所失弥少,割之又割以至于不可割,则与圆周合体而无所失矣"来总结"割圆术"的思路. 他从圆内接正六边形开始分割圆周,边数逐次倍增. 显然,随着边数 n 的无限增大,正 n 边形的周长越来越接近于圆的周长,正 n 边形的面积也越来越接近于圆的面积(图 1-15).

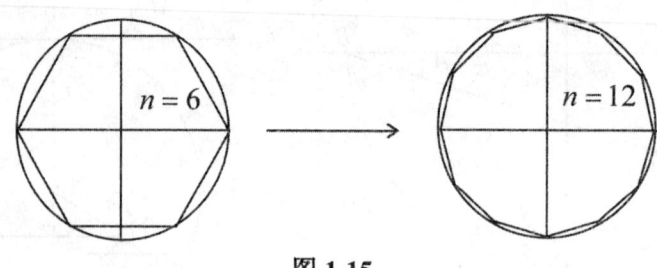

图 1-15

刘徽的"割圆术"、古希腊数学家安提丰的"穷竭法",都包含了丰富的极限思想.

1.3.2 数列的极限

数列是一种特殊的函数,因此我们首先来探讨数列的极限.

例 1.5 请说出下列各数列的通项公式,并观察随着项数 n 的增大,数列的项 x_n 有何变化趋势,是否会无限接近于某一个固定的常数.

(1) $1, \frac{1}{2}, \frac{1}{3}, \cdots$

(2) $\frac{1}{2}, \frac{2}{2^2}, \frac{3}{2^3} \cdots$

(3) $1, 3, 5, \cdots$

(4) $2, \frac{1}{2}, \frac{4}{3}, \cdots, \frac{n+(-1)^{n-1}}{n} \cdots$

(5) $1, -1, 1, -1, \cdots$

(6) $a, a, a, \cdots$

解 观察上述各数列的每一项对应到数轴上的点,可以发现它们的变化趋势:

(1) 通项为 $x_n = \frac{1}{n}$,当项数 n 无限增大时,该数列的项 $\frac{1}{n}$ 无限接近于常数 0;

(2) 通项为 $x_n = \frac{n}{2^n}$,当 n 无限增大时,其项 $\frac{n}{2^n}$ 无限接近于常数 0;

(3) 通项为 $x_n = 2n-1$,当 n 无限增大时,项 $2n-1$ 也无限增大;

(4) 通项为 $x_n = \dfrac{n+(-1)^{n-1}}{n}$，当 n 无限增大时，项 $\dfrac{n+(-1)^{n-1}}{n}$ 无限接近于常数 1；

(5) 摆动数列，它的项 $(-1)^{n+1}$ 不会趋向于某一个固定的常数；

(6) 常数数列，每一项都相等，且 $x_n = a$．

上例中，(1)、(2)、(4)、(6) 的数列都具有一个共同点：当项数 n 无限增大时，数列的项 x_n 也会无限趋向于某一个固定的常数，我们把这样的数列称为收敛的数列．

定义 1.11 对于数列 $\{x_n\}$，当项数 n 无限增大（$n \to \infty$）时，若数列的项 x_n 无限地趋向于某一确定的常数 A，则 A 称为**数列 $\{x_n\}$ 的极限**，记作

$$\lim_{n\to\infty} x_n = a \quad \text{或} \quad a_n \to a\,(n\to\infty),$$

并称**数列 $\{x_n\}$ 是收敛的**，且收敛于 A，否则，就称数列 $\{x_n\}$ 是**发散**的．

注 (1) $\lim\limits_{n\to\infty} C = C$（$C$ 为常数）； (2) $\lim\limits_{n\to\infty} q^n = 0$ $(|q|<1)$．

请你利用上述定义说出例 1.5 中每一个数列是否有极限，若有，求出极限．

1.3.3 函数的极限

根据自变量的变化趋势不同，函数的极限也分两类：一类是当自变量 $x \to \infty$ 时函数 $f(x)$ 的极限，另一类是当自变量 $x \to x_0$ 时函数 $f(x)$ 的极限.

1. $x \to \infty$ 时函数 $f(x)$ 的极限

函数的自变量 $x \to \infty$ 是指 x 的绝对值无限增大，它包含两种情况．

(1) x 取正值且无限增大，记作 $x \to +\infty$；

(2) x 取负值且绝对值无限增大，记作 $x \to -\infty$．

若上述两种情况都存在，则可以合并记作 $x \to \infty$．

定义 1.12 若当 $|x|$ 无限增大时，函数 $f(x)$ 无限接近于某一个确定的常数 A，则称 A 为函数 $f(x)$ 当 x 趋于无穷大时的**极限**，记作：

$$\lim_{x\to\infty} f(x) = A \quad \text{或} \quad f(x) \to A \;(x\to\infty).$$

同样，当 $x \to +\infty$（$x \to -\infty$）时，若函数 $y = f(x)$ 无限接近于某一确定的常数 A，则称 A 为函数 $f(x)$ 当 $x \to +\infty$（$x \to -\infty$）时的极限，记作 $\lim\limits_{x\to+\infty} f(x) = A$（$\lim\limits_{x\to-\infty} f(x) = A$）．

例 1.6 讨论函数 $y = e^x$，当 $x \to +\infty$ 和 $x \to -\infty$ 时的极限值？

解 当 $x \to -\infty$ 时，曲线 $y = e^x$ 无限接近于 x 轴（图 1-16），

说明函数值 e^x 无限接近于 0，因此有 $\lim\limits_{x \to -\infty} e^x = 0$.

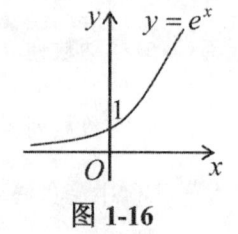

图 1-16

而当 $x \to +\infty$ 时，曲线向上无限延伸，说明 $\lim\limits_{x \to +\infty} e^x$ 不存在.

定理 1.1 $\lim\limits_{x \to \infty} f(x) = A$ 存在的充要条件是 $\lim\limits_{x \to +\infty} f(x) = \lim\limits_{x \to -\infty} f(x) = A$.

例 1.6 中，因为 $\lim\limits_{x \to -\infty} e^x \neq \lim\limits_{x \to +\infty} e^x$，因此 $\lim\limits_{x \to \infty} e^x$ 不存在.

2. $x \to x_0$ 时函数 $f(x)$ 的极限

定义 1.13 设函数 $y = f(x)$ 在 x_0 的邻域内有定义，若当 $x \to x_0$ 时，函数 $y = f(x)$ 的值无限接近于某一确定的常数 A，则称 A 为函数 $f(x)$ 当 $x \to x_0$ 时的**极限**，记作：

$$\lim\limits_{x \to x_0} f(x) = A \quad \text{或} \quad f(x) \to A \, (x \to x_0);$$

同样，当 x 从 x_0 的左(右)边趋于 x_0 时，对应的函数值 $f(x)$ 无限接近于常数 A，则称常数 A 为函数 $f(x)$ 在点 x_0 处的**左(右)极限**，记作：

$$\lim\limits_{x \to x_0^-} f(x) = A \quad (\lim\limits_{x \to x_0^+} f(x) = A).$$

函数的左、右极限统称为**单边极限**.

定理 1.2 函数 $f(x)$ 在 $x \to x_0$ 时极限存在的充要条件是函数在该点处的左、右极限都存在且相等，即

$$\lim\limits_{x \to x_0} f(x) = A \Leftrightarrow \lim\limits_{x \to x_0^-} f(x) = \lim\limits_{x \to x_0^+} f(x) = A.$$

例 1.7 求下列极限值.

(1) $\lim\limits_{x \to x_0} C$（$C$ 为常数）； (2) $\lim\limits_{x \to 0} \sin x$；

解 利用极限的定义和函数图像，有 $\lim\limits_{x \to x_0} C = C$，$\lim\limits_{x \to 0} \sin x = 0$.

例 1.8 研究函数 $f(x)=\begin{cases} 2x+3, & x\leq 0 \\ -\dfrac{1}{2}x^2+3, & 0<x\leq 2 \\ 3, & x>2 \end{cases}$，当 $x\to 0$ 和 $x\to 2$ 时的极限值.

解 可先作函数图像（图 1-17），并观察得出，

$$\lim_{x\to 0^-}f(x)=\lim_{x\to 0^-}(2x+3)=3,$$

$$\lim_{x\to 0^+}f(x)=\lim_{x\to 0^+}(-\frac{1}{2}x^2+3)=3,$$

因为 $\lim_{x\to 0^-}f(x)=\lim_{x\to 0^+}f(x)$，于是有 $\lim_{x\to 0}f(x)=3$.

同样，$\lim_{x\to 2^-}f(x)=\lim_{x\to 2^-}(-\dfrac{1}{2}x^2+3)=1$，

$$\lim_{x\to 2^+}f(x)=\lim_{x\to 2^+}3=3,$$

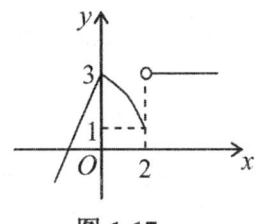

图 1-17

明显有 $\lim_{x\to 2^-}f(x)\neq\lim_{x\to 2^+}f(x)$，因此 $\lim_{x\to 2}f(x)$ 不存在.

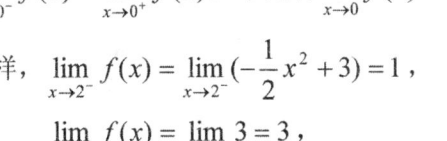

习题 1.3

1. 思考：在 $\lim_{x\to x_0}f(x)=A$ 的定义中，函数 $f(x)$ 在点 x_0 处是否一定要有定义？为什么？

2. 作函数 $f(x)=2x-1$ 的图像，并求 $\lim_{x\to 1}f(x)$ 和 $\lim_{x\to 0}f(x)$.

3. 设函数 $f(x)=\begin{cases} x+1, & x>1 \\ 1, & x=1 \\ x-1, & x<1 \end{cases}$，作出 $f(x)$ 的图像，并讨论 $\lim_{x\to 1}f(x)$ 是否存在？

1.4 函数极限的运算

要进行极限的运算，首先必须了解两个特殊的变量——无穷小量与无穷大量.

1.4.1 无穷小量与无穷大量

1. 无穷小量

生活中经常可以碰到如下问题：

(1)将石子投入水中，水波向四面八方传开，水波的振幅会越来越小；

(2)灼热的物体放到空气中，其温度与室温的差值会随时间的推移而逐渐减小；

(3)电容器放电时，其电压会随时间的变化而逐渐减小.

以上振幅、温差、电压，这三个变量都具有一个共同点，即随着时间的变化，它们都会趋近于零，在数学上我们称这样的量为无穷小量.

定义 1.14 在某一变化过程中，若变量以 0 为极限，我们称该变量为此变化过程中的**无穷小量**，简称**无穷小**.

注 (1)无穷小量是一个变量，说一个量是无穷小量，应指明自变量的变化趋势；

(2)不要把绝对值很小的变量说成是无穷小量，常量中只有零是无穷小量.

例 1.9 判断下列各量是否为无穷小量.

(1) $x+3$ $(x \to -3)$；   (2)常数 0；

(3) 0.000001；   (4) 2^x $(x \to 0)$.

解 (1)由函数 $y = x+3$ 图像可知，$\lim\limits_{x \to -3}(x+3) = 0$，所以 $x+3$ $(x \to 1)$ 是无穷小量；

(2)由于常数 0 的极限值为其本身，因此常数 0 是无穷小量；

(3)同上，0.000001 的极限值为其本身，而不是 0，因此 0.000001 不是无穷小量；

(4)由于 $\lim\limits_{x \to 0} 2^x = 1$，所以 2^x $(x \to 0)$ 不是无穷小量.

性质 1.1 有限个无穷小量之和仍是无穷小量.

注意 无穷多个无穷小量之和未必是无穷小量.

性质 1.2 有界函数与无穷小量的乘积是无穷小量.

推论 1 常数与无穷小量之积是无穷小量.

推论 2 有限个无穷小量之积是无穷小量.

思考 根据以上结论，问 $x\cos\dfrac{1}{x}$ $(x \to 0)$，$\dfrac{\sin x}{x}$ $(x \to \infty)$ 是否为无穷小量？

2. 无穷大量

定义 1.15 在某一变化过程中，若 $|f(x)|$ 无限增大，则称变量 $f(x)$ 为该变化过程中的**无穷大量**，简称**无穷大**，记作 $\lim f(x) = \infty$.

特别地，若函数值 $f(x)$（或 $-f(x)$）无限增大，则称 $f(x)$ 为该变化过程中的正（或负）无穷大，记作 $\lim f(x)=+\infty$（或 $\lim f(x)=-\infty$）.

注 （1）无穷大量是借用极限符号来表示"极限不存在"的情形，它不是一个数；

（2）常量都不是无穷大量；

（3）无穷大量也是一个变量，说一个量是无穷大量，应指明自变量的变化趋势.

3. 无穷小量与无穷大量的关系

例 1.10 考察当 $x\to 1$ 时，函数 $f(x)=x-1$ 和 $g(x)=\dfrac{1}{x-1}$ 的极限有何关系？

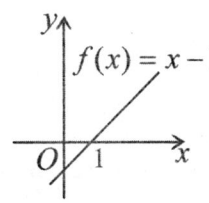

图 1-18

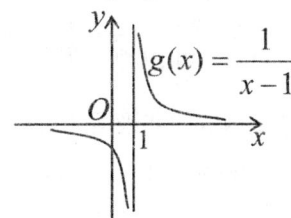

图 1-19

解 由图 1-18 和 1-19 可知，$\lim\limits_{x\to 1}f(x)=0$，$\lim\limits_{x\to 1}g(x)=\infty$，说明当 $x\to 1$ 时，函数 $f(x)$ 是无穷小量，而 $g(x)=\dfrac{1}{f(x)}$ 则是无穷大量.

一般地，我们可以得到如下结论.

定理 1.3 （无穷大量与无穷小量的倒数关系）(1) 若 $\lim\limits_{x\to x_0}f(x)=\infty$，则 $\lim\limits_{x\to x_0}\dfrac{1}{f(x)}=0$；

(2) 若 $\lim\limits_{x\to x_0}g(x)=0$，且在点 x_0 附近有 $g(x)\neq 0$，则 $\lim\limits_{x\to x_0}\dfrac{1}{g(x)}=\infty$.

例 1.11 求下列函数的极限值.

(1) $\lim\limits_{x\to 1}\dfrac{1}{x-1}$； (2) $\lim\limits_{x\to \infty}(\dfrac{1}{x}\cdot\sin x)$.

解 (1) 因为 $(x-1)\to 0$，根据定理 1.3，有 $\lim\limits_{x\to 1}\dfrac{1}{x-1}=\infty$；

(2) 当 $x\to\infty$ 时，有 $\dfrac{1}{x}\to 0$，而 $|\sin x|\leq 1$，由性质 1.2 可知，$\lim\limits_{x\to\infty}(\dfrac{1}{x}\cdot\sin x)=0$.

1.4.2 极限的四则运算

极限的运算是微积分学的基本运算之一,包含的题型多,解题技巧性强,应注意适当多做练习,并总结其基本解题方法.

定理 1.4 若 $\lim\limits_{x \to x_0} f(x) = A$,$\lim\limits_{x \to x_0} g(x) = B$,则有

(1) $\lim\limits_{x \to x_0}[f(x) \pm g(x)] = \lim\limits_{x \to x_0} f(x) \pm \lim\limits_{x \to x_0} g(x) = A \pm B$;

(2) $\lim\limits_{x \to x_0}[f(x) \cdot g(x)] = \lim\limits_{x \to x_0} f(x) \cdot \lim\limits_{x \to x_0} g(x) = A \cdot B$;

(3) $\lim\limits_{x \to x_0} \dfrac{f(x)}{g(x)} = \dfrac{\lim\limits_{x \to x_0} f(x)}{\lim\limits_{x \to x_0} g(x)} = \dfrac{A}{B} (B \neq 0)$.

推论 1 两个函数的四则运算可推广到有限个函数的四则运算.

推论 2 (常数提取性)若 $\lim\limits_{x \to x_0} f(x)$ 存在,则 $\lim\limits_{x \to x_0} Cf(x) = C \lim\limits_{x \to x_0} f(x)$.

推论 3 (幂的极限)若 $\lim\limits_{x \to x_0} f(x)$ 存在,则 $\lim\limits_{x \to x_0}[f(x)]^n = \left[\lim\limits_{x \to x_0} f(x)\right]^n$,其中 $n \in Z^+$.

推论 4 (极限的线性运算)若 λ、μ 是两个实数,那么

$$\lim\limits_{x \to x_0}[\lambda f(x) \pm \mu g(x)] = \lambda \lim\limits_{x \to x_0} f(x) \pm \mu \lim\limits_{x \to x_0} g(x) = \lambda A \pm \mu B.$$

例 1.12 求 $\lim\limits_{x \to 1}(2x^2 + 3x - 4)$ 的极限值.

解 利用极限的四则运算,得

$$\lim\limits_{x \to 1}(2x^2 + 3x - 4) = 2\lim\limits_{x \to 1} x^2 + 3\lim\limits_{x \to 1} x - 4 = 2 + 3 - 4 = 1.$$

例 1.13 求下列函数的极限值.

(1) $\lim\limits_{x \to -1} \dfrac{x-2}{x+1}$;   (2) $\lim\limits_{x \to 2} \dfrac{x^2 - x - 2}{x - 2}$.

解 (1)当 $x \to -1$ 时,有 $x+1 \to 0$,$\dfrac{1}{x+1} \to \infty$,则

$$\lim\limits_{x \to -1} \dfrac{x-2}{x+1} = \lim\limits_{x \to -1}(x-2) \cdot \lim\limits_{x \to -1} \dfrac{1}{x+1} = \infty;$$

(2)当 $x \to 2$ 时,分子、分母均为无穷小量,无法直接求极限,我们称之为未定式. 在自变量 x 的某变化过程中,若当 $f(x) \to 0$、$g(x) \to 0$(或 $f(x) \to \infty$、$g(x) \to \infty$)时,极限值 $\lim \dfrac{f(x)}{g(x)}$ 可能存在,也可能不存在,我们称之为 " $\dfrac{0}{0}$ "(或 " $\dfrac{\infty}{\infty}$ ")型未定式.

本小题明显是"$\frac{0}{0}$"型未定式,其解决方法为**"消去零因子"**,只需将分子因式分解,消去零因子$(x-2)$,即

$$原式 = \lim_{x \to 2} \frac{(x-2)(x+1)}{x-2} = \lim_{x \to 2}(x+1) = 3.$$

例 1.14 求 $\lim\limits_{x \to 4} \dfrac{\sqrt{x+5}-3}{x-4}$ 的值.

解 此极限是"$\frac{0}{0}$"型未定式,我们对分式进行分子有理化,消去零因子$(x-4)$,即

$$\lim_{x \to 4} \frac{\sqrt{x+5}-3}{x-4} = \lim_{x \to 4} \frac{(\sqrt{x+5}-3)(\sqrt{x+5}+3)}{(x-4)(\sqrt{x+5}+3)}$$

$$= \lim_{x \to 4} \frac{x+5-9}{(x-4)(\sqrt{x+5}+3)} = \lim_{x \to 4} \frac{1}{\sqrt{x+5}+3} = \frac{1}{6}.$$

例 1.15 求极限值 $\lim\limits_{x \to 2}(\dfrac{x^2}{x^2-4} - \dfrac{1}{x-2})$.

解 当 $x \to 2$ 时,有 $\dfrac{x^2}{x^2-4} \to \infty$,$\dfrac{1}{x-2} \to \infty$,因此该极限是"$\infty - \infty$"型未定式,我们采用**"先通分,再加减"**的方法,即

$$\lim_{x \to 2}(\frac{x^2}{x^2-4} - \frac{1}{x-2}) = \lim_{x \to 2} \frac{x^2-(x+2)}{(x+2)(x-2)}$$

$$= \lim_{x \to 2} \frac{(x-2)(x+1)}{(x+2)(x-2)} = \frac{3}{4}.$$

例 1.16 求下列极限值.

(1) $\lim\limits_{x \to \infty} \dfrac{3x^3-2x^2-1}{5x^3+x-5}$; (2) $\lim\limits_{x \to \infty} \dfrac{8x^2+2x+1}{3x^3+x^2-5}$.

解 (1)本题是"$\dfrac{\infty}{\infty}$"型未定式,而当 $x \to \infty$ 时,有 $\dfrac{1}{x} \to 0$,$\dfrac{1}{x^2} \to 0$,$\dfrac{1}{x^3} \to 0$,因此只需将分子分母同时除以自变量x的最高次幂x^3,即有

$$\lim_{x \to \infty} \frac{3x^3-2x^2-1}{5x^3+x-5} = \lim_{x \to \infty} \frac{3-\dfrac{2}{x}-\dfrac{1}{x^3}}{5+\dfrac{1}{x^2}-\dfrac{5}{x^3}} = \frac{3}{5};$$

(2)同样属于"$\frac{\infty}{\infty}$"型未定式，原式 = $\lim\limits_{x\to\infty}\dfrac{\dfrac{8}{x}+\dfrac{2}{x^2}+\dfrac{1}{x^3}}{3+\dfrac{1}{x}-\dfrac{5}{x^2}} = \dfrac{0}{3} = 0$.

例 1.17 设 $f(x)=\begin{cases}x^2-2, & x>1\\ 2x+3, & x\leq 1\end{cases}$，求 $\lim\limits_{x\to 1}f(x)$，$\lim\limits_{x\to 2}f(x)$，$\lim\limits_{x\to 0}f(x)$ 的值.

分析 对于分段函数，根据极限存在定理，在分段点 $x=1$ 处函数是否存在极限，要判断左右极限情况，而非分段点处则可用"**直接代入法**"求极限.

解 因为 $\lim\limits_{x\to 1^-}f(x)=\lim\limits_{x\to 1^-}(2x+3)=5$，$\lim\limits_{x\to 1^+}f(x)=\lim\limits_{x\to 1^+}(x^2-2)=-1$，

显然 $\lim\limits_{x\to 1^-}f(x)\neq\lim\limits_{x\to 1^+}f(x)$，于是 $\lim\limits_{x\to 1}f(x)$ 不存在.

而 $x=2$ 和 $x=0$ 都不是函数的分段点，所以有

$$\lim_{x\to 2}f(x)=\lim_{x\to 2}(x^2-2)=2，\quad \lim_{x\to 0}f(x)=\lim_{x\to 0}(2x+3)=3.$$

1.4.3 两个重要的极限

图 1-20 表明，当 $x\to 0$ 时，函数 $y=\dfrac{\sin x}{x}$ 的值无限趋向于 1，因此有如下定理.

定理 1.5 第一个重要极限：$\lim\limits_{x\to 0}\dfrac{\sin x}{x}=1$.

注 (1) 该极限是"$\dfrac{0}{0}$"型未定式；

(2) 其一般形式是 $\lim\limits_{\Delta\to 0}\dfrac{\sin\Delta}{\Delta}=1$，其中"$\Delta$"代表同一变量.

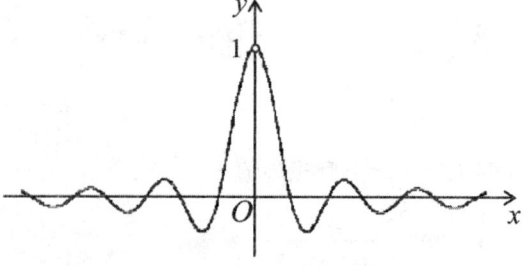

图 1-20 函数 $y=\dfrac{\sin x}{x}$ 的图像

(3) $\lim\limits_{x\to 0}\dfrac{x}{\sin x}=1$.

例 1.18 求下列极限值.

(1) $\lim\limits_{x\to 0}\dfrac{\sin 5x}{x}$； (2) $\lim\limits_{x\to 0}\dfrac{\sin 2x}{\sin 3x}$.

解 (1) $\lim\limits_{x\to 0}\dfrac{\sin 5x}{x}=5\lim\limits_{5x\to 0}\dfrac{\sin 5x}{5x}=5$；

(2) $\lim\limits_{x\to 0}\dfrac{\sin 2x}{\sin 3x}=\dfrac{2}{3}\lim\limits_{2x\to 0}\dfrac{\sin 2x}{2x}\lim\limits_{3x\to 0}\dfrac{3x}{\sin 3x}=\dfrac{2}{3}$.

定理 1.6 第二个重要极限：$\lim\limits_{x\to\infty}(1+\dfrac{1}{x})^x = e$ 或 $\lim\limits_{x\to 0}(1+x)^{\frac{1}{x}} = e$.

该定理解决了"1^∞"型未定式的极限问题.

例 1.19 求下列极限值.

(1) $\lim\limits_{x\to\infty}(1+\dfrac{1}{2x})^x$； (2) $\lim\limits_{x\to\infty}(1+\dfrac{2}{x})^x$.

解 (1) $\lim\limits_{x\to\infty}(1+\dfrac{1}{2x})^x = \lim\limits_{2x\to\infty}[(1+\dfrac{1}{2x})^{2x}]^{\frac{1}{2}} = [\lim\limits_{2x\to\infty}(1+\dfrac{1}{2x})^{2x}]^{\frac{1}{2}} = e^{\frac{1}{2}}$；

(2) $\lim\limits_{x\to\infty}(1+\dfrac{2}{x})^x = \lim\limits_{\frac{x}{2}\to\infty}[(1+\dfrac{2}{x})^{\frac{x}{2}}]^2 = [\lim\limits_{\frac{x}{2}\to\infty}(1+\dfrac{2}{x})^{\frac{x}{2}}]^2 = e^2$.

案例 1.6 （汽车销售情况预测）当推出一款新的车型时，短期内销售量会迅速增加，然后开始下降，假设销售量随时间变化的函数关系为 $S(t)=\dfrac{20000t}{t^2+100}$（$t$ 为月份）（图 1-21），请你对该款车的长期销售做出预测.

解 要对车的销售情况做"长期预测"，即求极限值 $\lim\limits_{t\to\infty}s(t)$，显然 $\lim\limits_{t\to\infty}\dfrac{20000t}{t^2+100}$ 是"$\dfrac{\infty}{\infty}$"型未定式，因此有

$$\lim\limits_{t\to\infty}\dfrac{20000t}{t^2+100} = \lim\limits_{t\to\infty}\dfrac{\dfrac{20000}{t}}{1+\dfrac{100}{t^2}} = 0.$$

说明销售量会逐渐趋于 0，因此一项技术或产品，只有不断更新优化，才能赢得市场.

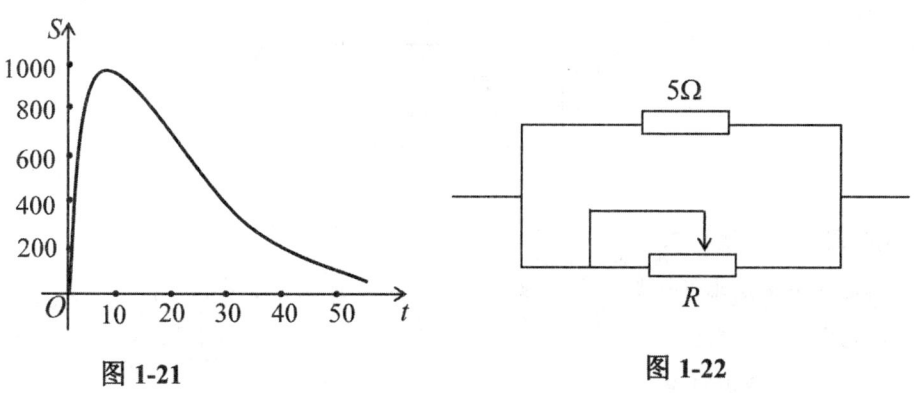

图 1-21   图 1-22

案例 1.7 （并联电路电阻计算）5Ω的电阻器与可变电阻 R 并联（图 1-22），由欧姆定律可得电路总电阻为 $R_r = \dfrac{5R}{5+R}$，若含 R 的支路突然断路，求此时电路总电阻.

解 由已知可知，支路突然断开，说明此时 $R \to +\infty$，因此电路中的总电阻为

$$\lim_{R \to \infty} \frac{5R}{5+R} = 5,$$

即此时电路的总电阻为 5Ω.

案例 1.8 （刘徽运用"割圆术"推导圆的周长和面积公式）

解 设 AB 是圆内接正 n 边形的一边（图 1-23），则正 n 边形周长 L_n 的极限为：

$$\lim_{n \to \infty} L_n = \lim_{n \to \infty} 2nR \sin \frac{\pi}{n} = 2\pi R \lim_{\frac{\pi}{n} \to 0} \frac{\sin \frac{\pi}{n}}{\frac{\pi}{n}} = 2\pi R,$$

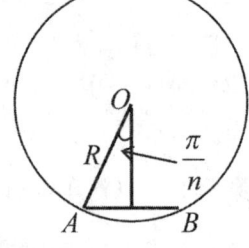

图 1-23

正 n 边形面积 S_n 的极限为：

$$\lim_{n \to \infty} S_n = \lim_{n \to \infty} n \cdot \frac{1}{2} R^2 \sin \frac{2\pi}{n} = \pi R^2 \lim_{\frac{2\pi}{n} \to 0} \frac{\sin \frac{2\pi}{n}}{\frac{2\pi}{n}} = \pi R^2.$$

当 $n \to \infty$ 时，有 $C_{\text{正多边形}} \to C_{\text{圆}}$，$S_{\text{正多边形}} \to S_{\text{圆}}$，即

圆周长为 $C = \lim\limits_{n \to \infty} L_n = 2\pi R$，圆面积为 $S = \lim\limits_{n \to \infty} S_n = \pi R^2$.

习 题 1.4

1. 判断下列说法的正误.

(1) 无穷小量是比任何数都小的数；　　(2) 零是无穷小量；

(3) 无穷小量是零；　　(4) 无穷小量是越来越小的量.

2. 下述运算是否正确，为什么？

3. 计算下列极限值.

(1) $\lim\limits_{x\to\infty}\dfrac{\cos x}{x}$;

(2) $\lim\limits_{x\to 0}x^2\cos\dfrac{1}{x}$;

(3) $\lim\limits_{x\to 0}\dfrac{\sin 3x}{x}$;

(4) $\lim\limits_{x\to 0}(1-x)^{\frac{1}{x}}$.

3. （细菌培养）已知在某一时刻 t（单位：min）容器中的细菌个数为 $y=10^4\times 2^{kt}$（k 为常数），问：(1)若经过 30 min，细菌个数增加 1 倍，求 k 的值；(2) 预测 $t\to+\infty$ 时容器中细菌的个数.

4. （平均成本预测）已知某厂生产 x 个汽车轮胎的总成本为 $C(x)=300+\sqrt{1+x^2}$（元），平均成本为 $\dfrac{C(x)}{x}$，当产量很大时，求平均成本的极限值 $\lim\limits_{x\to+\infty}\dfrac{C(x)}{x}$.

5. （火焰温度的测量）设温度计与蜡烛火焰的距离为 x cm 时，温度计上显示的度数为 $f(x)$（单位：℃）.当温度计逐渐接近火焰时，温度计显示的度数逐渐增大，但当温度计的玻璃接触到火焰时，就会发生爆炸.

(1)从物理的角度上解释 $f(0)$ 是否存在？

(2)解释极限 $\lim\limits_{x\to 0}f(x)$ 的意义，并说明据此是否可得出火焰的温度？

(3)若温度计最大刻度为 200℃，火焰的最高温度为 400℃，环境温度为 20℃，且 $f(x)$ 可由下面的模型描述：$f(x)=a+be^{-x}$（$x>0$）.试求 a，b，并作出函数 $y=f(x)$ 的简图.

6. （永续性奖金）某职业学院为奖励勤奋好学的学生建立了一项奖励基金，每年年终发放一次，资金总额为 10 万元，若以年复利率 5% 计算，奖金发放永远继续下去，即奖金发放年数 $n\to\infty$ 时（此时称为永续性奖金），基金 P 应为多少？

1.5 函数的连续性

自然界中的变化有渐变和突变，像气温的变化、有机体的生长等，它们都是逐渐变化的，这就是"连续性".连续是函数的重要性态，本节讨论函数连续性的概念、性质及应用.

1.5.1 函数连续性的概念

1. 函数的增量

定义 1.16 设函数 $u = u(x)$ 在 $U(x_0, \delta)$ 内有定义,当自变量从 x_0 变化到 x 时,我们称 $\Delta x = x - x_0$ 为**自变量的增量**,对应函数值的差 $\Delta y = f(x) - f(x_0)$ 为**函数值的增量**.

若记 $x = x_0 + \Delta x$,则函数增量又可表示为 $\Delta y = f(x_0 + \Delta x) - f(x_0)$.

2. 函数在某一点处的连续性

定义 1.17 设函数 $f(x)$ 在 $U(x_0, \delta)$ 内有定义,若 $\lim\limits_{\Delta x \to 0} \Delta y = 0$ 或 $\lim\limits_{x \to x_0} f(x) = f(x_0)$,则称**函数 $f(x)$ 在点 x_0 处连续**,点 x_0 称为 $f(x)$ 的**连续点**,否则称 $f(x)$ 在点 x_0 处**间断**,点 x_0 称为 $f(x)$ 的**间断点**.

例 1.20 判断下列各函数 $f(x)$ 在点 $x = 2$ 处是否连续,若不连续,说明原因?

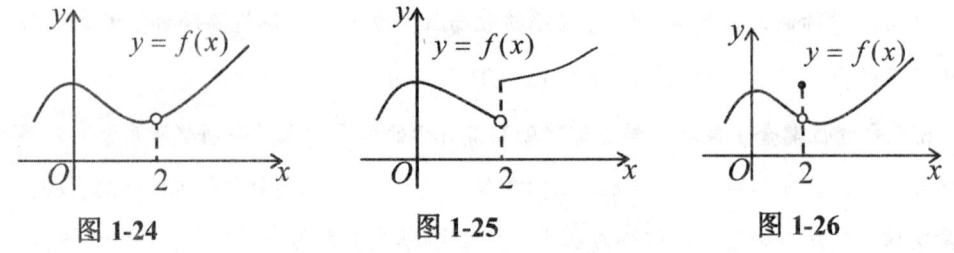

图 1-24　　　　　　图 1-25　　　　　　图 1-26

解 图 1-24 中,函数在点 $x = 2$ 处无定义,因此函数在该点处不连续;

图 1-25 中,函数在点 $x = 2$ 处,$\lim\limits_{x \to 2^+} f(x) \neq \lim\limits_{x \to 2^-} f(x)$,即 $\lim\limits_{x \to 2} f(x)$ 不存在,因此该点处不连续;

图 1-26 中,函数在点 $x = 2$ 处 $\lim\limits_{x \to 2} f(x)$ 存在,但 $\lim\limits_{x \to 2} f(x) \neq f(2)$,同样不连续.

例 1.21 讨论分段函数 $f(x) = \begin{cases} x + 1, & x \geq 1 \\ 3 - x, & x < 1 \end{cases}$ 在点 $x = 1$ 处的连续性.

解 由于 $\lim\limits_{x \to 1^+}(x + 1) = 2$,$\lim\limits_{x \to 1^-}(3 - x) = 2$,而函数值 $f(1) = 2$,显然有

$$\lim_{x\to 1^+}f(x)=\lim_{x\to 1^-}f(x)=f(1)=2,$$

满足函数连续性的定义,因此,原函数在点 $x=1$ 处是连续的.

3. 函数在区间上的连续性

定义 1.18 若函数 $f(x)$ 在开区间 (a,b) 内的每一点都连续,则称函数 $f(x)$ 在**开区间 (a,b) 内连续**,开区间 (a,b) 称为函数的**连续区间**. 若函数 $f(x)$ 在开区间 (a,b) 内连续,且 $\lim_{x\to a^+}f(x)=f(a)$,$\lim_{x\to b^-}f(x)=f(b)$,则称函数 $f(x)$ 为闭区间 $[a,b]$ 上的**连续函数**.

1.5.2 连续函数的运算

定理 1.7 (初等函数的连续性)基本初等函数在其定义域内都是连续的,初等函数在其定义域内也都是连续的,且有 $\lim_{x\to x_0}f(x)=f(x_0)$.

定理 1.8 (连续函数的四则运算)若函数 $f(x)$ 和 $g(x)$ 在 x_0 处均连续,则函数 $f(x)\pm g(x)$,$f(x)\cdot g(x)$ 在 x_0 处也是连续的,若 $g(x)\neq 0$,商 $\dfrac{f(x)}{g(x)}$ 在点 x_0 处也连续.

定理 1.9 (复合函数的连续性)设 $\lim_{x\to x_0}\varphi(x)=A$,且 $f(u)$ 在 $u=A$ 处连续,则有

$$\lim_{x\to x_0}f[\varphi(x)]=f(A)=f[\lim_{x\to x_0}\varphi(x)].$$

例 1.22 求下列极限值.

(1) $\lim\limits_{x\to\frac{\pi}{2}}\ln\sin x$;   (2) $\lim\limits_{x\to 0}\dfrac{\ln(1+x)}{x}$.

解 (1)因为 $\lim\limits_{x\to\frac{\pi}{2}}\sin x=1$,且 $\ln u$ 在点 $u=1$ 处是连续的,据复合函数的连续性,有

$$\lim_{x\to\frac{\pi}{2}}\ln\sin x=\ln(\lim_{x\to\frac{\pi}{2}}\sin x)=\ln 1=0;$$

(2)同理,原式 $=\lim\limits_{x\to 0}\ln(1+x)^{\frac{1}{x}}=\ln[\lim\limits_{x\to 0}(1+x)^{\frac{1}{x}}]=\ln e=1.$

案例 1.9 (停车场收费)停车场第一个小时(或不到一个小时)收费 3 元,以后每小时(或不到整时)收费 2 元,每天最多收费 10 元. 试讨论此函数的连续性及间断点.

解 设停车场第 t 小时的收费为 y,则

$$y = \begin{cases} 3, & 0 < t \le 1 \\ 3 + 2[t-1], & 1 < t \le 4 \\ 10, & 4 < t \le 24 \end{cases}$$，其中$[t]$为取整函数，即取比t大的最小整数.

因为$\lim\limits_{t \to 1^+} y = 5$，$\lim\limits_{t \to 1^-} y = 3$，所以$\lim\limits_{t \to 1} y$不存在，因而函数在$t=1$处不连续，同理，此函数在$t=2$，3，4处也是间断的.

1.5.3 闭区间上连续函数的性质

定理 1.10 （最值定理）若函数$y = f(x)$在闭区间$[a, b]$上连续，则$f(x)$在$[a, b]$上必有最大值和最小值，如图1-27所示.

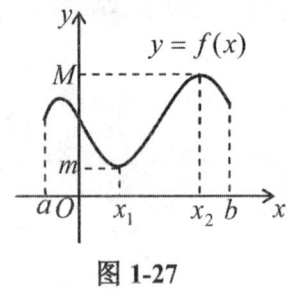

图 1-27

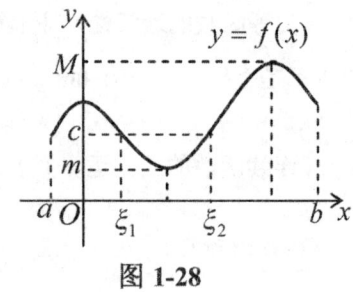

图 1-28

定理 1.11 （介值定理）若函数$y = f(x)$在闭区间$[a, b]$上连续，且M和m分别是函数$y = f(x)$的最大值与最小值，则对介于m和M之间的任一实数c（即$m < c < M$），至少存在一点$\xi \in [a, b]$，使得$f(\xi) = c$（图1-28）.

定理 1.12 （零点定理）若函数$y = f(x)$在闭区间$[a, b]$上连续，且$f(a) \cdot f(b) < 0$，则至少存在一点$\xi \in [a, b]$，使得$f(\xi) = 0$.

例 1.23 证明方程$x^7 + 5x - 4 = 0$在区间（0，1）内至少有一个根.

证明 构造函数$f(x) = x^7 + 5x - 4$，因为$f(x)$是初等函数，且在$[0, 1]$上有定义，所以$f(x)$在$[0, 1]$上连续，又因为$f(0) = -4 < 0$，$f(1) = 2 > 0$.

根据上述定理，则在区间（0，1）内至少有一点x，使得$f(x) = 0$（$0 < x < 1$），即证.

习题 1.5

1. 思考：一切初等函数在它的定义域内都是连续的吗？举例说明.

2. 求下列极限值.

   (1) $\lim\limits_{x \to 2\pi} \sin 3x$；

   (2) $\lim\limits_{x \to 0}(\ln|\sin x| - \ln|x|)$.

3. 讨论函数 $f(x) = \begin{cases} x+1, & x \geq 1 \\ 3-x, & x < 1 \end{cases}$ 在点 $x = 1$ 处的连续性.

4. 若函数 $f(x) = \begin{cases} a + x + x^2, & x \leq 0 \\ \dfrac{\sin 3x}{x}, & x > 0 \end{cases}$ 在点 $x = 0$ 处连续，求 a 的值.

5. 设 1 克冰从 $-40\,^\circ\!\text{C}$ 升到 $x\,^\circ\!\text{C}$ 所需要的热量为：$f(x) = \begin{cases} 2.1x + 84, & 40 \leq x \leq 0 \\ 4.2x + 420, & x > 0 \end{cases}$，(单位：焦耳)，试问当 $x = 0$ 时，函数是否连续？并解释其实际意义.

6. 证明：方程 $x^3 + 2x = 6$ 至少有一个根介于 1 和 3 之间.

复习题一

一、单选题

1. 函数 $y = 2 + \sin x$ 是（　　）.

   A．奇函数　　　B．偶函数　　　C．单调增函数　　　D．有界函数

2. 函数 $y = e^{|x|}$ 的图像是（　　）.

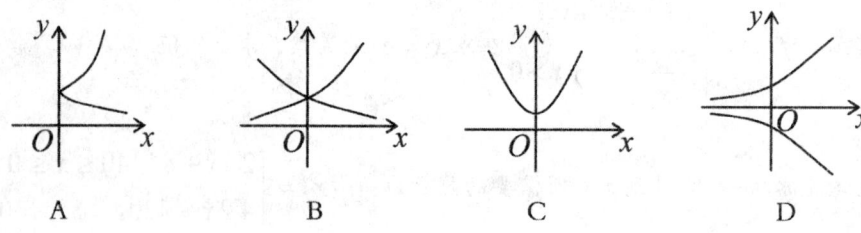

   A　　　　　　B　　　　　　C　　　　　　D

3. 当 $x \to 0$ 时，下列哪个变量为无穷小量（　　）.

   A．$\dfrac{\sin x}{x}$　　　B．$\dfrac{\cos x}{x}$　　　C．$x \sin \dfrac{1}{x}$　　　D．$1 - \sin x$

4. 下列极限值为 1 的是（　　）

   A．$\lim\limits_{x \to \infty} \dfrac{\sin x}{x}$　　　B．$\lim\limits_{x \to 0} x \sin \dfrac{1}{x}$　　　C．$\lim\limits_{x \to 0} \dfrac{\sin 2x}{x}$　　　D．$\lim\limits_{x \to \infty} x \sin \dfrac{1}{x}$

5. 方程 $x^4 - x - 1 = 0$ 至少有一个根的区间是（　　）

   A．$\left(0, \dfrac{1}{2}\right)$　　　B．$\left(\dfrac{1}{2}, 1\right)$　　　C．$(2, 3)$　　　D．$(1, 2)$

二、判断题

1. 函数 $y = \dfrac{x^2 - 1}{x - 1}$ 与 $y = x + 1$ 是两个相同的函数. 　　　　（　　）

2.分段函数 $y = \begin{cases} 2\sqrt{x}, & 0 \leq x \leq 1 \\ 1+x, & x > 1 \end{cases}$ 在 $x=1$ 处是连续的. （   ）

3.简单函数 $y = \ln u$，$u = -2 + \cos^2 x$ 可以构成复合函数. （   ）

4.$\lim\limits_{n \to \infty}(\dfrac{1}{n^2} + \dfrac{2}{n^2} + \cdots + \dfrac{n}{n^2}) = \lim\limits_{n \to \infty}\dfrac{1}{n^2} + \lim\limits_{n \to \infty}\dfrac{2}{n^2} + \cdots + \lim\limits_{n \to \infty}\dfrac{n}{n^2} = 0$. （   ）

5.设 $f(x) = \dfrac{\sin ax}{x}(x \neq 0)$ 在 $x=0$ 处连续，且 $f(0) = -\dfrac{1}{2}$，则 $a = -\dfrac{1}{2}$. （   ）

三、填空题

1.设函数 $f(x) = \begin{cases} x^2, & x \geq 0 \\ x^2 - 1, & x < 0 \end{cases}$，则 $f(-2\sqrt{2}) = $ _____.

2.函数 $y = \dfrac{\sqrt{x-1}}{\lg(3-x)}$ 的定义域是 _____.

3.当 $x \to$ _____ 时，函数 $f(x) = \dfrac{1}{x-3}$ 是无穷大量.

4.函数 $y = \ln arc\cot(x^2 - 1)$ 是由 _____ 复合而成.

5.若函数 $f(x)$ 是 $x \to x_0$ 时的无穷大量，则 $\lim\limits_{x \to x_0} \dfrac{1}{f(x)} = $ _____.

6.$\lim\limits_{x \to x_0} \dfrac{\sin 2x}{\sin 5x} = $ _____.

7.$\lim\limits_{x \to \infty}(\sqrt{x^2 + x} - x) = $ _____.

8.函数 $f(x) = \dfrac{x+1}{x^2 - 2x - 3}$ 的间断点是 _____.

9.若 $\lim\limits_{x \to 2} \dfrac{x^2 + x - k}{x - 2} = 5$，则 $k = $ _____.

10.函数 $f(x) = \begin{cases} \dfrac{1-x^2}{1+x}, & x \neq -1 \\ A, & x = -1 \end{cases}$，当 $A = $ _____ 时，函数 $f(x)$ 连续.

四、计算题

2.求函数 $y = \dfrac{1}{x+1} + \ln(3-x)$ 的定义域.

3.某人用8米的钢材做一个上半部是半圆形,下半部是矩形的窗子,要使窗子的透光性最好,应如何设计窗子的尺寸?

4.有45000人口的某社区内,发生了流行性感冒,其传播规律为 $y = \dfrac{45000}{1 + a \cdot e^{-45000kt}}$,其中 y 是时刻 t(单位:星期)后的患流感的人数,a、k 为正常数,照此规律,你能推算出10星期后将有多少人患流感吗?如果流感无限制地发展下去,最终将有多少人患流感?

数学文化欣赏（一）
——极限思想的产生、发展与应用

极限是近代数学的一个重要概念，它把对立统一的关系刻画得淋漓尽致，在我们的工作、学习与科研中都有积极的作用．极限思想更是微积分的重要理论基础，函数的连续、导数、微分和积分等概念都是建立在极限的基础之上的．如此重要的思想，它是怎样产生的呢？

一、极限思想的产生与发展

和一切科学的思想方法一样，极限思想也是社会实践的产物．极限思想可以追溯到古代．公元前5世纪，我国春秋战国时期名家的代表作《庄子》中就富含极限的思想，例如《庄子·天下篇》中有"至大无外，谓之大一；至小无内，谓之小一"的话语，所谓"大一"相当于我们所说的"无穷大"，"小一"就相当于"无穷小"，即说"至大就是没有边界的，这叫无穷大；至小就是没有内部的，这叫无穷小．里面还记录了惠施的一段话"一尺之棰，日取其半，万世不竭"，它揭示的便是一个无穷等比数列 $\frac{1}{2}, \frac{1}{2^2}, \frac{1}{2^3}, \cdots, \frac{1}{2^n}$，当 $n \to \infty$ 时，尽管 $\frac{1}{2^n} \to 0$，但总有 $\frac{1}{2^n} \neq 0$ 成立．这些都反映了古代人们对极限的一种思考，它不但表达了我们祖先的极限思想，也提供了"无穷小量"的实际例子．

我们古代的极限思想和方法主要寓于求积（面积、体积）理论．魏晋时期的数学家刘徽继承和发扬了先秦诸子的极限思想，用"割圆术"成功解决了求积问题．首先，他从圆内接正六边形出发，将边数逐次加倍，则正多边形面积愈来愈接近圆面积，"割之弥细，所失弥少．割之又割，以至于不可割，则与圆合体，而无所失矣"，当他一直算到正192边形，得到圆周率的近似值为3.14，他开创了圆周率研究的新纪元．同时，他还通过观察，发现规律，用圆内接多边形的面积（周长）去逼近圆面积（周长），当边数 $n \to \infty$ 时，有 $S_{正n边形} \to S_{圆}$，$C_{正n边形} \to C_{圆}$，从而得到圆的周长与面积公式．

欧洲古希腊时期，也有不少数学家用极限方法解决了许多实际问题，如安提丰的"穷竭法"．他在研究化圆为方问题时，提出用圆内接正多边形的面积穷竭圆面积，他先作圆内接正方形，然后成倍增长，得内接正八边形，正十六边形，正三十二边形，⋯，他深信继续这样下去最后的正多边形必与圆周相合,也就是多边形与圆的"面积差"必会"穷竭于0",于是便可以化圆为方,虽然他的结论是错误的,但他提出了一种求圆的面积的近似方法.

"割圆术"和"穷竭法"是古代东西方数学智慧的代表,他们的思想方法虽不同,但思路是一致的.

古希腊人对极限思想也有过困惑,最为典型的是诡辩派成员芝诺(Zeno)的四大悖论.其中"飞矢不动论"就得到了"运动是不可能的"的结论,这明显是错误的.对于最著名的"追兔说"悖论,他是这样记载的:阿基里斯(希腊神话中跑步如飞的英雄)和乌龟一前一后相隔100米,两者同时出发,阿基里斯的速度是乌龟速度的10倍,当阿基里斯跑了100米后到达乌龟的出发点时,乌龟已前进了10米,阿基里斯又追10米,乌龟又前进了1米,阿基里斯再追1米,乌龟再前进0.1米,……,这样两者之间永远隔着一小段距离.芝诺故意把有限的路程巧妙地分割成无穷段路程,让人产生一种错觉,阿基里斯可以无限地接近乌龟,但永远追不到乌龟.其实,芝诺并不是真的认为阿基里斯追不上乌龟,问题是他和当时的很多数学学者都不知道阿基里斯何时才能追上乌龟,如果阿基里斯要追上乌龟,那么他就要追无穷多段长度,但"不可能在有限的时间内通过无限的事物",这正是最早的有关"无限"的思想.芝诺的哲学观点虽然不对,但他尖锐地提出了空间和时间是"连续"还是"离散"的问题,引起了人们长期的讨论和思考,这对历史的发展有着不可磨灭的贡献.

以上这些理论正是现代极限理论的先驱.

极限思想的进一步发展是与微积分的建立紧密相连的.16世纪的欧洲处于资本主义萌芽时期,生产力大力发展,生产技术中的大量问题,单纯用初等数学方法已无法解决,要求数学突破只研究常量的传统,而提供能够用以描述和研究运动、变化过程的新工具,这是促进极限发展、建立微积分的社会背景.起初牛顿和莱布尼茨以"无穷小"概念为基础建立了微积分,后来因遇到了逻辑困难,但在他们的晚期都不同程度地接受了极限思想.牛顿的极限观念是建立在几何直观上,因而他无法得出极限的严格表述.正因为当时缺乏严格的极限定义,微积分理论才受到了人们的怀疑与攻击.事实表明,弄清极限概念,建立严格的微积分理论基础,不但是数学本身所需要的,而且有着认识论上的重大意义.

在很长一段时间里,很多的数学家为此做出了巨大的贡献,例如,用极限概念给出导数正确定义的捷克数学家波尔查诺,完整地阐述了极限概念及其理论的法国数学家柯西等.

二、极限思想的应用

经过了几十个世纪的发展,极限思想已趋向成熟,并且逐渐成为一种重要的数学工具,它能避开抽象、复杂的运算,优化解题过程、降低解题难度,从而巧解数学问题,被广泛应用于解决函数、线性代数、几何、物理等方面的问题.

案例1 雪花曲线

瑞典数学家科克(Koch Heige Von)在1904年发明了一条独特的曲线,该曲线是这样形成的:利用"三分法"将等边三角形的每条边三等分,并以中间等份向外作新等边三角形,去掉与原三角形叠合的边,其边界变得越来越细微曲折,我们称凹多边形 A_n 的边界曲线为**雪花曲线**.

根据三分法,可以得到各个多边形 A_1,A_2,$\cdots$,A_n 的周长和面积分别为

$$L_n = \left(\frac{4}{3}\right)^n L_0, \quad A_n = \left\{1 + \frac{3}{5}\left[1 - \left(\frac{4}{9}\right)^n\right]\right\} A_0,$$

因此,当 $n \to +\infty$ 时,对以上两式取极限,可得

$$L = \lim_{n \to \infty} L_n = \lim_{n \to \infty}\left(\frac{4}{3}\right)^n L_0 = +\infty,$$

$$A = \lim_{n \to \infty} A_n = \lim_{n \to \infty}\left\{1 + \frac{3}{5}\left[1 - \left(\frac{4}{9}\right)^n\right]\right\} A_0 = \frac{8}{5} A_0.$$

上述两式说明,雪花曲线具有以下特征:具有有限的面积,却有着无限的周长,且其面积为原三角形面积的 $\frac{8}{5}$ 倍.

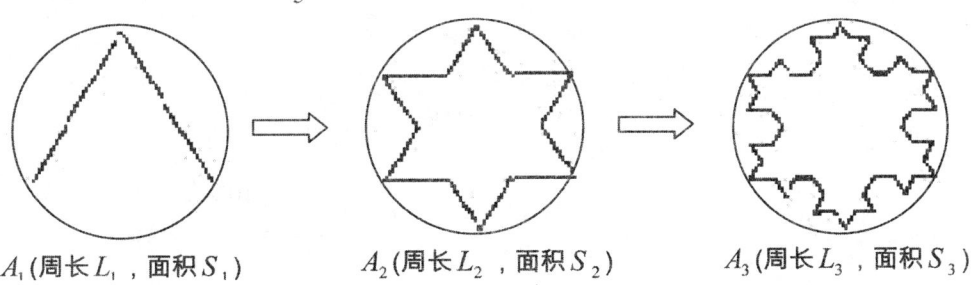

A_1(周长 L_1,面积 S_1) A_2(周长 L_2,面积 S_2) A_3(周长 L_3,面积 S_3)

这条曲线也叫 **Koch 曲线**,它是有限区域中长度无限的曲线,这一自相矛盾的结果曾

使20世纪初许多数学家感到困惑,它背离了关于形状的合理直觉,也不同于自然界里常见的事物,成了一种反常现象,直到1975年,新诞生的数学分支——"分形几何学"才赋予它深刻、丰富的内涵.分析几何学是一门以非规则几何形态为研究对象的学科.不规则现象在自然界里普遍存在,像"英吉利亚海岸线有多长",云彩、山川、海岸、人的肺、视网膜血管、大脑血管的构造等不规则形状曲线的描绘,都是典型的分形.

案例2 农夫分牛

有一个农夫养牛19头,在去世之前把这19头牛分给自己的三个儿子.遗嘱是这样写的:老大得$\frac{1}{2}$,老二得$\frac{1}{4}$,老三得$\frac{1}{5}$.既不能把牛杀死,也不能卖了分钱.农夫去世后,兄弟三人怎么也想不出办法把牛分完.

邻居给他们出了一个主意:我借给你们一头牛,就好分了.这样,老大得到了20头牛的$\frac{1}{2}$为10头,老二得到$\frac{1}{4}$为5头,老三得到$\frac{1}{5}$为4头,合计刚好为19头,剩下一头还给邻居,恰好分完.但我们仔细想一想,这样分合理吗?下面我们来计算一下.第一次分完,老大得到$19\times\frac{1}{2}$头牛,老二得到$19\times\frac{1}{4}$头牛,老三得到$19\times\frac{1}{5}$头牛.因牛不能分割,所以分数肯定不行.为什么会出现分数而不是整数呢?按照农夫的遗嘱,第一次分后不能把19头牛完全分完,还剩下$\frac{19}{20}$头牛.每个人都必须按照遗嘱继续分掉剩下的牛.第二次分后,牛也没有分完,还剩下$\frac{19}{20^2}$头牛.第三次分后,还剩下$\frac{19}{20^3}$头牛.继续分下去,这其实就是一个收敛的无穷等比数列,其公比为$\frac{1}{20}$,该无穷等比数列前n项的和为S_n,且

$$\lim_{n\to\infty} S_n = \frac{a_1}{1-q}.$$

因此,老大得到的牛头数为$19\times\frac{1}{2}+\frac{19}{20}\times\frac{1}{2}+\frac{19}{20^2}\times\frac{1}{2}+\cdots=\frac{19\times\frac{1}{2}}{1-\frac{1}{20}}=10$;

老二得到的牛头数为$19\times\frac{1}{4}+\frac{19}{20}\times\frac{1}{4}+\frac{19}{20^2}\times\frac{1}{4}+\cdots=\frac{19\times\frac{1}{4}}{1-\frac{1}{20}}=5$;

老二得到的牛头数为 $19 \times \frac{1}{5} + \frac{19}{20} \times \frac{1}{5} + \frac{19}{20^2} \times \frac{1}{5} + \cdots = \frac{19 \times \frac{1}{5}}{1 - \frac{1}{20}} = 4$.

我们发现，经过极限计算的结果和邻居的分牛方法一致，说明利用极限也能圆满解决日常生活中的数学难题.

案例 3　物理应用

如图所示的电路中，电阻 $R_1 = 8\Omega$，$R_2 = 10\Omega$，电源电压及定值电阻 R 的阻值未知. 当开关 S 接位置 1 时，电流表示数为 $0.2A$，问开关 S 接 2 时，电流表示数的可能值在___A 到___A 之间.

分析　这是一个结合串联电路的特点考查欧姆定律的问题，对电路的分析不是解答本题的难点所在，关键是在解题中，要明确等量关系.

电源电压一定，有等量关系 $0.2(8+R) = I(10+R)$，将其变形后得到：

$$I = \frac{0.2(8+R)}{10+R} = \frac{1.6 + 0.2R}{10+R}.$$

不难理解，对定值电阻 R，最小值为"0"，将其最小值代入，即可得 S 接 2 时电路中电流值是 $0.16A$. 而 R 的另一个可能值是 ∞，为此可将上式中的分子、分母同时除以 R 后得到：

$$I = \frac{\frac{1.6}{R} + 0.2}{\frac{10}{R} + 1},$$

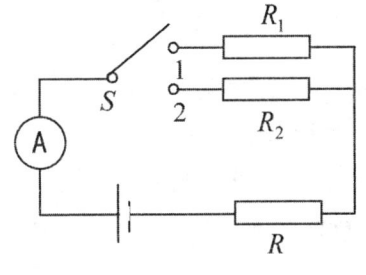

当 $R \to \infty$ 时，$\lim\limits_{n \to \infty} I = \frac{\frac{1.6}{R} + 0.2}{\frac{10}{R} + 1} = 0.2A$.

因此，当开关 S 接位置 2 时，电流表示数的可能值在 $0.16\,A$ 至 $0.2\,A$ 之间.

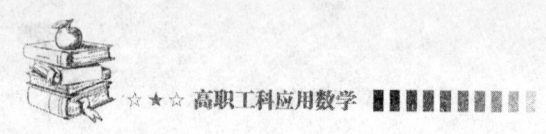

第 2 章　导数与微分

微积分学是微分学（导数）和积分学的统称，被誉为"人类精神的最高胜利".微积分是一种数学思想，"无限细分"就是微分，"无限求和"就是积分，比如，子弹飞出枪膛的瞬间速度就是微分的概念，子弹每个瞬间所飞行的路程之和就是积分的概念.

16世纪欧洲经济飞速发展，航海、天文、矿山等技术中出现了大量初等数学不能解决的问题，如运动中的瞬时速度，曲线的切线，长度、面积、体积及重心，最大值和最小值等，人们开始研究变化的量，数学进入了"变量数学"时代.随着法国数学家笛卡尔建立解析几何开始，微积分进入17世纪的蓬勃发展，数十位科学家为微积分的创立做了开创性的研究.

其中，贡献最大的是英国数学家牛顿和德国数学家莱布尼茨.牛顿(Newton, 1643—1727年)创立了"流数术"理论.牛顿在1665年5月20日的一份手稿中提到了"流数术"，因而有人把这一天作为微积分诞生的标志.牛顿在1671年写了《流数术和无穷级数》，书中从力学的角度指出变量是由点、线、面的连续运动产生的，他把连续变量叫做流动量，把这些流动量的导数叫做流数.莱布尼茨（G. W. Leibniz, 1646—1716年）则从几何学上考察曲线的切线问题而得出了微分法，1684年，他发表了一篇世界上最早的微积分文献，里面含有现代微分符号和基本微分法.无论是物理角度的研究，还是几何角度的分析，都带动了微积分的发展，也带动了数学乃至整个世界的飞跃.

本章利用极限的思想和方法介绍导数与微分.我们将从实际问题入手，引入导数概念，并介绍一系列基本初等函数的求导公式和运算法则，从而系统地解决初等函数的求导问题.

2.1 导数的概念

在实际中研究变量的变化时，我们经常会碰到求一个变量相对于另一个变量的变化快慢问题，即函数的变化率. 下面先分析几个实例.

2.1.1 导数产生的背景

引例 2.1 （变速直线运动的瞬时速度）牛顿在研究变速直线运动物体的瞬时速度时，设运动方程为 $s = s(t)$，则在 t_0 到 $t_0 + \Delta t$ 的时间间隔内，路程增量为 $\Delta s = s(t_0 + \Delta t) - s(t_0)$，平均速度为 $\bar{v} = \dfrac{\Delta s}{\Delta t} = \dfrac{s(t_0 + \Delta t) - s(t_0)}{\Delta t}$，当 Δt 越小时，$\bar{v}$ 就越接近 t_0 时刻的瞬时速度 $v(t_0)$，即当 $\Delta t \to 0$ 时，若极限 $\lim\limits_{\Delta t \to 0} \dfrac{\Delta s}{\Delta t}$ 存在，则此极限即为物体在 t_0 时刻的瞬时速度 $v(t_0)$，即

$$v(t_0) = \lim_{\Delta t \to 0} \bar{v} = \lim_{\Delta t \to 0} \frac{\Delta s}{\Delta t} = \lim_{\Delta t \to 0} \frac{s(t_0 + \Delta t) - s(t_0)}{\Delta t}. \tag{2-1}$$

引例 2.2 （交流电的电流强度）在交流电路中，电流 I 随着时间 t 的变化而变化. 设电流通过导线横截面的电量为 $Q(t)$，我们来确定某一时刻 t_0 的瞬间电流 I.

解 从时间 t_0 变化到 $t_0 + \Delta t$ 时，通过导线的电量为 $\Delta Q = Q(t_0 + \Delta t) - Q(t_0)$，因此，在 Δt 这段时间内，导线内的平均电流为 $\bar{I} = \dfrac{\Delta Q}{\Delta t} = \dfrac{Q(t_0 + \Delta t) - Q(t_0)}{\Delta t}$，显然，$\Delta t$ 越小，$\bar{I}$ 就越接近 t_0 时刻的瞬时电流 I，极限 $\lim\limits_{\Delta t \to 0} \dfrac{\Delta Q}{\Delta t}$ 即为导线内 t_0 时刻的瞬间电流，即

$$I = \lim_{\Delta t \to 0} \frac{\Delta Q}{\Delta t} = \lim_{\Delta t \to 0} \frac{Q(t_0 + \Delta t) - Q(t_0)}{\Delta t}. \tag{2-2}$$

引例 2.3 （曲线的切线及其斜率）德国数学家莱布尼茨也用极限思想研究了曲线切线的斜率. 设 $P(x_0, f(x_0))$ 为曲线 $y = f(x)$ 上一定点，求曲线在点 P 处的切线斜率.

解 在曲线上 P 点邻近任取一点 $Q(x_0 + \Delta x, f(x_0 + \Delta x))$（图 2-1），则割线 PQ 的斜率为 $k_{PQ} = \dfrac{f(x_0 + \Delta x) - f(x_0)}{\Delta x}$. 当点 Q 沿着曲线无限靠近点 P 时，则割线 PQ 趋向于切线 PT，说明切线 PT 是割线 PQ 的极限位置，即

$$k_{PT} = \lim_{Q \to P} k_{PQ} = \lim_{\Delta x \to 0} \frac{\Delta y}{\Delta x} = \lim_{\Delta x \to 0} \frac{f(x_0 + \Delta x) - f(x_0)}{\Delta x}. \tag{2-3}$$

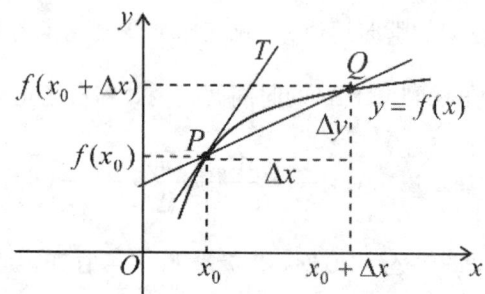

图 2-1 曲线的切线及其斜率

上述三个问题，实际含义不同，但得到的 (2-1)式、(2-2)式和(2-3)式，结构却非常相似，都是"函数值增量与自变量增量的比值"的极限，两增量均为无穷小量，在数学上我们把这种特殊极限称为函数的导数.

2.1.2 导数的概念

定义 2.1 设函数 $y = f(x)$ 在点 x_0 的某一邻域内有定义，且自变量在点 x_0 处有增量 Δx（点 $x_0 + \Delta x$ 仍在该邻域内，且 $\Delta x \neq 0$），此时函数值有相应的增量 $\Delta y = f(x_0 + \Delta x) - f(x_0)$，当 $\Delta x \to 0$ 时，若极限 $\lim\limits_{\Delta x \to 0} \dfrac{\Delta y}{\Delta x} = \lim\limits_{\Delta x \to 0} \dfrac{f(x_0 + \Delta x) - f(x_0)}{\Delta x}$ 存在，则称函数 $y = f(x)$ 在点 x_0 处**可导**，且称这个极限为函数 $y = f(x)$ 在点 x_0 处的**导数**，也称**变化率**，记作：

$$f'(x_0) 、 y'|_{x=x_0} 、 \frac{dy}{dx}\bigg|_{x=x_0} 或 \frac{df(x)}{dx}\bigg|_{x=x_0},$$

即

$$\boxed{f'(x_0) = \lim_{\Delta x \to 0} \frac{\Delta y}{\Delta x} = \lim_{\Delta x \to 0} \frac{f(x_0 + \Delta x) - f(x_0)}{\Delta x}}. \tag{2-4}$$

若上述极限不存在，则称函数 $y = f(x)$ 在点 x_0 处**不可导**（或导数不存在）.

若令 $x = x_0 + \Delta x$，则当 $\Delta x \to 0$ 时，$x \to x_0$，上式又可写成

$$f'(x_0) = \lim_{\Delta x \to 0} \frac{\Delta y}{\Delta x} = \lim_{x \to x_0} \frac{f(x) - f(x_0)}{x - x_0}.$$

定义 2.2 设函数 $y = f(x)$ 在点 x_0 附近有定义，若极限 $\lim\limits_{\Delta x \to 0^-} \frac{\Delta y}{\Delta x}$（或 $\lim\limits_{\Delta x \to 0^+} \frac{\Delta y}{\Delta x}$）存在，则称函数 $y = f(x)$ 在点 x_0 处**左（右）可导**，且称该极限值为 $f(x)$ 的**左（右）导数**，记作

$$f'_-(x_0) = \lim_{\Delta x \to 0^-} \frac{\Delta y}{\Delta x} = \lim_{\Delta x \to 0^-} \frac{f(x_0 + \Delta x) - f(x_0)}{\Delta x} \quad (此时 \Delta x < 0),$$

$$f'_+(x_0) = \lim_{\Delta x \to 0^+} \frac{\Delta y}{\Delta x} = \lim_{\Delta x \to 0^+} \frac{f(x_0 + \Delta x) - f(x_0)}{\Delta x} \quad (此时 \Delta x > 0).$$

定理 2.1 （**导数存在定理**）函数 $y = f(x)$ 在点 x_0 处可导的充要条件是 $f(x)$ 在点 x_0 处既左可导又右可导，且有 $f'_-(x_0) = f'_+(x_0) = f'(x_0)$.

若函数 $y = f(x)$ 在区间 (a, b) 内每一点都可导，则称函数在区间 (a, b) 内可导. 此时对任意给定的值 $x \in (a, b)$，都有一个确定的导数值 $f'(x)$ 与之相对应，因此就构成了新的函数，我们称之为 $f(x)$ 的**导函数**，简称**导数**.

若函数 $f(x)$ 在开区间 (a, b) 内可导，且 $f'_+(a)$ 和 $f'_-(b)$ 都存在，则 $f(x)$ 在闭区间 $[a, b]$ 上可导.

显然，函数 $y = f(x)$ 在点 x_0 处的导数值 $f'(x_0)$ 就是导数 $f'(x)$ 在该点处的函数值.

根据上述导数的定义，前面的三个引例可分别表述为：

引例 2.1 中，瞬时速度即为路程对时间的导数，即 $v(t) = s'(t) = \frac{ds}{dt}$；

引例 2.2 中，电流强度即为电量对时间的导数，即 $I(t) = Q'(t) = \dfrac{dQ}{dt}$；

引例 2.3 中，曲线 $y = f(x)$ 在点 $P(x_0, f(x_0))$ 处的切线的斜率即为函数 $f(x)$ 在该点处的导数 $f'(x)$，这也是**导数的几何含义**，即 $k = \tan\alpha = f'(x) = \dfrac{dy}{dx}$.

例如，由 $f'(3) = 2$ 可得出，曲线 $y = f(x)$ 在点 $x = 3$ 处的切线斜率为 $k = 2$，也就是说，此时若自变量再增加 1 个单位，函数值将会增加 2 个单位.

同时，若曲线 $f(x)$ 在 x_0 处可导，则曲线在点 $(x_0, f(x_0))$ 处的切线方程为：

$$\boxed{y - f(x_0) = f'(x_0)(x - x_0),}\qquad (2\text{-}5)$$

若 $f'(x) \neq 0$，则曲线在点 $(x_0, f(x_0))$ 处的法线方程为：

$$\boxed{y - f(x_0) = -\dfrac{1}{f'(x_0)}(x - x_0).}\qquad (2\text{-}6)$$

若 $f'(x_0) = \infty$（即不可导），说明切线垂直于 x 轴，此时切线方程为 $x = x_0$.

2.1.3 求导举例

由导数定义可知，求简单函数的导数可分三步：先求函数值增量 $\Delta y = f(x + \Delta x) - f(x)$，再求两增量的比值 $\dfrac{\Delta y}{\Delta x}$，最后取比值的极限，即 $y' = \lim\limits_{\Delta x \to 0} \dfrac{\Delta y}{\Delta x}$.

例 2.1 求函数 $y = x^2$ 的导数.

解 根据上述步骤，设自变量增量为 Δx，则相应函数值增量为

$$\Delta y = f(x + \Delta x) - f(x) = (x + \Delta x)^2 - x^2,$$

于是有

$$\dfrac{\Delta y}{\Delta x} = \dfrac{(x + \Delta x)^2 - x^2}{\Delta x} = 2x + \Delta x,$$

因此

$$y' = \lim\limits_{\Delta x \to 0} \dfrac{\Delta y}{\Delta x} = \lim\limits_{\Delta x \to 0}(2x + \Delta x) = 2x,$$

即

$$(x^2)' = 2x.$$

一般地，当 α 为实数时，有 $(x^\alpha)' = \alpha x^{\alpha - 1}$ 成立.

例 2.2 求常数函数 $y = C$（C 为常数）的导数.

解 因为函数的增量为 $\Delta y = f(x+\Delta x) - f(x) = C - C = 0$，则 $\dfrac{\Delta y}{\Delta x} = \dfrac{0}{\Delta x} = 0$，

于是有
$$y' = \lim_{\Delta x \to 0} \dfrac{\Delta y}{\Delta x} = \lim_{\Delta x \to 0} 0 = 0,$$

即
$$(C)' = 0.$$

例 2.3 求正弦函数 $y = \sin x$ 的导数.

解 根据导数定义，$(\sin x)' = \lim\limits_{\Delta x \to 0} \dfrac{\sin(x+\Delta x) - \sin x}{\Delta x} = \lim\limits_{\Delta x \to 0} \dfrac{2\sin\dfrac{\Delta x}{2}\cos(x+\dfrac{\Delta x}{2})}{\Delta x}$

$$= \lim_{\Delta x \to 0} \dfrac{\sin\dfrac{\Delta x}{2}}{\dfrac{\Delta x}{2}} \cos(x + \dfrac{\Delta x}{2}) = \cos x.$$

即
$$(\sin x)' = \cos x.$$

同理，可得到：$(\cos x)' = -\sin x$.

例 2.4 求抛物线 $f(x) = x^3$ 在点 P（1，1）处的切线方程和法线方程.

解 要求点 P 处的切线方程，必须先确定其斜率，即该点处函数的导数值，利用例 2.1 的结论，有 $(x^3)' = 3x^2$，于是

$$f'(1) = (x^3)'\big|_{x=1} = (3x^2)\big|_{x=1} = 3,$$

即曲线上点 P（1，1）处的切线斜率为 3.

因此，所求切线方程为 $y - 1 = 3(x-1)$，法线方程为 $y - 1 = -\dfrac{1}{3}(x-1)$.

2.1.4 可导与连续的关系

定理 2.2 若函数 $y = f(x)$ 在点 x_0 处可导，那么它在该点处一定连续，反之不成立.

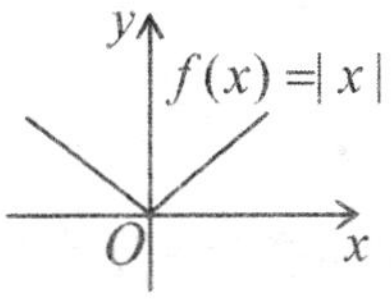

例 2.5 设函数 $f(x) = |x| = \begin{cases} x, & x \geq 0 \\ -x, & x < 0 \end{cases}$，问 $f(x)$ 在点 $x = 0$ 处

图 2-2

是否可导.

解 函数 $f(x)$ 在点 $x=0$ 处是连续的（图 2-2），而

$$f'_+(0) = \lim_{\Delta x \to 0^+} \frac{\Delta f(x)}{\Delta x} = \lim_{\Delta x \to 0^-} \frac{\Delta x - 0}{\Delta x} = 1,$$

$$f'_-(0) = \lim_{\Delta x \to 0^-} \frac{\Delta f(x)}{\Delta x} = \lim_{\Delta x \to 0^-} \frac{-\Delta x - 0}{\Delta x} = -1.$$

显然 $f'_-(x_0) \neq f'_+(x_0)$，故 $f(x)$ 在点 $x=0$ 处不可导.

例 2.6 判断下列各曲线的连续性和可导性.

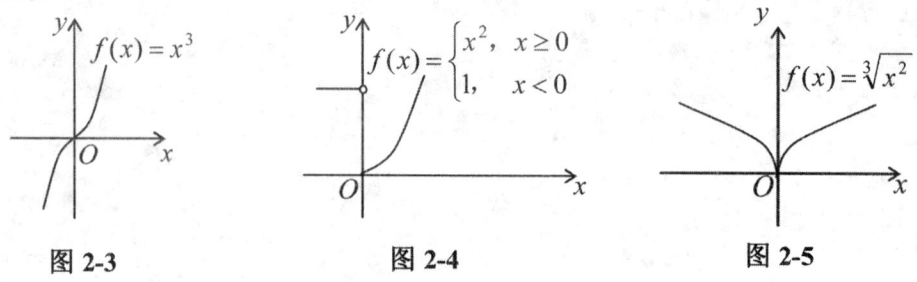

图 2-3　　　　　　图 2-4　　　　　　图 2-5

解 图 2-3 中，函数 $f(x)=x^3$ 是连续的、可导的，且图像在点 $x=0$ 处的切线为 x 轴；

图 2-4 中，函数在点 $x=0$ 处不连续，不可导，故函数不连续、也不可导；

图 2-5 中，函数 $y=\sqrt[3]{x^2}$ 是连续的，但曲线在 $x=0$ 处的切线为 y 轴，斜率不存在，故在该点处不可导，和例 2.5 中的 $x=0$ 一样，它们都是"尖点"，函数在"尖点"处均不可导.

习 题 2.1

1.思考：(1)设物体绕定轴旋转，在时间间隔 $[0, t]$ 内转过角度 θ，从而转角 θ 是 t 的函数，即 $\theta = \theta(t)$，如果旋转是匀速的，那么称 $\omega = \dfrac{\theta}{t}$ 为该物体旋转的角速度.如果旋转是非匀速的，应该怎样确定该物体在 t_0 时刻的角速度？

(2)根据牛顿冷却定律，当物体的温度高于周围介质的温度时，物体就会不断冷却，若物体的温度 T 与时间 t 的函数关系式为 $T=T(t)$，应怎样确定该物体在时刻 t 的冷却速

度?

2.已知某物体做变速直线运动,其运动方程为 $s=t^3$,则其速度可表示为_____,第 4 秒处的瞬时速度为_____.

3.假设下列各题中的极限都存在,根据导数的定义说出它们分别表示什么?

(1)若 $A = \lim\limits_{x \to x_0} \dfrac{f(x)-f(x_0)}{x-x_0}$,则 A 表示_____;

(2)若 $B = \lim\limits_{h \to 0} \dfrac{f(x_0+2h)-f(x_0)}{h}$,则 B 表示_____;

(3)若 $C = \lim\limits_{\Delta x \to 0} \dfrac{f(x_0-\Delta x)-f(x_0)}{\Delta x}$,则 C 表示_____.

4.求曲线 $y = \cos x$ 在点 $\left(\dfrac{\pi}{3}, \dfrac{1}{2}\right)$ 处的切线方程和法线方程.

5.讨论函数 $y = \begin{cases} \sin x, & x \geq 0 \\ x, & x < 0 \end{cases}$ 在 $x=0$ 处的连续性和可导性.

6.给小球一个推力,使它以 $5\,m/s$ 的初速度沿着某斜面滚动,则经过 $t(s)$ 后球滚动的距离为 $s = 5t + 3t^2$.求:(1) $2\,s$ 时小球滚动的瞬时速度;(2)经过多长时间小球的速度可达到 $35\,m/s$?

7.在电学中,功率 P 定义为功 W 关于时间 t 的变化率,假如 $W = 2t^2$,求当 $t=2$ 时的功率 P 的值.

2.2 初等函数的求导

利用导数定义可以求简单函数的导数,但对于复杂函数的求导,则需要学习更多的公式和方法.本节我们就来研讨函数的基本求导公式和求导法则.

2.2.1 导数的四则运算

定理 2.3 (和、差、积、商的求导法则)设 $u = u(x)$、$v = v(x)$ 在点 x 处可导,则

函数 $y = u(x) \pm v(x)$、$y = u(x) \cdot v(x)$、$y = \dfrac{u(x)}{v(x)}$ 在点 x 处均可导，且有下面的结论：

(1) 和、差的导数：$(u \pm v)' = u' \pm v'$.

(2) 乘积的导数：$(uv)' = u'v + uv'$，特别地，$(C \cdot u)' = C \cdot u'$（$C$ 为常数）.

(3) 商的导数：$\left(\dfrac{u}{v}\right)' = \dfrac{u'v - uv'}{v^2}$，其中 $v \neq 0$.

推论 1　导数的四则运算法则可以推广到有限多个可导函数的情形，且有以下结论.

(1)（函数的线性组合求导）$(\alpha u + \beta v)' = \alpha u' + \beta v'$；

(2)（有限个函数的和求导）$(u_1 \pm u_2 \pm \cdots \pm u_n)' = u_1' \pm u_2' \pm \cdots \pm u_n'$；

(3)（三个函数的乘积求导）$(uvw)' = u'vw + uv'w + uvw'$.

推论 2　（常数提取性）$[C \cdot u(x)]' = C \cdot u'(x)$.

推论 3　（函数的倒数求导）$\left[\dfrac{1}{u(x)}\right]' = -\dfrac{u'(x)}{[u(x)]^2}$.

例 2.7　设函数 $f(x) = x^2 + \cos x + 2$，求 $f'(x)$ 及 $f'\left(\dfrac{\pi}{2}\right)$.

解　由上节所得公式及导数四则运算法则可知，$f'(x) = 2x - \sin x$，因此，

$$f'\left(\dfrac{\pi}{2}\right) = (2x - \sin x)\Big|_{x=\frac{\pi}{2}} = \pi - 1.$$

例 2.8　设 $y = \tan x$，求 y'.

解　因为 $\tan x = \dfrac{\sin x}{\cos x}$，我们根据商的求导法则，有

$$y' = \left(\dfrac{\sin x}{\cos x}\right)' = \dfrac{(\sin x)'\cos x - \sin x(\cos x)'}{\cos^2 x} = \dfrac{\cos^2 x + \sin^2 x}{\cos^2 x} = \sec^2 x,$$

即得正切函数的导数公式　　　　　　$(\tan x)' = \sec^2 x$.

例 2.9　求正割函数 $y = \sec x$ 的导数.

解　$y' = (\sec x)' = \left(\dfrac{1}{\cos x}\right)' = \dfrac{\sin x}{\cos^2 x} = \tan x \cdot \sec x,$

即
$$(\sec x)' = \tan x \cdot \sec x.$$

用类似的方法可求得：$(\cot x)' = -\csc^2 x$， $(\csc x)' = -\cot x \cdot \csc x$.

2.2.2 反函数的求导

定理 2.4 若函数 $f(x)$ 在某区间内单调、可导，且 $f'(x) \neq 0$，则其反函数 $x = \varphi(y)$ 在对应区间内也可导，且有反函数的导数与原函数的导数互为倒数关系，即

$$\varphi'(y) = \frac{1}{f'(x)}.$$

例 2.10 求反三角函数 $y = \arcsin x \left(-1 < x < 1, -\frac{\pi}{2} < y < \frac{\pi}{2} \right)$ 的导数.

解 函数 $y = \arcsin x$ 在 $(-1, 1)$ 连续，且单调，则存在反函数 $x = \sin y \left(-\frac{\pi}{2} < y < \frac{\pi}{2} \right)$，根据反函数的求导法则，有 $(\arcsin x)' = \frac{1}{(\sin y)'} = \frac{1}{\cos y}$，而

$$\cos y = \sqrt{1 - \sin^2 y} = \sqrt{1 - x^2},$$

从而有
$$(\arcsin x)' = \frac{1}{\sqrt{1 - x^2}}.$$

类似的，我们可以得到一系列基本初等函数的导数公式.

2.2.3 基本初等函数的导数

下表 2-1 给出了基本初等函数的导数公式，读者应熟练掌握.

表 2-1 基本初等函数的导数公式

1. $(C)' = 0$（C 为常数）	2. $(x^\alpha)' = \alpha x^{\alpha-1}$（$\alpha$ 为实数）
3. $(a^x)' = a^x \cdot \ln a$（$a > 0$ 且 $a \neq 1$）	4. $(e^x)' = e^x$
5. $(\log_a x)' = \dfrac{1}{x \ln a}$（$a > 0$ 且 $a \neq 1$）	6. $(\ln x)' = \dfrac{1}{x}$
7. $(\sin x)' = \cos x$	8. $(\cos x)' = -\sin x$
9. $(\tan x)' = \sec^2 x$	10. $(\cot x)' = -\csc^2 x$
11. $(\sec x)' = \sec x \cdot \tan x$	12. $(\csc x)' = -\csc x \cdot \cot x$
13. $(\arcsin x)' = \dfrac{1}{\sqrt{1-x^2}}$	14. $(\arccos x)' = -\dfrac{1}{\sqrt{1-x^2}}$
15. $(\arctan x)' = \dfrac{1}{1+x^2}$	16. $(arc\cot x)' = -\dfrac{1}{1+x^2}$

为了便于记忆，我们总结如下口诀：

常为零，幂降次，对倒数，指不变.

正变余，余变正，切割方，割乘切，反分式.

例 2.11 求下列函数的导数.

(1) $y = a^x + \sin x - \cos x$（$a > 0, a \neq 1$）； (2) $y = x^3 \ln x$； (3) $y = \dfrac{1-x}{1+x}$.

解 根据导数的四则运算法则和上述导数公式，有

(1) $y' = (a^x)' + (\sin x)' - (\cos x)' = a^x \ln a + \cos x + \sin x$；

(2) $y' = (x^3)' \ln x + x^3 (\ln x)' = 3x^2 \ln x + x^2$；

(3) $y' = \dfrac{(1-x)'(1+x) - (1-x)(1+x)'}{(1+x)^2} = -\dfrac{2}{(1+x)^2}$.

案例 2.1 （**汽车的销售**）某奔驰 4S 店内，2010 款 A160 的销售量 Q（台）取决于其销售单价 p（万元），并且有 $Q = f(p)$，已知 $f(17.8) = 180$，$f'(17.8) = -5$，问：

(1) 从以上信息中，你对这款汽车的销售情况有哪些了解？

(2) 若汽车的销售总收入为 $R = pQ$，求 $\left.\dfrac{dR}{dp}\right|_{p=17.8}$.

(3) 当单价为 17.8 万元时，要使该款车的总收入增加，要提高价格还是要降低价格？

解 (1) 由 $f(17.8) = 180$ 可知，单价为 17.8 万时，其销售量为 180 台，而 $f'(17.8) = -5$ 则说明，当汽车单价为 17.8 万元时，价格若再上涨 1 万元，销售量将会减少 5 台；

(2) 因为 $R' = \dfrac{dR}{dp} = [pf(p)]' = p'f(p) + pf'(p) = f(p) + pf'(p)$，有

$$\left.\dfrac{dR}{dp}\right|_{p=17.8} = f(17.8) + 17.8 \times f'(17.8) = 180 - 17.8 \times 5 = 91;$$

(3) 从 (2) 问的结果 $\left.\dfrac{dR}{dp}\right|_{p=17.8} = 91$ 可以看出，当汽车单价为 17.8 万元时，若价格再上涨 1 万元，总收入将会增加 91 万，因此此时提高价格才能使该款车的总收入增加.

2.2.4 复合函数的求导

定理 2.5 （复合函数的求导法则）设 $u = \varphi(x)$ 在点 x 处可导，函数 $y = f(u)$ 在相应点 u 处可导，则复合函数 $y = f[\varphi(x)]$ 在点 x 处可导，且有

$$\boxed{\dfrac{dy}{dx} = \dfrac{dy}{du} \cdot \dfrac{du}{dx},} \tag{2-7}$$

或

$$y'_x = y'_u \cdot u'_x.$$

式 (2-7) 又叫**复合函数求导的链式法则**，该法则可推广到由有限个可导函数复合而成的函数求导的情形.

例如，$y = f(u)$，$u = \varphi(v)$，$v = \psi(x)$，则 $y'_x = y'_u \cdot u'_v \cdot v'_x$.

例 2.12 求下列函数的导数 y'.

(1) $y = (3x + 2)^{10}$； (2) $y = \log_2(1 + x^2)$.

解 (1) 原函数由简单函数 $y = u^{10}$ 和 $u = 3x + 2$ 复合而成，根据链式法则，有

$$y' = \frac{dy}{du} \cdot \frac{du}{dx} = (u^{10})' \cdot (3x+2)' = 10u^9 \cdot 3 = 30(3x+2)^9;$$

(2)原函数由简单函数 $y = \log_2 u$ 和 $u = 1+x^2$ 复合而成,因此有

$$y' = \frac{dy}{du} \cdot \frac{du}{dx} = (\log_2 u)' \cdot (1+x^2)' = \frac{1}{u \ln 2} \cdot 2x = \frac{2x}{(1+x^2)\ln 2}.$$

例 2.13 设 $y = \sin \ln(x^2+1)$,求 y'.

解 函数是由简单函数 $y = \sin u$,$u = \ln v$ 和 $v = x^2+1$ 复合而成,因此

$$y' = \frac{dy}{du} \cdot \frac{du}{dv} \cdot \frac{dv}{dx} = (\sin u)' \cdot (\ln v)' \cdot (x^2+1)'$$

$$= \cos u \cdot \frac{1}{v} \cdot 2x = \frac{2x \cos \ln(x^2+1)}{x^2+1}.$$

从上两例可以看出,复合函数求导的关键是:能对复合函数进行正确的"分解",并弄清复合层次,从外向里,逐层求导,不能遗漏,也不能重复.

在实际中,我们也经常会碰到复合函数的求导问题,下面举几个实例加以说明.

案例 2.2 (交流电流)通过某导线横截面的电量为 $Q(t) = 10\sin(\frac{5}{\pi}t + \frac{\pi}{3})$,$t$ 为时间,求通过该截面的电流关于时间 t 的函数关系式 $I(t)$.

解 由引例 2.2 可知,通过导线横截面的电流为

$$I(t) = Q'(t) = \left[10\sin\left(\frac{5}{\pi}t + \frac{\pi}{3}\right)\right]',$$

而 $Q(t) = 10\sin(\frac{5}{\pi}t + \frac{\pi}{3})$ 是由 $Q = 10\sin u$,$u = \frac{5}{\pi}t + \frac{\pi}{3}$ 复合而成,由链式法则有

$$I(t) = (10\sin u)' \cdot \left(\frac{5}{\pi}t + \frac{\pi}{3}\right)' = 10\cos u \cdot \frac{5}{\pi} = \frac{50}{\pi}\cos\left(\frac{5}{\pi}t + \frac{\pi}{3}\right).$$

当我们对复合函数比较熟悉后,也可以省略其复合过程,而直接运用链式法则求导.

案例 2.3 (视线仰角的增加率)一气球从离观察员 $500\,m$ 处离开地面垂直上升,其速率为 $140\,m/\min$,当气球上升到 $500\,m$ 高度时,观察员视线的仰角增加率是多少?

分析 气球上升的"速率"即为 $h'(t)$,而"仰角增加率"即为 $\alpha'(t)$.

解 设观察员视线的仰角为 $\alpha = \alpha(t)$,气球上升的高度为 $h = h(t)$(图 2-6),

而 $\tan\alpha = \dfrac{h}{500}$，即 $\alpha = \arctan\dfrac{h}{500}$，该函数是一个复合函数，两边对时间 t 求导，即得

$$\alpha'(t) = \left(\arctan\dfrac{h}{500}\right)' = \dfrac{1}{1+\left(\dfrac{h}{500}\right)^2} \cdot \left(\dfrac{h}{500}\right)'$$

$$= \dfrac{500}{250000 + h^2} \cdot h'.$$

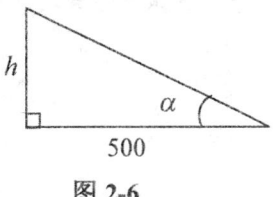

图 2-6

将 $h = 500$，$h' = 140$ 代入上式，可得 $\alpha'(t) = 0.14\, rad/s$．

即气球上升到 $500\,m$ 高度时，观察员视线的仰角增加率为 $0.14\, rad/s$．

2.2.5 高阶导数

定义 2.3 如果函数 $y = f(x)$ 的导函数 $f'(x)$ 在点 x 处仍可导，则称 $f'(x)$ 的导函数为原函数 $y = f(x)$ 的**二阶导数**，记作 $f''(x)$，y'' 或 $\dfrac{d^2 y}{dx^2}$，即

$$f''(x) = [f(x)]'', \quad y'' = (y')', \quad \dfrac{d^2 y}{dx^2} = \dfrac{d}{dx}\left(\dfrac{dy}{dx}\right).$$

相应地，把函数 $y = f(x)$ 的导数 $f'(x)$ 叫做函数的**一阶导数**．

类似地，二阶导数的导数叫做**三阶导数**，三阶导数的导数叫做**四阶导数**，……，分别记作 y'''，$y^{(4)}$，…，或 $\dfrac{d^3 y}{dx^3}$，$\dfrac{d^4 y}{dx^4}$，…．

函数 $y = f(x)$ 的 $(n-1)$ 阶导数的导数叫做函数 $y = f(x)$ 的 n **阶导数**，记作

$$f^{(n)}(x), \quad y^{(n)}, \quad 或 \dfrac{d^n y}{dx^n}, \quad 即 f^{(n)}(x) = \left[f^{(n-1)}(x)\right]'.$$

我们把二阶及二阶以上的导数统称为**高阶导数**．

变速直线运动的瞬时速度 $v(t) = \dfrac{ds}{dt} = s'(t)$，而其加速度 $a(t)$ 则为单位时间内速度 $v(t)$ 的改变量，即 $a(t) = \dfrac{dv}{dt} = \dfrac{d}{dt}\left(\dfrac{ds}{dt}\right) = \dfrac{d^2 s}{dt^2}$ 或 $a = s''(t)$．

例 2.14 设 $y = \ln(1+x^2)$，求 y'，y''.

解 先求一阶导数，利用复合函数求导，即

$$y' = \frac{1}{1+x^2} \cdot (1+x^2)' = \frac{2x}{1+x^2},$$

再求二阶导数，即

$$y'' = \left(\frac{2x}{1+x^2}\right)' = \frac{2(1+x^2) - 2x \cdot 2x}{(1+x^2)^2} = \frac{2(1-x^2)}{(1+x^2)^2}.$$

案例 2.4 （汽车运行的速度和加速度）通过对汽车刹车性能的测试后发现，刹车后汽车行驶的路程 s（单位：m）与时间 t（单位：s）满足关系式：$s = 19.2t - 0.4t^3$，求汽车在 $t = 4s$ 时的速度和加速度.

解 由 $v(t) = s'(t)$，$a(t) = v'(t) = a''(t)$ 可知，

汽车刹车后的速度为 $\quad v = (19.2t - 0.4t^3)' = 19.2 - 1.2t^2,$

汽车刹车后的加速度为 $\quad a = v'(t) = \left(19.2 - 1.2t^2\right)' = -2.4t,$

因此，汽车在 $t = 4s$ 时的速度和加速度分别为

$$v(4) = \left(19.2 - 1.2t^2\right)\big|_{t=4} = 0(m/s);$$

$$a(4)\big| = (-2.4t)\big|_{t=4} = -9.6(m/s^2).$$

习题 2.2

1. 求下列函数的导数.

(1) $y = x^3 + \cos x + 3^3$；　　　　(2) $y = x^2 \ln x$；

(3) $y = \sin x \cdot \cos x$；　　　　(4) $y = \dfrac{1}{3+x+x^2}$.

2. 求下列复合函数的导数.

(1) $y = (3x-1)^6$；　　　　(2) $y = \ln(1+3x)$；

(3) $y=\sqrt{1-x^2}$； (4) $y=\sin\ln x$．

3.设新浇混凝土的抗压强度是混凝土龄期 n 的函数 $f(n)=\dfrac{f_{28}}{\ln 28}\ln n$，其中 f_{28} 是龄期为 28 天的混凝土设计抗压强度．求混凝土抗压轻度的增长速度 $f'(n)$；若取 $f_{28}=29.4KN/mm^2$，求 $n=1$，7，28 天时，$f'(n)$ 的值，这组数值说明了什么？

4.由于受潮水的影响，某海港的水位由下式给出：$y=1.5+1.5\cos(\dfrac{\pi}{6}t)$，其中 t 为自午夜后的小时数．(1)求 $\dfrac{dy}{dt}$，就水位而言，这代表什么意思？(2)对于 $0\le t\le 24$，什么时候 $\dfrac{dy}{dt}$ 为零？就水位而言 $\dfrac{dy}{dt}$ 意味着什么？

5.在一个含有电阻 3Ω 和可变电阻 R 的电路中，电压由下式给出：$U=\dfrac{6R+25}{R+3}$．求当 $R=7\Omega$ 时，电压关于电阻 R 的变化率，以及电压关于可变电阻 R 的变化率的变化速度．

6.往一个深和上顶直径均为 $8m$ 的倒圆锥形容器中灌水，已知灌水速度为 $4m^3/\min$，当水深为 $5m$ 时，其水表面上升的速度为多少？

7.吉利汽车公司生产一种小型的汽车配件，设市场上对此配件的需求量为 Q，销售价格为 p，经过对市场的实地调查后发现此配件的需求量 Q 与价格 p 之间的关系近似为 $Q=\dfrac{10000}{(0.5p+1)^2}+e^{-0.1p^2}$，若配件价格按每年 5% 的比例均匀增加，现有销售价格为 1.00 元，问此时需求量将如何变化？

2.3 隐函数及参数方程所确定函数的求导

2.3.1 隐函数的求导

对于隐函数求导，我们可将隐函数 $F(x,y)=0$ "显化"为 $y=f(x)$ 再求导，但并非所有隐函数都能显化，如 $xy-e^x+e^y=0$ 就不能显化，本节就来讨论隐函数的求导方法．

例 2.15 求由方程 $xy-e^x+e^y=0$ 所确定的隐函数的导数．

分析 对于一般隐函数，我们考虑"**直接求导法**"，即方程两边直接对自变量 x 求导．

解 方程两边对自变量 x 求导，得 $y+xy'-e^x+e^y\cdot y'=0$，

整理得： $(x+e^y)y'=e^x-y$，

即 $$y'=\frac{e^x-y}{x+e^y}.$$

注 隐函数求导中，须明确 y 是关于 x 的函数，因此要灵活运用复合函数的求导方法．

例 2.16 方程式 $e^{xy}=3x+y$ 中的变量 y 是 x 的函数，求 $y'|_{(0,1)}$．

解 和例 2.15 一样，方程两边直接对自变量 x 求导，即 $e^{xy}(y+xy')=3+y'$，

整理得 $(xe^{xy}-1)y'=3-ye^{xy}$，

因此有 $y'=\dfrac{3-ye^{xy}}{xe^{xy}-1}$，于是 $y'|_{(0,1)}=\dfrac{3-e^0}{-1}=-2$．

2.3.2 对数求导法

形如 $y=u(x)^{v(x)}$ 的函数称为**幂指函数**．对于幂指函数的求导，一般采用"**对数求导法**"，即等式两端先取自然对数，再利用隐函数的直接求导法．下面以实例进行说明．

例 2.17 设 $y=x^{\sin x}(x>0)$，求 y'．

解 对该式两边取自然对数，$\ln y = \sin x \cdot \ln x$，

直接对 x 求导，得 $\dfrac{1}{y}y' = \cos x \cdot \ln x + \dfrac{\sin x}{x}$，

即 $y' = y\left(\cos x \cdot \ln x + \dfrac{\sin x}{x}\right)$.

利用"对数求导法"时，可将幂化为乘积、也可将乘积化为和差，但同样要注意 y 表示函数，因此要灵活运用复合函数求导.

例 2.18 设 $y = \dfrac{x(x+1)}{(x+2)(x+3)^2}$，求 $y'(1)$.

解 方程两边取自然对数，得 $\ln y = \ln x + \ln(x+1) - \ln(x+2) - 2\ln(x+3)$，

两边分别对 x 求导，得 $\dfrac{1}{y} \cdot y' = \dfrac{1}{x} + \dfrac{1}{x+1} - \dfrac{1}{x+2} - \dfrac{2}{x+3}$，

将 $x=1$ 代入上式，即得 $y'(1) = \dfrac{1}{36}$.

2.3.3 参数方程所确定的函数的求导

定理 2.6 设由参数方程 $\begin{cases} x = \varphi(t) \\ y = \psi(t) \end{cases}$，$t \in (\alpha, \beta)$ 所确定的函数为 $y = f(x)$，其中函数 $\varphi(t)$，$\psi(t)$ 可导，且 $\varphi'(t) \neq 0$，则函数 $y = f(x)$ 可导，且有

$$\boxed{\dfrac{dy}{dx} = \dfrac{\psi'(t)}{\varphi'(t)} \quad \text{或} \quad \dfrac{dy}{dx} = \dfrac{\dfrac{dy}{dt}}{\dfrac{dx}{dt}}.} \tag{2-8}$$

式(2-8)即为参数方程所确定的函数的求导方法.

例 2.19 设 $\begin{cases} x = e^t \cos t \\ y = e^t \sin t \end{cases}$，求 $\dfrac{dy}{dx}$.

解 由式(2-8)可得，

$$\dfrac{dy}{dx} = \dfrac{\dfrac{dy}{dt}}{\dfrac{dx}{dt}} = \dfrac{(e^t \sin t)'}{(e^t \cos t)'} = \dfrac{e^t(\sin t + \cos t)}{e^t(\cos t - \sin t)} = \dfrac{\sin t + \cos t}{\cos t - \sin t}.$$

案例 2.5 （炮弹的运动方向）在不计空气阻力的情况下，炮弹以初速度 v_0、发射角 α

射出（图 2-7），其轨道可由方程 $\begin{cases} x = v_0 t \cos\alpha \\ y = v_0 t \sin\alpha - \frac{1}{2}gt^2 \end{cases}$ 表示，t 为参数. 求炮弹的运行方向.

解 设运行轨道上任一点处切线的倾斜角为 θ，则 θ 刻画的正是炮弹的运行方向. 由炮弹运行轨道的参数方程，可知

$$\frac{dy}{dx} = \frac{\dfrac{dy}{d\alpha}}{\dfrac{dx}{d\alpha}} = \frac{(v_0 t \sin\alpha - \frac{1}{2}gt^2)'}{(v_0 t \cos\alpha)'} = \frac{v_0 \sin\alpha - gt}{v_0 \cos\alpha},$$

即有

$$\tan\theta = \frac{v_0 \sin\alpha - gt}{v_0 \cos\alpha}.$$

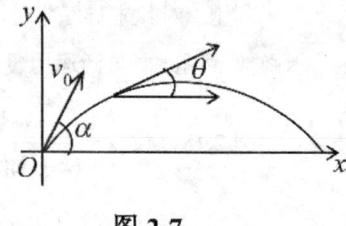

图 2-7

因此任意时刻 t 炮弹的运行方向为：$\theta = \arctan\left(\dfrac{v_0 \sin\alpha - gt}{v_0 \cos\alpha}\right)$.

习题 2.3

1. 下列方程式确定变量 y 为 x 的函数，求 y'.

   (1) $\ln y = xy + \cos x$； (2) $\sin y + e^x - xy^2 = e$.

2. 求下列函数的导数.

   (1) $y = x^x$； (2) $y = x^{\sqrt{x}}$.

3. 设 $y = (\sin x)^x$，求 y'.

4. 求下列参数方程所确定的函数的导数.

   (1) $\begin{cases} x = t^2 + 1 \\ y = t^3 + t \end{cases}$； (2) $\begin{cases} x = \cos\theta \\ y = 2\sin\theta \end{cases}$.

5.设 $\begin{cases} x = t - \ln(1+t) \\ y = t^3 + t^2 \end{cases}$，求 $\dfrac{dy}{dx}$.

6.求星形线 $x^{\frac{2}{3}} + y^{\frac{2}{3}} = 2^{\frac{2}{3}}$ 在点 $\left(\dfrac{\sqrt{2}}{2}, \dfrac{\sqrt{2}}{2}\right)$ 处的切线方程.

7.已知椭圆方程为 $\begin{cases} x = a\cos t \\ y = b\sin t \end{cases} (0 \leq t \leq 2\pi)$，

(1)求任一点处的切线斜率； (2)求 $t = \dfrac{\pi}{4}$ 处的切线方程.

2.4 微分及其应用

在许多实际问题中，当自变量有微小变化时，函数值也会有相应的微小变化，怎样计算该微小的变化量呢？这就是本节将要讨论的问题.

引例 2.4 （金属薄片面积增量的近似值）一块正方形金属薄片由于温度的上升产生膨胀（图 2-8），其边长由 x_0 变为 $x_0 + \Delta x$，求此时薄片面积的增量？

解 设此薄片的边长为 x，则面积为 $S = x^2$，当边长由 x 变化到 $x_0 + \Delta x$ 时，面积 S 的相应增量为：$\Delta S = (x_0 + \Delta x)^2 - x_0^2 = 2x_0 \Delta x + (\Delta x)^2$.

当 $\Delta x \to 0$ 时，$(\Delta x)^2$ 可忽略不计，则有 $\Delta S \approx 2x_0 \Delta x$，而 $S'(x_0) = 2x_0$，所以 $\Delta S \approx S'(x_0)\Delta x$. 这个结论具有一般性.

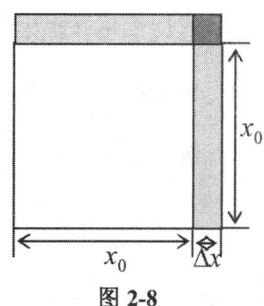

图 2-8

2.4.1 函数的微分

定义 2.4 设函数 $y = f(x)$ 在点 x_0 处有导数 $f'(x_0)$，则称 $f'(x_0)\Delta x$ 为函数 $y = f(x)$ 在点 x_0 处的**微分**，记作 $dy|_{x=x_0}$ 或 $df(x)|_{x=x_0}$，即

$$dy|_{x=x_0} = f'(x_0)\Delta x. \tag{2-9}$$

此时，也称函数 $y = f(x)$ 在点 x_0 处可微。

通常我们把 Δx 称为自变量的微分，记作 dx，即有 $dx = \Delta x$，于是上式又可表示为

$$dy|_{x=x_0} = f'(x_0)dx. \tag{2-10}$$

函数 $y = f(x)$ 在任意点 x 处的微分，称为**函数的微分**，记作 dy，即

$$dy = f'(x)dx, \text{ 或 } dy = y'dx. \tag{2-11}$$

以上就是函数的微分表达式，函数的微分等于函数的导数与自变量的微分的乘积。

从上式可以得出，已知 $f'(x)$，可求 dy，已知 dy，也可求其导数。

定理 2.7 函数 $f(x)$ 在点 x 处可微的充要条件是 $f(x)$ 在点 x 处可导。

同时，式(2-11)也可变形为 $f'(x) = \dfrac{dy}{dx}$，说明导数实际上是函数的微分 dy 与自变量的微分 dx 之商，因此，导数也称为"**微商**"。

微分和导数虽有着密切的联系，但它们也有区别，导数描述的是某点处的"变化率"，而微分则近似于某点处的函数增量，即 $dy \approx \Delta y$。

思考 请同学们利用微分与导数知识，结合图像分析为什么会有 $dy \approx \Delta y$？

我们把求导和求微分的方法统称为**微分法**。

例 2.20 求函数 $y = x^2 + 3x - 4$ 在 $x = 1$，$\Delta x = 0.003$ 时的微分 dy 和函数值增量 Δy。

解 根据微分表达式，有

$$dy = (x^2 + 3x - 4)'dx = (2x + 3)dx,$$

所以，当 $x = 1$，$dx \approx \Delta x = 0.003$ 时，$dy|_{x=1} = 0.015$。

函数值的增量为：

$$\Delta y = [(1 + 0.003)^2 + 3(1 + 0.003) - 4] - (1^2 + 3 \times 1 - 4) = 0.015009.$$

案例 2.6 （*PN* 节模型）具有 *PN* 节的半导体元件，其电流微变和引起这个变化的电压微变之比称为**低频跨导**，它反映的是电压对电流的控制作用. 现有一种 *PN* 节的半导体元件，其转移特性曲线方程为 $I = 5U^2$，求电压 $U = 2$ 伏时的低频跨导.

解 "电流微变"即为电流微分，"电压微变"即为电压微分，而低频跨导是电流微变 dI 和引起这个变化的电压微变 du 之比，说明低频跨导即为电流对电压的导数，而

$$\frac{dI}{dU} = I' = 10U,$$

因此，电压 $U = 2$ 伏时的低频跨导为 $\left.\dfrac{dI}{dU}\right|_{U=2} = 10U\big|_{U=2} = 20$，单位为毫西门子（*ms*）.

2.4.2 微分公式与微分运算法则

从微分表达式 $dy = f'(x)dx$ 可以看出，计算函数的微分，可归结为计算函数的导数. 由导数的基本公式和运算法则，我们可得到以下微分的基本公式和法则.

1. 微分基本公式

表 2-2 微分基本公式

(1) $dC = 0$	(2) $dx^\mu = \mu x^{\mu-1} dx$
(3) $da^x = a^x \ln a\, dx$	(4) $de^x = e^x dx$
(5) $d\log_a x = \dfrac{1}{x \ln a} dx$	(6) $d\ln x = \dfrac{1}{x} dx$
(7) $d\sin x = \cos x\, dx$	(8) $d\cos x = -\sin x\, dx$
(9) $d\tan x = \sec^2 x\, dx$	(10) $d\cot x = -\csc^2 x\, dx$
(11) $d\sec x = \sec x \cdot \tan x\, dx$	(12) $d\csc x = -\csc x \cdot \cot x\, dx$
(13) $d\arcsin x = \dfrac{1}{\sqrt{1-x^2}} dx$	(14) $d\arccos x = -\dfrac{1}{\sqrt{1-x^2}} dx$
(15) $d\arctan x = \dfrac{1}{1+x^2} dx$	(16) $d\,\text{arc}\cot x = -\dfrac{1}{1+x^2} dx$

2. 微分的四则运算法则

定理 2.8   设函数 $u(x)$，$v(x)$ 均为可微函数，则

(1) $d(u \pm v) = du \pm dv$；

(2) $d(u \cdot v) = vdu + udv$；

(3) $d(Cu) = Cdu$（C 为常数）；

(4) $d\left(\dfrac{u}{v}\right) = \dfrac{vdu - udv}{v^2}$，$d\left(\dfrac{1}{v}\right) = -\dfrac{dv}{v^2}$ $(v \neq 0)$.

3. 复合函数的微分法则

定理 2.9   设 $y = f(u)$，$u = \varphi(x)$，则复合函数 $y = f[\varphi(x)]$ 的微分为

$$dy = f'[\varphi(x)]dx = f'(u) \cdot \varphi'(x)dx,$$

而 $du = \varphi'(x)dx$，因此也有

$$dy = f'(u)du. \tag{2-12}$$

这就是说，无论 u 是自变量还是中间变量，函数 $y = f(u)$ 的微分总可写成 $dy = f'(u)du$ 的形式，我们称这一性质为**微分形式不变性**.

因此，求复合函数的微分，我们有两种方法，一是利用"链式法则"先求出复合函数的导数，再乘以自变量的微分；二是利用"微分形式不变性"求微分.

例 2.21   求函数 $y = e^{\cos x}$ 的微分.

解   利用微分表达式(2-11)直接求微分，即 $y' = -e^{\cos x} \cdot \sin x$，因此有

$$dy = -e^{\cos x} \cdot \sin xdx.$$

本题也可以令 $u = \cos x$，则 $y = e^u$，再利用式(2-12)的微分形式不变性，得

$$dy = d(e^u) = (e^u)'du = e^u du = e^{\cos x}d(\cos x) = -e^{\cos x} \cdot \sin xdx.$$

例 2.22   方程式 $x^2 - xy + y^2 = 3$ 确定的变量 y 是 x 的函数，求 dy.

解   本题是隐函数问题，采用直接求导法，得 $2x - y - xy' + 2y \cdot y' = 0$，

整理得

$$y' = \dfrac{2x - y}{x - 2y}.$$

于是，根据微分的定义，有 $dy = \dfrac{2x-y}{x-2y}dx$.

2.4.3 微分在近似计算中的应用

由微分概念我们知道，函数 $f(x)$ 在点 x_0 处可微，则有 $\Delta y \approx dy$，即

$$\Delta y = f(x_0 + \Delta x) - f(x_0) \approx f'(x_0)\Delta x, \tag{2-13}$$

或

$$f(x_0 + \Delta x) \approx f(x_0) + f'(x_0)\Delta x, \tag{2-14}$$

在式(2-14)中令 $x = x_0 + \Delta x$，即 $\Delta x = x - x_0$，则式(2-14)可改写为

$$f(x) \approx f(x_0) + f'(x_0)(x - x_0). \tag{2-15}$$

式(2-13)可计算函数增量的近似值，而式(2-14)、(2-15)可用于计算函数值的近似值.

例 2.23 求 $\sqrt[3]{1.02}$ 的近似值.

解 令函数 $f(x) = \sqrt[3]{x}$，将 $x_0 = 1$ 看做初值，则自变量的增量为 $\Delta x = 1.02 - 1 = 0.02$，根据式(2-15)，有

$$\sqrt[3]{1.02} \approx f(1) + f'(1)\Delta x = 1 + \dfrac{1}{3} \times 0.02 \approx 1.0067,$$

即 $\sqrt[3]{1.02}$ 的近似值为 1.0067.

注 利用微分计算近似值时，有两个关键，一是确定函数，二是确定自变量的初值.

案例 2.7 （金属球镀铜）为了提高金属球面的光洁度，只需在其表面上镀一层铜. 现有一批球，其半径为 $11\,cm$，需镀的铜层厚度为 $0.01\,cm$，请你估算要需用的铜的质量. （已知铜的密度为 $8.9\,g/cm^3$）?

解 由式(2-13)可得：

$$\Delta V \approx dV = V'\Big|_{R=11} \cdot \Delta R = (4\pi R^2)\Big|_{R=11} \times 0.01 \approx 15.2053(cm^3),$$

故需要用到的铜的质量约为

$$m = \rho \cdot \Delta V \approx 8.9 \times 15.2053 \approx 135.3272(g).$$

案例 2.8　（电压改变量）设有一电阻负载 $R = 25\Omega$，若负载功率 P 从 $400W$ 增加到 $401W$（图 2-9），求此时负载两端电压 U 大约改变多少？

解　由 $P = \dfrac{U^2}{R}$ 可得 $U = 5\sqrt{P}$，由式 (2-13) 有

$$\Delta U \approx dU = (5\sqrt{P})'\big|_{P=400} dP$$

$$= \dfrac{5}{2\sqrt{P}}\bigg|_{P=400} \times 1 = 0.125(V),$$

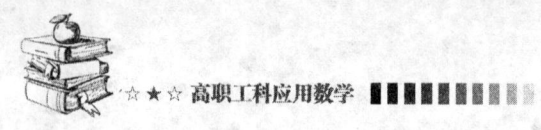

图 2-9

即负载两端电压的改变量为 $0.125V$.

2.4.4　微分在误差估计中的应用

定义 2.5　若函数 $f(x)$ 自变量的度量误差为 Δx，则称相应的 $\Delta y = f(x + \Delta x) - f(x)$ 为变量 y 的**绝对误差**，而 $\left|\dfrac{\Delta y}{y}\right|$ 则称为**相对误差**.

在误差计算时，通常用 $|dy|$ 代替 $|\Delta y|$，用 $\left|\dfrac{dy}{y}\right|$ 代替 $\left|\dfrac{\Delta y}{y}\right|$，因此求出的误差为误差的估计值，相对误差我们一般用百分比来表示.

案例 2.9　（立方体体积误差）有一立方体的铁箱，其边长为 $70\,cm \pm 0.1\,cm$，试估计其体积的绝对误差和相对误差.

解　设立方体边长为 a，则体积为 $V = a^3$，则有

$$|\Delta V| \approx |dV| = (a^3)'\big|_{x=10} \cdot |da| = 30 \times 70^2 \times 0.1 = 1470\,cm^3,$$

$$\left|\dfrac{\Delta V}{V}\right| \approx \dfrac{1479}{70^3} = 0.429\%,$$

因此立方体体积的绝对误差为 $1470\,cm^3$，相对误差为 0.429%.

习题 2.4

1. 填空.

(1) $d(x^3) = ($ $)dx$;

(2) $d(\cos x) = ($ $)dx$;

(3) $d($ $) = \dfrac{1}{x}dx$;

(4) $d($ $) = -\dfrac{1}{x^2}dx$;

(5) $d(\sin^2 x) = ($ $)d(\sin x) = ($ $)dx$.

2. 求下列函数的微分.

(1) $y = \dfrac{1}{x} + 2\sqrt{x}$;

(2) $y = \dfrac{x}{\sin x}$;

(3) $y = x\sin 2x$;

(4) $y = 3^{\ln x}$;

(5) $y = x^2 e^{2x}$;

(6) $y = \ln\sin\dfrac{x}{2}$.

3. 方程式 $xy + \ln y = 1$ 确定的变量 y 为 x 的函数,求微分 dy.

4. 求下列函数值的近似值.

(1) $\arctan 1.01$;

(2) $\sin 29°$.

5. 如下图所示,电缆 $\overparen{AOB}$ 的长为 s 跨度为 $2l$,电缆最低点 O 与直线 AB 的距离为 f,则电缆长 s 可由下列公式计算:$s = 2l(1 + \dfrac{2f^2}{3l^2})$,当 f 变化了 Δf 时,s 的变化大约是多少?

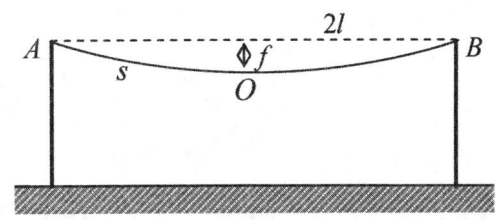

第5题图

6.(电流函数)电路中某点处的电流I是通过该点处的电量q关于时间的瞬时变化率,如果一电路中的电量为$q(t)=t^3+t$.试问:

(1)求其电流函数;(2)$t=2$时的电流是多少?(3)什么时候电流为$28A$.

7.(金属圆管的截面面积)一金属圆管,其外半径为$10cm$,当管壁厚$0.04cm$时,利用微分求圆管截面面积的近似值.

8.已知测量球的直径D有1%的相对误差,问球的体积的相对误差是多少?

9.(钟表误差)一个机械挂钟钟摆的周期为$1s$,冬季摆长因热胀冷缩而缩短了$0.01cm$,已知单摆周期为$T=2\pi\sqrt{\dfrac{l}{g}}$,其中$l$是摆长,$g=980cm/s$,问钟每天大约快或慢多少?

复习题二

一、单选题

1. 设函数 $f(x)$ 在点 x_0 处可导，则 $\lim\limits_{\Delta x \to 0} \dfrac{f(x_0 + 2\Delta x) - f(x_0)}{\Delta x} = ($ $)$

    A. $\dfrac{1}{2} f'(x_0)$ B. $-\dfrac{1}{2} f'(x_0)$ C. $2 f'(x_0)$ D. $-2 f'(x_0)$

2. 设 $f(x) = x + \cos x^2$，则 $f'(x) = ($ $)$

    A. $f(x) = 1 - \sin x^2$ B. $f(x) = 1 + \sin x^2$

    C. $f(x) = 1 - \sin x^2 \cdot 2x$ D. $f(x) = (1 - \sin x^2) \cdot 2x$

3. 设曲线 $y = f(x)$ 在点 $(x_0, f(x_0))$ 处的法线与已知直线 $2x + 3y - 1 = 0$ 平行，则 $f'(x_0) = ($ $)$

    A. $\dfrac{3}{2}$ B. $-\dfrac{3}{2}$ C. $-\dfrac{2}{3}$ D. $\dfrac{2}{3}$

4. 已知做直线运动的物体，其运动方程为 $s = 2t^2 + t + 1$，则物体作（   ）

    A. 匀速运动   B. 匀加速运动

    C. 变加速运动   D. 不能确定

5. 若 $f(x) = f(-x)$，且在 $(0, +\infty)$ 内 $f'(x) > 0$，$f''(x) > 0$，则 $f(x)$ 在 $(-\infty, 0)$ 内必有（   ）

    A. $f'(x) > 0$，$f''(x) > 0$ B. $f'(x) < 0$，$f''(x) < 0$

    C. $f'(x) > 0$，$f''(x) < 0$ D. $f'(x) < 0$，$f''(x) > 0$

6. 若 $f(x)$ 可微，$y = f(x^2)$，则 $dy = ($ $)$

    A. $2x f'(x^2) dx$ B. $f'(x^2) dx$

二、填空题

1. 曲线 $y = x^3 + 1$ 在 $x = $ _____ 处的切线斜率为 3.

2. 设 $y = x^3 + 3^x + 3^3$，则 $y' = $ _____.

3. 设质点做直线运动，距离与时间的关系为 $s = 2 - ae^{-kt}$（k, a 为常数），则质点在时刻 t_0 处的瞬时速度 $v(t_0) = $ _____，瞬时加速度 $a(t_0) = $ _____.

4. d _____ $= e^{3x}dx$； d _____ $= \cos 5x dx$；

   d _____ $= \dfrac{1}{\sqrt{x}}dx$.

5. 设 $\lim\limits_{x \to 0} \dfrac{f(2x) - f(0)}{x} = \dfrac{1}{2}$，则 $f'(0) = $ _____.

6. 设 $f(x) = \sin x + \ln x$，则 $f''(1) = $ _____.

7. 设 $y = 2^{\cos 3x} + (\cos 3x)^2$，则 $y'|_{x=0} = $ _____.

8. 函数 $f(x)$ 在点 x_0 处可导，且 $f'(x_0) = 6$，则极限 $\lim\limits_{\Delta x \to 0} \dfrac{f(x_0 - 2\Delta x) - f(x_0)}{\Delta x} = $ _____.

9. 设函数 $f(x) = \begin{cases} bx + 2, & x \leq 0 \\ a + \ln(x+1), & x > 0 \end{cases}$ 在点 $x = 0$ 处可导，则 $a = $ _____，$b = $ _____.

10. 设 $\begin{cases} x = \cos t \\ y = \sin t - t\cos t \end{cases}$，则 $\dfrac{dy}{dx} = $ _____.

三、解答题

1. 设 $y = \sqrt{\dfrac{3x-2}{(5-2x)(x-1)}}$，求 y'.

2.设函数 $y=y(x)$ 由方程 $xy+e^{y^2}-x=0$ 确定,求其曲线在点 $(1,0)$ 处的切线方程.

3.设 $y=\ln\dfrac{\cos x}{x^2-1}$,求 dy.

4.设函数 $y=y(x)$ 由方程 $y+\arcsin x=e^{x+y}$ 确定,求 dy.

5.求近似值 $\sqrt{1.05}$.

6.一批半径为 1cm 的铁球,为了提高光洁度,在其表面上镀上了一层厚度为 0.01cm 的铬,问每个球约需多少克铬(铬的密度为 7.14g/cm³)?

7.有一个"倒锥壳"(即倒圆台形)水塔,如下图所示,上底半径 4m,下底半径 1m,高 5m,如果以 $50\,m^3/h$ 的速度向水塔注水,求水深为 2m 时水面上升的速度.

8.一架飞机在离地面 $2\,km$ 的高度,以每小时 $200\,km$ 的速度飞行在某目标的上方,以便进行航空摄影,如上图所示,你能求出飞机飞至该目标上方时摄影机转动的速度吗?

9.某厂生产一种如图所示的扇形板,半径 $R=200\,mm$,要求中心角 $\alpha=55°$,产品检验时,一般用测量弦长 l 的办法来间接测量中心角 α,如果测量弦长 l 的误差 $\delta_l=0.1\,mm$,问由此而引起的中心角测量误差 δ_α 及相对误差 $\dfrac{\delta_\alpha}{\alpha}$ 是多少?

10.在经济学中,有一个名词"70规则",它指的是一笔钱存入银行,年复利为 $i\%$,当 $i\%$ 很小时,需要 $\dfrac{70}{i}$ 年可以翻倍.例如,若年利率为 7%,则 10 年后的本利和就是最初存款的两倍,请你利用所学微分知识证明之.

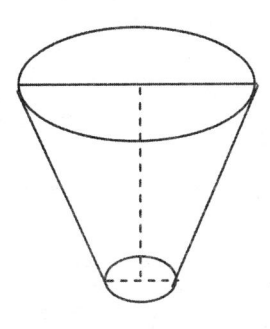

第7题图

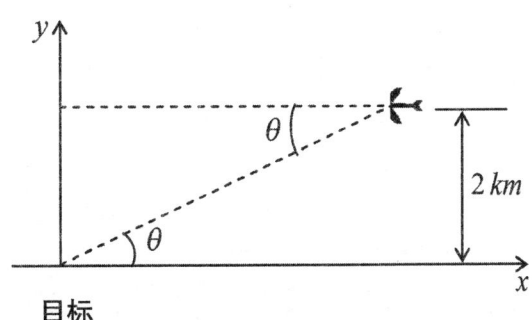

第8题图

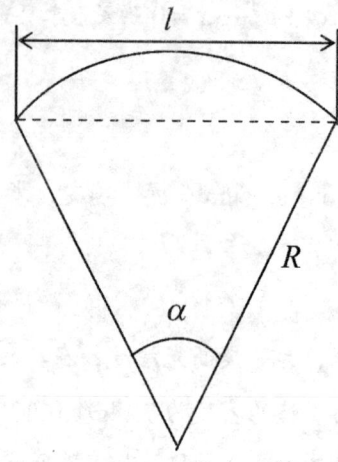

第 9 题图

数学文化欣赏（二）
——几种重要的数学思想

数学思想，是指现实世界的空间形式和数量关系反映到人们的意识之中，经过思维活动而产生的结果．数学课程的学习不是以数学知识讲授为主，而应更多地渗透数学思想方法、启发和提升学生数学素养．通过数学思想的培养，数学的能力才会有一个大幅度的提高，掌握数学思想，就是掌握数学的精髓．

下面我们以浅显的数学知识为载体，介绍几种典型的数学思想．

一、"极限"思想

极限思想是以"直"代"曲"，以"不变"代"变"，用逼近、取极限的方法认识客观事物属性的一种数学思想，其实质是通过"直线"认识"曲线"，通过"近似"认识"精确"，通过"有限"认识"无限"，通过"匀速"认识"变速"等，由量变到质变的认识过程．

我国古代数学家刘徽是世界上第一个在数学中运用极限思想的人，他运用极限思想和"割圆术"求出了圆的周长和面积公式．这一方法充分体现了以直代曲，通过有限认识无限的思想，如果没有让分割无限增多，变成趋向于0这一思想，就无法求出圆的面积．

高等数学中那个几乎所有的概念都离不开极限，比如无穷小量的定义、函数连续的定义、函数间断点的讨论等．另外，导数是一种特殊的极限，定积分是一种特殊的和式的极限，所以极限概念是高等数学的重要概念，极限理论是整个高等数学的基础，没有极限思想和理论就没有高等数学．因此要学好高等数学，就必须深刻理解和灵活运用极限思想和极限理论，用极限思想方法去建构高等数学．

二、"数形结合"思想

自从笛卡尔创立了直角坐标系和解析几何学以来，数形结合思想的运用就变得普及．数是数量关系的体现，而形则是空间形式的体现．"数"和"形"常依一定的条件相互联系，抽象的数量关系常有形象和直观的几何意义，而直观的图形性质也常用数量关系加以精确的描述．数和形可依一定的条件相互转化，互相沟通．华罗庚教授精辟概述："数无形，少直观；形无数，难入微."因此，根据解决问题的需要，把数量关系的问题转化为图形的性质来研究，也可把图形的性质问题转化为数量关系的问题来思考.

高等数学中大量概念引入都运用这种思想方法.例如，代数中方程$f(x)=0$的根与曲线$y=f(x)$和x轴的交点相对应，用"曲线的切线"引入"导数"概念，用"曲边梯形的面积"引入"定积分"等，从直观形象中感受抽象概念，从而更好地掌握概念的内涵和应用.

三、"函数构造"思想

在所讨论的问题中引入辅助函数，化静为动，化离散为连续，从而在更"一般"的角度上来解决"特殊"问题，这正说明了用函数思想解决问题、探索数学世界发展规律的现实意义.在高等数学中，主要应用的是函数的连续性、可微性、可积性等解析性质，这就需要我们在实际问题中正确找到对应函数并灵活运用这些性质.

例如，在"求证方程$\sin x+2x^2=2$在$(0,1)$内至少有一个实数根"这个问题的解决过程中，我们可以通过构造函数$f(x)=\sin x+2x^2-2$，显然该函数在$(0,1)$内至少与x轴有一个交点，这样就证明了该问题.

又如，"求数列$\{\sqrt[n]{n}\}$的最大项"，我们可化离散为连续，构造一个函数$f(x)=\sqrt[x]{x}$，$x\in(0,+\infty)$，则有$f'(x)=(x^{\frac{1}{x}})'=(e^{\frac{\ln x}{x}})'=\sqrt[x]{x}\cdot\frac{1-\ln x}{x^2}$，这样我们可以利用第三章将要学习的知识，令$f'(x)=0$，即可得唯一驻点$x=e$，且可判断处该点是极大值点，从而进一步判断出最大项是$\sqrt[e]{e}$.此问题就是把数列问题转化为函数问题，并利用函数导数求函数单调性，进而确定函数在区间内的最值，同时也是对应数列的最大值.

四、"化归"思想

在高等数学中，如果说极限思想是它的基础和框架，那么化归思想方法则是它最基本、行之有效的工具.所谓"化归"，是把未知的、陌生的、复杂的问题，转化为已知的、熟悉的、简单的问题，从而解决问题的过程.这是数学工作者解决问题常见的思路.匈牙利著名数学家罗莎·彼得在他的名著《无穷的玩艺》中,通过一个十分生动而有趣的笑话,说明了数学家是如何用化归思想来解题的.

一个"烧水"的浅显例子,把"化归"的数学思想解释得非常明白.

他说,给你一个煤气灶,一个水龙头,一盒火柴,一个空水壶,让你烧一满壶开水,你应该怎么做?你于是回答:把空水壶放到水龙头下,打开水笼头,灌满一壶水,再把水壶放到煤气灶上,划着火柴,点燃煤气灶,把一满壶水烧开.

他说,对,这个问题解决得很好.

现在再问你一个问题:给你一个煤气灶,一个水龙头,一盒火柴,一个已装了半壶水的水壶,让你烧一满壶开水,你又应该怎么做?然后波利亚说,物理学家这时会回答:把装了半壶水的壶放到水笼头下,打开水龙头,灌成一满壶水,再把水壶放到煤气灶上,划着火柴,点燃煤气灶,把一满壶水烧开.但是数学家的回答是:把装了半壶水的水壶倒空,就化归为刚才已解决的问题了.

"化归"的思想是指问题之间的相互转化,前苏联著名数学家 C.A.亚诺夫斯卡娅,有一次向奥林匹克竞赛参加者发表了《什么叫解题》的演讲,她说"解题就是把题归结为已经解决过的问题",这句话实际上就体现了化归思想.

五、"统一"思想

对于"统一"思想,我们举两个例子来进行说明.

一是"蒲丰投针实验".研究偶然性内容的概率论,与研究确定性内容的平面几何,本来是两个不同的数学分支,但是数学家蒲丰却用随机投针的方法来求圆周率.

1777 年的某一天,蒲丰把一些朋友请到家里.他事先在一张大白纸上画好了一条条等距离的平行线,又拿出许多质量均匀、长度为平行线距离的一半的小针,请客人把针一根根随意扔到白纸上.蒲丰则在旁边计数,结果共投了 2212 次,其中与平行线相交的有 704 次.蒲丰随即用 2212 除以 704,得圆周率的近似值.这一试验让客人震惊,然而它却有数学依据.计算的值是确定性问题,投针却是随机性的方法.蒲丰成功地用随机性的方法解决了确定性的问题,这就反映了数学的"统一美".

另一个则是欧拉(Euler)公式: $e^{i\pi}+1=0$ ——数学美的象征,被称为"上帝创造的公式",它把数学里面 5 个量:0,1,π,e,i 结合为一个清晰的式子.

实数单位 1 是"有",是实体的基本单位,而人类最伟大发现——唯一的中性数 0,则是"无", i 是虚数单位,表示"虚",它们都具有独特的地位.同时,π 来源于几何,超越数 e 是自然对数的底数,它来源于分析,它不仅是对数活动的主角,也常常出现在一系列概率分布里,超越数 i 来源于代数,很多电工学公式离不开它,且通过公式

$e^{ix} = \cos x + i\sin x$,可将三角函数的定义域扩大到复数,并建立起三角函数和指数函数的关系,使得它在复变函数论里的地位得到凸显.欧拉公式把这5个看似不相干的数,和谐简洁地统一在一个式子中,被许多数学家视为数学中最简洁、最优美的数学公式.

在高等数学学习中,还有很多数学思想的运用,例如数学建模思想等,在以后的学习中,我们要慢慢体会.

第3章 导数的应用

微分中值定理是微分学的基本定理之一,人们对微分中值定理的研究从微积分建立之时就开始了.1691 年法国数学家罗尔(Rolle,1652-1719 年)在《方程的解法》一文中给出了多项式的罗尔定理;1979 年法国数学家拉格朗日(Lagrange,1936-1983 年)在《解析函数论》一书中提出了拉格朗日定理,并给出了最初的证明;对微分中值定理进行系统研究的是法国数学家柯西(Cauchy,1789-1857 年),他以严格化为其主要目标,对微积分理论进行了重构.他首先赋予中值定理以重要作用,使其成为微分学的核心定理.在《无穷小计算教程概论》(1823 年)中,柯西首先严格地证明了拉格朗日定理,又在《微分计算教程》(1829 年)中将其推广到广义的微分中值定理——柯西定理.

本章我们主要学习利用导数研究函数的特性,如单调性与极值、凹凸性与拐点等,并利用这些性质,解决日常生活、经济往来和机械生产中的大量最值问题.

3.1 微分中值定理和洛必达法则

中值定理显示了函数在一定条件下与其导数之间的关系,是导数应用的理论基础,而罗比达法则是以中值定理为理论基础,利用导数处理未定式极限的一种重要方法.

3.1.1 微分中值定理

定理 3.1 【罗尔（Rolle，法国数学家）定理】若函数 $f(x)$ 在 $[a,b]$ 上连续，在 (a,b) 内可导，且 $f(a)=f(b)$，则在 (a,b) 内至少存在一点 ξ，使得 $f'(\xi)=0$（图 3-1）.

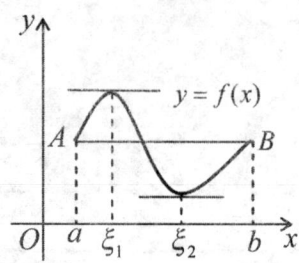

图 3-1 罗尔定理

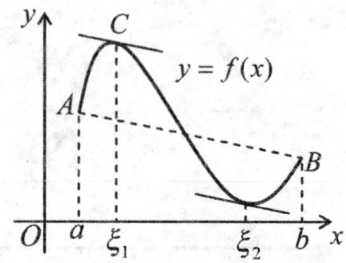

图 3-2 拉格朗日中值定理

罗尔定理的三个条件缺一不可，但对于条件 $f(a)=f(b)$，很多函数不易满足，若去掉这个条件，结论会发生什么变化呢？拉格朗日给出了回答.

定理 3.2 【拉格朗日（Lagrange，法国数学家）中值定理】若函数 $f(x)$ 在 $[a,b]$ 上连续，在 (a,b) 内可导，则在 (a,b) 内至少存在一点 ξ，使得

$$f(b)-f(a)=f'(\xi)(b-a). \tag{3-1}$$

它表明在曲线弧上至少存在一点 C（图 3-2），使得曲线在该点的切线平行于弦 AB，即 $f'(\xi)=k_{AB}=\dfrac{f(b)-f(a)}{b-a}$.

显然，若 $f(a)=f(b)$，则 $f'(\xi)=0$. 因此，罗尔中值定理是拉格朗日中值定理的特例，直观上看，将罗尔定理的图形"旋转"一个角度后便得到拉格朗日中值定理.

推论 1 若函数 $f(x)$ 在区间 I 上的导数恒为零，则 $f(x)$ 在区间 I 上是一个常数.

推论 2 若函数 $f(x)$、$g(x)$ 在区间 I 上均可导，且 $f'(x)=g'(x)$，则在该区间上有

$$f(x)=g(x)+C，\text{其中 } C \text{ 为某个常数.}$$

定理 3.3 【柯西（Cauchy，法国数学家）定理】函数 $f(x)$、$g(x)$ 在 (a,b) 内均可导，且 $g'(x)\neq 0$，则存在 $\xi\in(a,b)$，有

$$\dfrac{f(b)-f(a)}{g(b)-g(a)}=\dfrac{f'(\xi)}{g'(\xi)}. \tag{3-2}$$

显然，在上述柯西定理中，若 $g(x)=x$，则定理便简化成了拉格朗日中值定理，这

说明拉格朗日中值定理是柯西定理的一种特殊情形.

Rolle 定理、**Lagrange** 定理和 **Cauchy** 定理统称为**微分中值定理**，它们给出了函数及其导数之间的关系，从而为我们利用导数研究函数的某些特性提供了理论基础.

例 3.1 证明方程 $5x^4 - 4x + 1 = 0$ 在 $(0，1)$ 内至少有一个实根.

证明 我们采用"函数构造法". 构造函数 $f(x) = x^5 - 2x^2 + x$，设该函数在 $[0，1]$ 上连续，在 $(0，1)$ 内可导，又 $f(0) = f(1) = 0$，故 $f(x)$ 在 $[0，1]$ 上满足罗尔定理的条件，则至少存在一点 $\xi \in (0，1)$，使 $f'(\xi) = 0$，即 $5\xi^4 - 4\xi + 1 = 0$，这说明 $x = \xi$ 是原方程的一个实根.

本题还有一种证法，根据零点性质，令 $g(x) = 5x^4 - 4x + 1$，因为

$$g(0) = 1 > 0，\quad g(\frac{1}{2}) = -\frac{11}{16} < 0，\quad g(1) = 2 > 0，$$

可知 $g(0) \cdot g(\frac{1}{2}) < 0$，$g(\frac{1}{2}) \cdot g(1) < 0$，即函数在 $(0，\frac{1}{2})$ 和 $(\frac{1}{2}，1)$ 内均有实根.

3.1.2 洛必达法则

求解 "$\dfrac{0}{0}$" 型未定式，我们可采用 "消零因子" 法，但它有局限，如 $\lim\limits_{x \to 0} \dfrac{1 - \cos x}{x^2}$，就不能 "消零因子"，怎么办呢？下面我们学习一种更通用的方法——洛必达法则.

1. "$\dfrac{0}{0}$" 型和 "$\dfrac{\infty}{\infty}$" 型未定式

定理 3.4 【洛必达（L'Hospital，法国数学家）法则】设函数 $f(x)$、$g(x)$ 满足：

(1) $\lim\limits_{x \to x_0} f(x) = \lim\limits_{x \to x_0} g(x) = 0$；

(2) 在点 x_0 的某去心邻域内均可导，且 $g'(x) \neq 0$；

(3) $\lim\limits_{x \to x_0} \dfrac{f'(x)}{g'(x)} = A$（$A$ 为有限数或 ∞）；

则有
$$\lim_{x \to x_0} \frac{f(x)}{g(x)} = \lim_{x \to x_0} \frac{f'(x)}{g'(x)} = A. \quad (3-3)$$

注 (1)洛必达法则给出了"$\frac{0}{0}$"型未定式的常用解法,对于"$\frac{\infty}{\infty}$"型未定式,该法则同样适用,只需将"$\lim\limits_{x \to x_0} f(x) = \lim\limits_{x \to x_0} g(x) = 0$"换成"$\lim\limits_{x \to x_0} f(x) = \lim\limits_{x \to x_0} g(x) = \infty$";

(2)将"$x \to x_0$"改为"$x \to \infty$",或其他变化趋势,结论同样成立.

例 3.2 求 $\lim\limits_{x \to 2} \dfrac{x^3 - 2x - 4}{x^3 - 8}$.

解 该极限为"$\frac{0}{0}$"型未定式,满足洛必达法则的条件,因此利用式(3-3)得

$$\lim_{x \to 2} \frac{x^3 - 2x - 4}{x^3 - 8} \stackrel{"\frac{0}{0}"}{=} \lim_{x \to 2} \frac{3x^2 - 2}{3x^2} = \frac{5}{6}.$$

例 3.3 求 $\lim\limits_{x \to 0} \dfrac{x - \sin x}{x^3}$.

解 这是"$\frac{0}{0}$"型未定式,同样可得

$$\lim_{x \to 0} \frac{x - \sin x}{x^3} \stackrel{"\frac{0}{0}"}{=} \lim_{x \to 0} \frac{1 - \cos x}{3x^2} \stackrel{"\frac{0}{0}"}{=} \lim_{x \to 0} \frac{\sin x}{6x} \stackrel{"\frac{0}{0}"}{=} \lim_{x \to 0} \frac{\cos x}{6} = \frac{1}{6}.$$

注 若运用洛必达法则后得到的 $\lim\limits_{x \to x_0} \dfrac{f'(x)}{g'(x)}$ 仍属于"$\frac{0}{0}$"型或"$\frac{\infty}{\infty}$"型,且满足定理 3.4 的条件,则可多次使用洛必达法则.

例 3.4 求 $\lim\limits_{x \to +\infty} \dfrac{\ln^2 x}{x}$.

解 这是"$\frac{\infty}{\infty}$"型未定式,可得

$$\lim_{x \to +\infty} \frac{\ln^2 x}{x} \stackrel{"\frac{\infty}{\infty}"}{=} \lim_{x \to +\infty} \left(2\ln x \cdot \frac{1}{x}\right) \stackrel{"\frac{\infty}{\infty}"}{=} 2 \lim_{x \to +\infty} \left(\frac{1}{x}\right) = 0.$$

例 3.5 求 $\lim\limits_{x \to 0} \dfrac{x^2 \sin \dfrac{1}{x}}{\sin x}$.

解 该极限是"$\dfrac{0}{0}$"型未定式,于是有 $\lim\limits_{x\to 0}\dfrac{x^2\sin\dfrac{1}{x}}{\sin x}\xlongequal{"\frac{0}{0}"}\lim\limits_{x\to 0}\dfrac{2x\sin\dfrac{1}{x}-\cos\dfrac{1}{x}}{\cos x}$,
我们发现此极限不存在.

实际上,$\qquad\lim\limits_{x\to 0}\dfrac{x^2\sin\dfrac{1}{x}}{\sin x}=\lim\limits_{x\to 0}\dfrac{x}{\sin x}\cdot\lim\limits_{x\to 0}(x\sin\dfrac{1}{x})=0$.

这里用到了定理 1.5,即 $\lim\limits_{x\to 0}\dfrac{x}{\sin x}=1$,还利用了性质 1.2,即 $\lim\limits_{x\to 0}(x\sin\dfrac{1}{x})=0$.

2. 其他类型未定式

对于"$\infty-\infty$"、"$0\cdot\infty$"、"0^0"、"∞^0"、"1^∞"等类型的未定式,我们同样可以通过适当的变形,将其化为"$\dfrac{0}{0}$"型或"$\dfrac{\infty}{\infty}$"型,再利用洛必达法则求解.

例 3.6 求 $\lim\limits_{x\to\infty}x^{-2}e^x$.

解 该极限是"$0\cdot\infty$"型未定式,采用"**取倒数**"法,将函数化为"$\dfrac{\infty}{\infty}$"型,即

$$\lim_{x\to\infty}x^{-2}e^x=\lim_{x\to\infty}\dfrac{e^x}{x^2}$$

$$\xlongequal{"\frac{\infty}{\infty}"}\lim_{x\to\infty}\dfrac{e^x}{2x}\xlongequal{"\frac{\infty}{\infty}"}\lim_{x\to\infty}\dfrac{e^x}{2}=\infty.$$

例 3.7 求 $\lim\limits_{x\to 0}(\dfrac{1}{x}-\dfrac{1}{e^x-1})$.

解 该极限是"$\infty-\infty$"型未定式,通常将其"**通分**",即

$$\lim_{x\to 0}(\dfrac{1}{x}-\dfrac{1}{e^x-1})\xlongequal{"\frac{0}{0}"}\lim_{x\to 0}\dfrac{e^x-1-x}{x(e^x-1)}\xlongequal{"\frac{0}{0}"}\lim_{x\to 0}\dfrac{e^x-1}{e^x-1+xe^x}$$

$$\xlongequal{"\frac{0}{0}"}\lim_{x\to 0}\dfrac{e^x}{e^x(2+x)}=\dfrac{1}{2}.$$

例 3.8 求 $\lim\limits_{x\to+\infty}x^{\frac{1}{x}}$.

解 这是"∞^0"型未定式,采用"**取对数法**",即设 $y = x^{\frac{1}{x}}$,则有 $\ln y = \frac{1}{x}\ln x$,而

$$\lim_{x \to +\infty} \ln y = \lim_{x \to +\infty} \frac{\ln x}{x} \xlongequal{"\frac{\infty}{\infty}"} \lim_{x \to +\infty} \frac{1}{x} = 0,$$

所以,有 $\lim_{x \to +\infty} y = e^0 = 1$,于是得到 $\lim_{x \to +\infty} x^{\frac{1}{x}} = 1$.

注 若未定式为幂指形式"0^0"、"∞^0"、"1^∞",同样可用"**取对数法**",即利用对数恒等式 $y = e^{\ln y}$ 将其转化为"$\frac{0}{0}$"或"$\frac{\infty}{\infty}$"型未定式,再运用洛必达法则求解,即

$$\left.\begin{matrix} 0^0 \\ 1^\infty \\ \infty^0 \end{matrix}\right\} \xrightarrow{\text{取对数}} \begin{cases} 0 \cdot \ln 0 \\ \infty \cdot \ln 1 \\ 0 \cdot \ln \infty \end{cases} \to \frac{0}{0}\left(\frac{\infty}{\infty}\right).$$

案例 3.1 （巨石下落的速度）质量为 m 的巨石从静止开始下落,考虑空气阻力,时间 t 后它的速度为 $v = \frac{mg}{c}(1 - e^{-\frac{c}{m}t})(t > 0)$,其中 m 为巨石的质量,g 为重力加速度,c 为正常数. 问：若该巨石的质量无限增大,则它下落的速度将接近于多少？说明其实际意义.

解 巨石的质量无限增大,即质量 $m \to \infty$,此时,速度的极限为

$$\lim_{m \to +\infty} v = \frac{g}{c} \lim_{m \to +\infty} \frac{1 - e^{-\frac{c}{m}t}}{\frac{1}{m}}$$

$$\xlongequal{"\frac{0}{0}"} \frac{g}{c} \lim_{m \to \infty} \frac{-\frac{ct}{m^2} e^{-\frac{c}{m}t}}{-\frac{1}{m^2}} = \frac{g}{c} \lim_{m \to \infty} cte^{-\frac{c}{m}t} = gt.$$

说明巨石的质量无限增大时,它下落的速度将接近于自由落体的下落速度,空气阻力对巨石将不再起作用.

习题 3.1

1. 填空：函数 $y = \ln(x+1)$ 在区间 $[0,1]$ 上满足拉格朗日中值定理条件的 $\xi = $ _____.

2. 判断下列极限运算是否正确，并说明原因.

(1) $\lim\limits_{x \to 1} \dfrac{x^3 - 1}{2x} = \lim\limits_{x \to 1} \dfrac{3x^2}{2} = \dfrac{3}{2}$;

(2) $\lim\limits_{x \to \infty} \dfrac{e^x - e^{-x}}{e^x + e^{-x}} = \lim\limits_{x \to \infty} \dfrac{e^x + e^{-x}}{e^x - e^{-x}} = $ 不存在；

(3) $\lim\limits_{x \to \infty} \dfrac{x + \cos x}{x} = \lim\limits_{x \to \infty} \dfrac{1 - \cos x}{1} = 0$ 或 2；

3. 用洛必达法则求下列极限.

(1) $\lim\limits_{x \to 0} \dfrac{e^x - 1}{x}$;

(2) $\lim\limits_{x \to 0} \dfrac{\ln(x+1)}{x}$;

(3) $\lim\limits_{x \to 1} \left(\dfrac{2}{x^2 - 1} - \dfrac{1}{x - 1} \right)$;

(4) $\lim\limits_{x \to 0^+} x \ln x$;

(5) $\lim\limits_{x \to 1} \dfrac{x^3 - 3x + 2}{x^3 - x^2 - x + 1}$;

(6) $\lim\limits_{x \to 0} \left(\dfrac{1}{\sin x} - \dfrac{1}{x} \right)$;

(7) $\lim\limits_{x \to 0} \dfrac{\ln \sin 7x}{\ln \sin 2x}$;

(8) $\lim\limits_{x \to 0^+} (\sin x)^x$.

4. （**传染性疾病**）假定某传染性疾病流行 t 天后，感染的人数 N 由下式给出：$N = 10{,}000 t (1 - e^{-\frac{500}{t}})$，若不加防治，则从长远来看，将有多少人染病？

3.2 函数及曲线的特性

本节我们将利用导数研究函数的单调性和凹凸性，并学习函数图像的描绘方法.

3.2.1 函数的单调性

比较图 3-3(1) 和 3-3(2)，发现若函数 $f(x)$ 在区间 $[a,b]$ 上单调递增（图 3-3(1)），其图像为一条沿 x 轴正方向上升的曲线，且各点处的切线斜率均非负，即 $f'(x) \geq 0$，而图 3-3(2) 却刚好相反. 这说明函数的单调性与导数符号有密切的关系.

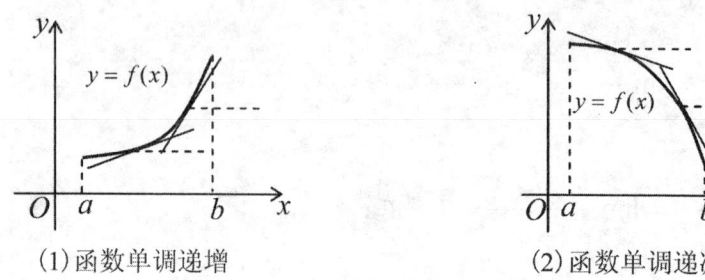

(1) 函数单调递增　　　　　　　　(2) 函数单调递减

图 3-3　函数的单调性

定理 3.5　（函数单调性判定定理）设函数 $y = f(x)$ 在闭区间 $[a,b]$ 上连续，在 (a,b) 内可导，那么

(1) 若在区间 (a,b) 内总有 $f'(x) > 0$，则函数 $y = f(x)$ 在 $[a,b]$ 上**单调递增**；

(2) 若在区间 (a,b) 内总有 $f'(x) < 0$，则函数 $y = f(x)$ 在 $[a,b]$ 上**单调递减**.

注　定理中的闭区间 $[a,b]$ 改成其他各种区间，定理的结论仍然成立.

定义 3.1　若 $f'(x_0) = 0$，则称 x_0 为 $f(x)$ 的**驻点**（或**稳定点**，**临界点**）.

定义 3.2　若函数 $y = f(x)$ 在定义域的某个区间内是单调递增（减）的，则称该区间为函数的**单调增（减）区间**，单调增区间和单调减区间统称为**单调区间**.

例 3.9　判断函数 $y = x - \sin x$ 在 $[0, 2\pi]$ 上的单调性.

解　因为在 $(0, 2\pi)$ 内恒有

$$y' = 1 - \cos x > 0.$$

所以，由定理 3.5 可知，函数 $y = x - \sin x$ 在 $[0, 2\pi]$ 上是单调递增的.

案例 3.2　（石油总量的变化率）设在时间 t 时地球的石油总蕴藏量（包括未被发现的）为 P，并假设没有新的石油产生，问 $\dfrac{dP}{dt}$ 的符号是正还是负？

解　地球石油蕴藏量 P 因人类的不断开发利用而逐渐减少，说明 $P(t)$ 是单调递减的

函数，由定理 3.5 可知，当 $t \to \infty$ 时，有 $P'(t) = \dfrac{dP}{dt} < 0$.

例 3.10 求函数 $f(x) = x^3 - 3x^2 - 9x + 14$ 的单调区间.

解 函数的定义域为 R，且 $f'(x) = 3x^2 - 6x - 9 = 3(x+1)(x-3)$，

令 $f'(x) = 0$，得函数的驻点为 $x_1 = -1$，$x_2 = 3$.

上述驻点将定义域 R 分为三个区间 $(-\infty, -1)$、$(-1, 3)$ 和 $(3, +\infty)$，列表如下.

表 3-1

x	$(-\infty, -1)$	-1	$(-1, 3)$	3	$(3, +\infty)$
$f'(x)$	$+$	0	$-$	0	$+$
$f(x)$	↗		↘		↗

因此，函数 $f(x)$ 的单调减区间为 $(-1, 3)$，单调增区间为 $(-\infty, -1)$ 和 $(3, +\infty)$.

3.2.2 函数的极值

定义 3.3 设函数 $y = f(x)$ 在点 x_0 的某邻域内有定义，对该邻域内的任一点 x ($x \ne x_0$)，

(1) 若均有 $f(x) > f(x_0)$，则称 $f(x_0)$ 是 $f(x)$ 的一个**极小值**，x_0 为函数 $f(x)$ 的**极小值点**，如右图中的 x_1、x_4；

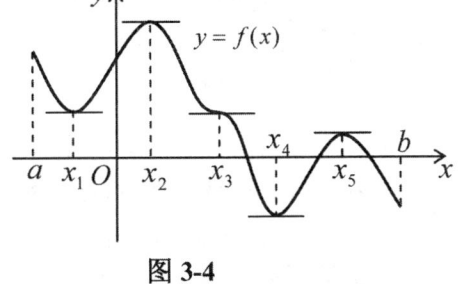

图 3-4

(2) 若均有 $f(x) < f(x_0)$，则称 $f(x_0)$ 是 $f(x)$ 的一个**极大值**，x_0 为函数 $f(x)$ 的**极大值点**，如右图中的 x_2、x_5.

函数的极大值与极小值统称为**极值**，极大值点与极小值点统称为**极值点**.

注 (1) 极值是局部性概念，它是函数在某个区间上的最值，而不是整个函数的最值；

(2) 一个函数在某区间上的极值点可能有多个（图 3-4），且极大值不一定大于极小值；

(3) 极值只能在区间内取得，在区间端点不能取得极值；

(4) 可能取得极值的点只能是驻点或不可导点，我们称这些点为**可能极值点**.

由图 3-4 可以看出，所有函数取得极值处，曲线的切线都是水平的，因此有如下定理.

定理 3.6 （极值的必要条件）设 $f(x)$ 在点 x_0 处可导，且在 x_0 处取得极值，则 $f'(x_0) = 0$.

上述定理表明,极值点必定是驻点,但驻点却不一定是极值点.如图 3-4 中,点 x_3 处曲线有水平切线,$f'(x_3) = 0$,说明点 x_3 是驻点,但它不是极值点,$f(x_3)$ 也不是极值.

怎样判断驻点是否为极值点?又如何判定它是极大值点还是极小值点呢?我们借助图 3-5 进行讨论.

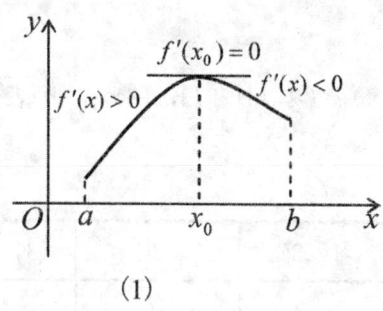
(1)

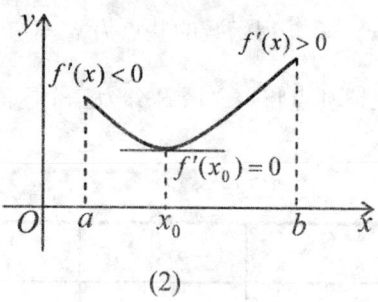
(2)

图 3-5 极值的判定

从图 3-5(1)可以看出,点 x_0 为极大值点,且 $f'(x_0) = 0$,而曲线在 x_0 左近旁图像上升,即 $f'(x_0) > 0$,在 x_0 右近旁图像下降,即 $f'(x_0) < 0$.

类似,也可以对图 3-5(2)中的函数 $f(x)$ 进行判定.因此有以下定理.

定理 3.7 (**极值的第一充分条件**) 设函数在点 x_0 的某一邻域内可导,且 $f'(x_0) = 0$,则当 x 在该邻域内由小到大经过 x_0 时,

(1)若 $f'(x)$ 由正变负(左正右负),则 $f(x_0)$ 是 $f(x)$ 的极大值;

(2)若 $f'(x)$ 由负变正(左负右正),则 $f(x_0)$ 是 $f(x)$ 的极小值;

(3)若 $f'(x)$ 不变号,则 $f(x_0)$ 不是 $f(x)$ 的极值.

根据上面两条定理,可归纳出求可导函数 $y = f(x)$ 的极值点和极值的一般步骤如下:

(1)先确定函数 $f(x)$ 的定义域;

(2)再求导数 $f'(x)$,并令 $f'(x) = 0$,求出 $f(x)$ 的全部驻点,并指出其不可导点;

(3)利用这些点划分函数定义域,并列表分区间讨论 $f'(x)$ 的符号;

(4)判断单调性,确定极值点,求出相应的极值.

例 3.11 求函数 $f(x) = \dfrac{1}{3}x^3 - 2x^2 + 3x$ 的极值.

解 函数 $f(x)$ 的定义域为 $(-\infty, +\infty)$,且 $f'(x) = x^2 - 4x + 3 = (x-1)(x-3)$,令 $f'(x) = 0$,求得驻点为 $x_1 = 1$,$x_2 = 3$.

下面列表考察 $f'(x)$ 的符号,如表 3-2 所示:

表 3-2

x	$(-\infty, 1)$	1	$(1, 3)$	3	$(3, +\infty)$
$f'(x)$	+	0	-	0	+
$f(x)$	↗	极大值 $\dfrac{4}{3}$	↘	极小值 0	↗

因此，该函数的极大值为 $f(1) = \dfrac{4}{3}$，极小值为 $f(3) = 0$．

从定理 3.7 中，我们还发现，在极大值点 x_0 近旁，从左往右，$f'(x)$ 由正变负，呈单调递减趋势，而极小值点处则刚好相反，由此得极值的第二充分条件．

定理 3.8 （极值的第二充分条件）设 $f(x)$ 在驻点 x_0 处有二阶导数且 $f''(x_0) \neq 0$，则：

(1) 当 $f''(x_0) < 0$ 时，函数 $f(x)$ 在 x_0 处取得极大值；

(2) 当 $f''(x_0) > 0$ 时，函数 $f(x)$ 在 x_0 处取得极小值．

因此，要判断一个驻点是极大值点还是极小值点，只需判断该点处二阶导数的符号即可．

例 3.12 求函数 $f(x) = x^3 - 3x$ 的极值．

解 该函数的定义域为 R，且
$$f'(x) = 3x^2 - 3 = 3(x+1)(x-1), \quad f''(x) = 6x,$$
令 $f'(x) = 0$，得其驻点为 $\quad x_1 = -1, \quad x_2 = 1,$
而 $\quad f''(-1) = -6 < 0, \quad f''(1) = 6 > 0.$

由定理 3.8 可知，函数的极大值为 $f(-1) = 2$，极小值为 $f(1) = -2$．

3.2.3 函数的凹凸性与拐点

要准确描述函数性态，仅判断单调性和极值还远远不够，如函数 $y = x^3$ 与 $y = \sqrt{x}$，在区间（0，1）上，它们都是单调递增的，但两曲线的弯曲方向明显不同，这体现为曲线的凹凸性不同．

首先我们来直观感受曲线的凹凸性．

定义 3.4 设函数 $y = f(x)$ 在 $[a, b]$ 上连续，且在 (a, b) 内可导，若在 (a, b) 内，

(1) 曲线上任一点处的切线都位于曲线的下方，则称该曲线为**凹曲线**，称该区间为**凹区间**；

(2) 曲线上任一点处的切线都位于曲线的上方，则称该曲线为**凸曲线**，称该区间为**凸区间**；

(3) 凹区间和凸区间的分界点称为曲线的**拐点**.

图 3-6 中，(a, c) 为凹区间，(c, b) 为凸区间，点 $C(c, f(c))$ 即为拐点.

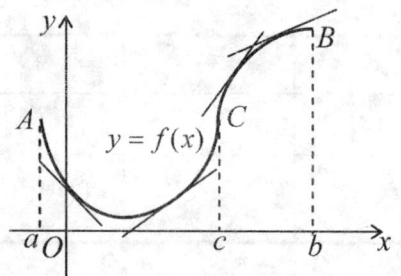

图 3-6　曲线的凹凸区间及拐点

同时，我们观察凹曲线（图 3-7），发现该曲线切线的斜率随着 x 的增大而增大，说明 $f'(x)$ 是单调递增的，则 $f''(x) > 0$，而凸曲线（图 3-8），则情况相反，因此有如下定理.

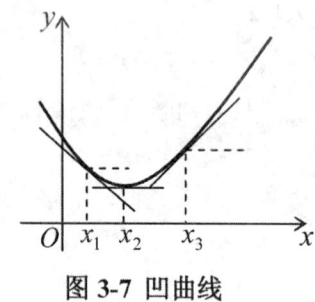

图 3-7　凹曲线

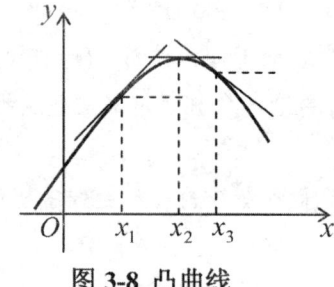

图 3-8　凸曲线

定理 3.9 （曲线凹凸性判定定理）设函数 $y = f(x)$ 在 (a, b) 内具有二阶导数，

(1) 若在 (a, b) 内恒有 $f''(x) > 0$，则曲线在该区间内是凹的；

(2) 若在 (a, b) 内恒有 $f''(x) < 0$，则曲线在该区间内是凸的.

定理 3.10　若点 $(x_0, f(x_0))$ 是拐点，则有 $f''(x) = 0$.

例 3.13　判断函数 $y = \ln 2x$ 的凹凸性.

解　该函数的定义域为 $(0, +\infty)$，且根据定理 3.9，要判断函数的凹凸性，只需判断函数的二阶导数的符号，而

$$y' = \frac{1}{x}, \quad y'' = -\frac{1}{x^2} < 0.$$

因此该函数为凸函数.

例 3.14　求函数 $y = x^4 - 4x^3 + 2x - 5$ 的凹凸区间与拐点.

解 先确定函数的定义域为 R，再求导数，即

$$y' = 4x^3 - 12x^2 + 2, \quad y'' = 12x^2 - 24x = 12x(x-2),$$

令 $y'' = 0$，得拐点的横坐标为 $x_1 = 0$， $x_2 = 2$.

最后列表分析函数在各区间上的凹凸性，如表 3-3 所示：

表 3-3

x	$(-\infty, 0)$	0	(0, 2)	2	$(2, +\infty)$
$f''(x)$	+	0	-	0	+
$f(x)$	⌣	拐点 (0, -5)	⌢	拐点 (2, -17)	⌣

由上表可知，曲线的凹区间为 $(-\infty, 0)$ 和 $(2, +\infty)$，凸区间为 (0, 2)，拐点是（0，-5）和（2，-17）．

案例 3.3 （**股票走势分析**）已知某股票在一天内的价格走势曲线（图 3-9），若 $P(t)$ 表示时刻 t 该股票的价格，请你分析该股票当天的走势情况，并判定 $P'(t)$ 和 $P''(t)$ 的符号．

解 曲线是单调递增的，又是凸曲线，说明股票价格在上升，且上升的速度越来越慢，因此有

$$P'(t) > 0, \quad P''(t) < 0.$$

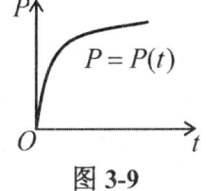

图 3-9

3.2.4 函数图像的描绘

我们通过对函数的单调性与极值、凹凸性与拐点等变化性态的学习，对函数有了一个整体的了解，但为了更准确地描绘函数的图形，还需要了解曲线的渐近线．

1. 渐近线

在我们熟悉的函数图像中，有些函数图像是局限在一定范围之内的，如椭圆、圆等，

而有些函数图像则没有局限，可向无穷远处延伸，如抛物线、双曲线等.

一般地，若一个点 P 沿着曲线 C 无限远离坐标原点时，点 P 与某一直线 L 的距离趋向于零，我们就称直线 L 为曲线 C 的一条渐近线.

定义 3.5 对于给定的函数 $y=f(x)$，如果 $\lim\limits_{x\to\infty}f(x)=A$（$A$ 为常数），则称 $y=A$ 为曲线 $y=f(x)$ 的**水平渐近线**；如果 $\lim\limits_{x\to x_0^+}f(x)=\infty$ 或 $\lim\limits_{x\to x_0^-}f(x)=\infty$，则称直线 $x=x_0$ 为曲线的**垂直渐近线**.

例如，因为 $\lim\limits_{x\to\infty}(2+\dfrac{1}{x})=2$，所以直线 $y=2$ 是曲线 $y=2+\dfrac{1}{x}$ 的水平渐近线（图 3-10）；

而又 $\lim\limits_{x\to\frac{\pi}{2}^+}\tan x=\infty$，$\lim\limits_{x\to\frac{\pi}{2}^-}\tan x=\infty$，则直线 $x=\dfrac{\pi}{2}$ 是曲线 $y=\tan x$ 的垂直渐近线（图 3-11）.

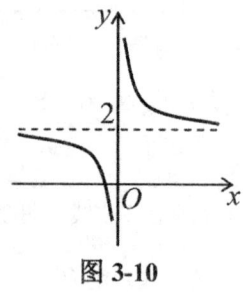

图 3-10

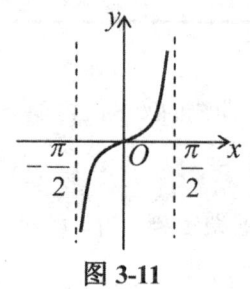

图 3-11

2. 函数图像的描绘

描绘函数 $y=f(x)$ 图形的一般步骤为：

(1) 确定函数 $f(x)$ 的定义域，并考察函数的奇偶性与周期性；

(2) 求解方程 $f'(x)=0$，$f''(x)=0$ 在定义域内的全部实根，以及 $f'(x)$，$f''(x)$ 不存在的点，记为 x_i（$i=1,2,\cdots,n$），并将 x_i 从小到大排列，将定义域划分为若干小区间；

(3) 确定以上各区间内 $f'(x)$ 和 $f''(x)$ 的符号，以此判断函数的单调性和凹凸性，并确定极值点、极值和拐点；

(4) 考察曲线的渐近线，必要时可增加几个辅助点，如图形与坐标轴的交点等；

(5) 综合上述讨论结果，即可描绘出函数 $y=f(x)$ 的图像.

例 3.15 分析函数 $y=x^3-x^2-x+1$ 的图像的性态.

解 (1) 先确定函数的定义域为 R,且它是非奇非偶函数,非周期函数;

(2) 求导, $y' = 3x^2 - 2x - 1 = (3x+1)(x-1)$, $y'' = 6x - 2$,

令 $y' = 0$,得函数驻点为 $x_1 = -\dfrac{1}{3}$, $x_2 = 1$,

令 $y'' = 0$,得函数的拐点横坐标为 $x_3 = \dfrac{1}{3}$.

(3) 列表分析各区间上的单调性、凹凸性,并确定驻点和拐点,如表3-4所示:

表 3-4

x	$\left(-\infty, -\dfrac{1}{3}\right)$	$-\dfrac{1}{3}$	$\left(-\dfrac{1}{3}, \dfrac{1}{3}\right)$	$\dfrac{1}{3}$	$\left(\dfrac{1}{3}, 1\right)$	1	$(1, +\infty)$
y'	+	0	−	−	−	0	+
y''	−	−	−	0	+	+	+
y	↗ ⌢	极大值 $\dfrac{32}{27}$	↘ ⌢	拐点 $\left(\dfrac{1}{3}, \dfrac{16}{27}\right)$	↘ ⌣	极小值 0	↗ ⌣

(4) 因为 $\lim\limits_{x \to \infty} f(x) = \infty$,该函数图像没有渐近线,并取辅助点 $D(-1, 0)$, $B\left(\dfrac{3}{2}, \dfrac{5}{8}\right)$.

(5) 描点作图(图3-12).

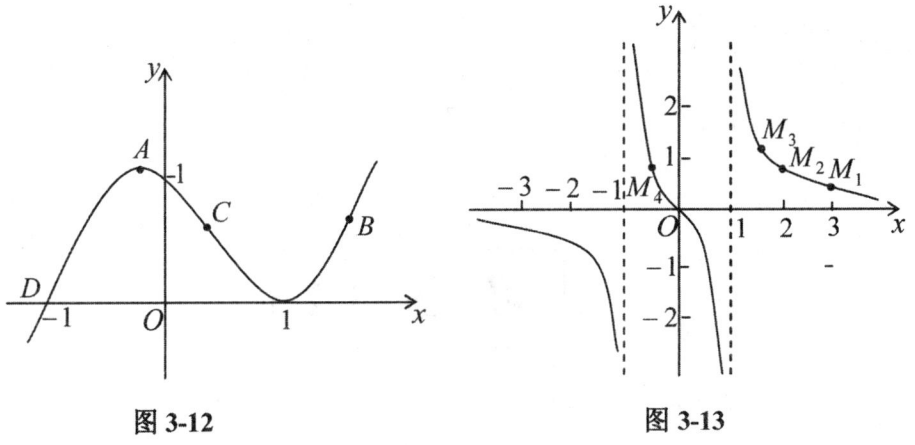

图 3-12　　　　　　　　图 3-13

例 3.16 作出函数 $y = \dfrac{x}{x^2 - 1}$ 的图像.

解 (1)先确定函数的定义域为 $(-\infty,-1)\cup(-1,1)\cup(1,+\infty)$,该函数是奇函数,图像关于原点对称,非周期函数.

(2)求导, $y'=\dfrac{-(1+x^2)}{(x^2-1)^2}<0$, $y''=\dfrac{2x(x^2+3)}{(x^2-1)^3}$,

令 $y''=0$,得拐点的横坐标为 $x=0$.

(3)列表讨论各区间上的单调性、凹凸性,如表 3-5 所示:

表 3-5

x	$(-\infty,-1)$	$(-1,0)$	0	$(0,1)$	$(1,+\infty)$
y'	−	−	−	−	−
y''	−	+	0	−	+
y	↘⌒	↘⌣	拐点(0,0)	↘⌒	↘⌣

(4)由 $\lim\limits_{x\to\infty}\dfrac{x}{x^2-1}=0$ 可知,$y=0$ 是函数的水平渐近线,而由 $\lim\limits_{x\to\pm1}\dfrac{x}{x^2-1}=\infty$ 可知,$x=\pm1$ 是函数的两条垂直渐近线,取辅助点 $M_1\left(3,\dfrac{8}{3}\right)$,$M_2\left(2,\dfrac{2}{3}\right)$,$M_3\left(\dfrac{3}{2},\dfrac{6}{5}\right)$,$M_4\left(-\dfrac{1}{2},\dfrac{2}{3}\right)$.

(5)描点作图(图 3-13).

习 题 3.2

1.判断题.

(1)若 x_0 为极值点,则 $f'(x_0)=0$. ( )

(2)若 $f'(x_0)=0$，则 x_0 为极值点. ( )

(3)若 x_0 为极值点，且 $f'(x_0)$ 存在，则 $f'(x_0)=0$. ( )

(4)极值点可以是边界点. ( )

(5)函数的极大值一定大于极小值. ( )

2.确定 $y=\dfrac{x^2-2x+2}{x-1}$ 的单调区间.

3.求函数 $f(x)=x^2-\ln(3x)^2$ 的极值.

4.试证明曲线 $y=\dfrac{x-1}{x^2+1}$ 有三个拐点位于同一直线上.

5.问 a 及 b 为何值时，点（1,3）为曲线 $y=ax^3+bx^2$ 的拐点.

6.一个容器中的水量 Q 随着时间的增加而增加，但增加量越来越少，试确定 Q 关于时间的一阶导数与二阶导数的符号.

7.求下列曲线的水平渐近线和垂直渐近线.

(1) $y=\dfrac{2x^2-8}{(x-1)(x+2)}$；

(2) $y=e^{\frac{1}{x}}$；

(3) $y=\ln(x-1)$；

(4) $y=\dfrac{x-1}{x-2}$.

8.作下列函数的图形.

(1) $y=x^2+\dfrac{1}{x}$；

(2) $y=xe^{-x}$.

9.（利润增长率的变化率）某工程建筑公司承包了一段公路的建设任务，建设周期至少要 3 年，如果这一公路的建设有以下两个可供选择的方案模型：

$$模型1：L_1(t)=\dfrac{3t}{t+1}，模型2：L_2(t)=\dfrac{t^2}{t+1}+2,$$

其中 L_1、L_2 表示利润（单位：百万元），t 为时间（单位：年），问：哪种方案的模型最优？

3.3 函数最值在优化问题中的应用

在生产生活中经常会遇到用料最省、效率最高、成本最低、利润最大等问题,这都是到数学中的最值问题,即**目标函数**的最优化,本节我们将讨论利用导数求解函数最值的方法.

引例 3.1 (**货车的最佳行驶速度**) 小王想租用一辆载重为 $5t$ 的货车将一批物资从长沙运往郴州. 为节省高速公路费,他安排司机走老公路. 若货车以 $xkm/h(40<x<65)$ 的速度行驶时,每升柴油可供货车行驶 $\dfrac{400}{x}km$,而此时柴油的价格为 5.6 元$/L$,同时小王付给司机的劳务费是 30 元$/h$,假设从长沙到郴州的路程为 $350km$,请帮小王确定"运输费用最低"时的货车行驶速度 x.

分析 设运输费用为 y 元,则上述问题可表述为"当货车行驶速度 $x=$? 时,运费 y 最小",这就是典型的"最值问题".

函数的最值与极值显然不是一个概念,怎样求最值呢?下面就来介绍最值的求解方法.

3.3.1 闭区间上连续函数的最值

由定理 1.10 可知,闭区间 $[a,b]$ 上的连续函数 $f(x)$ 在该区间上一定有最大值和最小值,且最值只能在极值点、区间端点或不可导点处取得,因此可用如下步骤可求解函数的最值:

(1) 求解方程 $f'(x)=0$ 得 $f(x)$ 在 (a,b) 内的所有驻点和不可导点;

(2) 计算 $f(x)$ 在各驻点、不可导点和区间端点处的函数值;

(3) 比较上述各函数值,其中最大的即为函数的最大值,最小的即为函数的最小值.

例 3.17 求函数 $f(x)=2x^3+3x^2-12x+1$ 在 $[-3,4]$ 上的最大值和最小值.

解 因为 $f(x)$ 是初等函数,在 $[-3,4]$ 上函数有定义且连续,所以在 $[-3,4]$ 上该函数必有最大值和最小值.

首先求导,即 $$f'(x)=6x^2+6x-12=6(x+2)(x-1),$$

令 $f'(x)=0$,得其驻点 $$x_1=-2, \quad x_2=1,$$

求出对应的极值和函数的端点值，即 $f(-3)=10$，$f(-2)=21$，$f(1)=-6$，$f(4)=129$.

比较上述函数值，得函数的最大值为 $f(4)=129$，最小值为 $f(1)=-6$.

3.3.2 最值在实际问题中的应用

在实际问题中，遇到求最值问题，往往需要先建立函数关系式，确定自变量的取值范围，再求最值，若函数有唯一驻点 x_0，而最值又确实存在，则该驻点对应的极值即为最值.

下面我们来求解引例 3.1 提出的最低运输费用问题.

解 设车行速度为 xm/h，总运输费用为 y（元），且运输费由支付给司机的劳务费和燃油费两部分构成，因此有

$$y = \frac{350}{x} \times 30 + 350 \div \frac{400}{x} \times 5.6, \quad (40 \le x \le 65).$$

接下来只需求上述目标函数的最小值.

先求导，即 $\quad y' = -\frac{10500}{x^2} + 4.9, \quad y'' = \frac{21000}{x^3},$

令 $y'=0$，得两驻点： $x_1 \approx -46.29$（舍去），$x_2 \approx 46.29$.

又 $y''(46.29) = \left.\frac{21000}{x^3}\right|_{x=46.29} > 0$，说明 $x_2 \approx 46.29$ 是函数的极小值点，且它是规定速度范围内的唯一驻点，所以 $x_2 \approx 46.29$ 为最小值点.

说明当货车以 $46.29 km/h$ 行驶时，小王需要支付的运输费用将达到最低.

随着燃油费不断上涨，汽车耗油已成为人们关注的焦点，控制行驶速度能达到降低油耗的目的，而改进汽车发动机的性能也能降低油耗.

案例 3.4 （发动机的最大功率）一汽车厂家在测试新开发的汽车发动机的效率时，发现发动机的效率 $p(\%)$ 与汽车速度 v（单位：km/h）的函数关系为

$p = 0.768v - 0.00004v^3$，问当汽车行驶速度为多少时，可使发动机效率达到最大？

解 先求效率函数的导数，即

$$p' = 0.768 - 0.00012v^2, \quad p'' = -0.00024v,$$

令 $p'=0$，得唯一驻点 $v=80$，且 $p''(80)<0$，说明 $v=80$ 是极大值点.

因此,当汽车速度为 $v=80km/h$ 时,汽车发动机的效率将达到最大.

案例 3.5 (运费最小问题)设工厂 A 到铁路线的垂直距离为 $20km$,垂足为 B,铁路线上距离 B 地 $100km$ 处有一原料供应站 C(图3-14),现要在铁路线 BC 上的某处 D 点修建一个车站,再由车站 D 向工厂 A 修一条公路,问 D 应选在何处,才能使得从原料站 C 运货到工厂 A 所需的费用最省. 已知 $1km$ 的铁路运费与公路运费之比为 $3:5$.

解 设车站 D 选在距离 B 处 xkm,即 $DB=xkm$,则 $DC=100-x$.

设在公路、铁路上每公里的运费分别为 $5k$,$3k$(k 为任意正常数),并设从 A 到 C 运送货物的总运费为 y,依据题意有:

$$y=5k\cdot\sqrt{400+x^2}+3k\cdot(100-x),\ (0\leq x\leq 100).$$

问题归结为:当自变量 x 在 $[0,100]$ 内取值时,求目标函数 y 的最小值. 根据求函数最值的步骤,先求得 $y'=k\left(\dfrac{5x}{\sqrt{400+x^2}}-3\right)$,令 $y'=0$,得到定义域内的唯一驻点 $x=15km$.

接下来计算出端点函数值和极值,

$$y|_{x=0}=400k,\ y|_{x=15}=380k,\ y|_{x=100}=500k\sqrt{1+\dfrac{1}{25}}.$$

因此,函数的最小值为 $y|_{x=15}=380k$,即当 $DB=15km$ 时,总运费最省.

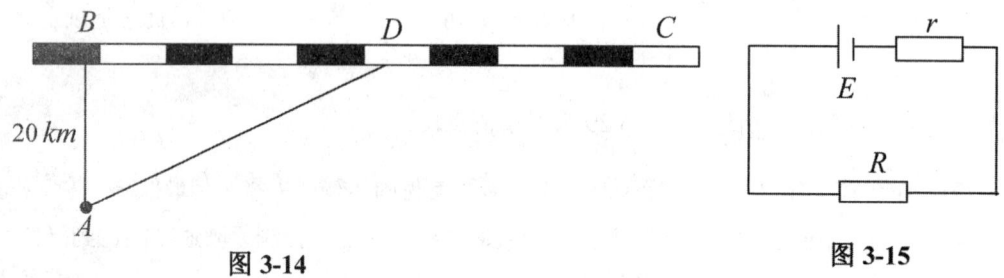

图 3-14   图 3-15

案例 3.6 (电路的最大电功率)设电源的电动势 E,内电阻 r 和外电阻 R 构成的闭合电路(图3-15),当 E 与 r 已知时,问电阻 R 等于多少,才能使 R 的电功率达到最大?

解 由欧姆定律可得 $I=\dfrac{E}{R+r}$,且 R 的电功率为

$$P=I^2R=\dfrac{E^2R}{(R+r)^2}(R\geq 0),$$

令 $P' = \dfrac{E^2(r-R)}{(R+r)^3} = 0$，得唯一驻点 $R = r$.

即当 $R = r$ 时，电源的输出功率达到最大，在电学中称这种情况为**阻抗匹配**.

案例 3.7 （吊车吊油灌问题）某厂有一个圆柱形油罐，其直径为 $6m$，高为 $2m$，想用吊臂长为 $15m$ 的吊车(车身高为 $1.5m$)把油罐吊到 $6.5m$ 高的平台上去，请你通过计算，判断油罐能否被吊上去？

分析 要判断油罐能否被吊到 $6.5m$ 高的平台上去，由于车身有 $1.5m$ 高，因此只需确定油罐能被吊起的最大高度是否会大于 $5m$.

解 设 $BC = h$，吊臂 EA 与水平线的夹角为 φ（图 3-16），则
$$h = BC = EB - ED - DC$$
$$= EA\sin\varphi - FD\tan\varphi - DC,$$
将已知条件 $EA = 15$，$FD = 3$，$DC = 2$ 代入上式，即得
$$h = 15\sin\varphi - 3\tan\varphi - 2 \ (0 < \varphi < \dfrac{\pi}{2}),$$
接下来求上述目标函数的最大值.

先求导，并令
$$h' = 15\cos\varphi - 3\sec^2\varphi = 0,$$
得 $\cos^3\varphi = 0.2$，即 $\cos\varphi = 0.5848$.

由此可得，函数在 $(0，90°)$ 内的唯一驻点为 $\varphi \approx 54°$.

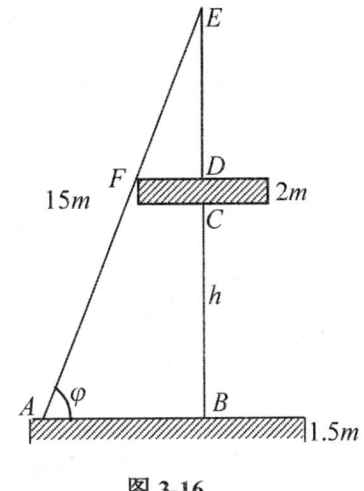

图 3-16

高度 h 的最大值肯定存在，且目标函数驻点唯一，即当 $\varphi \approx 54°$ 时，h 取最大值，且最大值为
$$h_{\max} = 15\sin 54° - 3\tan 54° - 2 \approx 6.$$

由于吊车身高为 $1.5m$，因而可将油罐吊到的最大高度约为 $1.5 + 6 = 7.5m$，明显有 $7.5 > 6.5$，即吊车肯定能将油罐吊到 $6.5m$ 高的平台上去.

习题 3.3

1. 求函数 $f(x) = x^3 + 3x^2 + 1$ 在 $[-5,5]$ 上的最大值和最小值.

2. （**石油管道的铺设**）要铺设一石油管道，将石油从炼油厂输送到石油灌装点，炼油厂附近有条宽 $2.5 km$ 的河，灌装点在炼油厂的对岸沿河下游 $10 km$ 处，已知在水中铺设管道的费用为 6 万元$/km$，在河边铺设管道的费用为 4 万元$/km$. 问怎样铺设管道，才能使总铺设费用最低？（提示：在河边找一点 P）

3. （**横梁的最大承载能力**）建筑工地上要把截面直径为 d 的圆木加工成矩形木料，用作水平横梁，问怎样加工才能使横梁的承载能力最大？（提示：矩形截面横梁承受弯曲的能力与横梁的抗弯截面系数 $\omega = \dfrac{1}{6}bh^2$ 成正比，其中 b 为矩形截面的底宽，h 为梁高.）

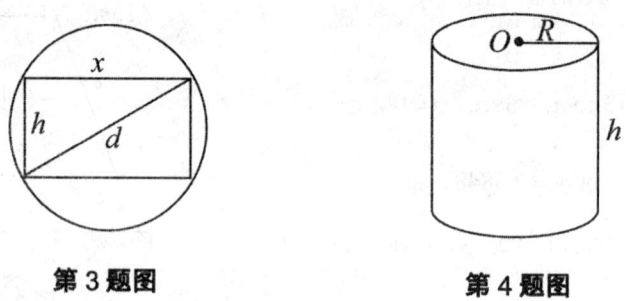

第 3 题图　　　　　　　　第 4 题图

4. （**易拉罐的设计**）如果把易拉罐视为圆柱体，你是否注意到 330 毫升铝质易拉罐的底面半径与罐高之比是 1:2，请你用数学知识解释其中的原理.

5. （**最大利润**）某快餐店汉堡包的价格与每月的需求量的关系为：$p(x) = \dfrac{60000 - x}{20000}$，且成本函数为 $C(x) = 5000 + 0.56x (0 \leq x \leq 50000)$，其中 x 表示需求量（产量），试问产量为多少时，快餐店可以获得最大利润？

6. （**最佳行驶速度**）人在雨中行走，速度不同可能导致淋雨量不同，即淋雨量是人行走速度的函数，设淋雨量 y 与行走速度 $v(m/s)$ 的函数关系为：$y = v^3 - 6v^2 + 9v + 4$，问行走速度为多少时，才能使淋雨量达到最小？

3.4 平面曲线的曲率

在建筑设计、土木施工、机械制造中,为了避免构件因弯曲过度而断裂,我们必须找到弯曲程度最大之处并加固. 在数学领域里,我们把描述曲线弯曲程度的量称为曲线的曲率.

3.4.1 曲率的概念及计算

定义 3.6 当点 A 沿曲线 $y = f(x)$ 运动到点 B 时(图 3-17),曲线的切线也随之转动,设切线转过的角度为 $\Delta\alpha$,对应的曲线上的弧长为 Δs,则我们用 $\left|\dfrac{\Delta\alpha}{\Delta s}\right|$ 来表示弧 AB 的**平均曲率**,它描述的是单位弧长上切线转角的弧度数. 当 $\Delta s \to 0$ (即 $B \to A$)时,极限

$$\lim_{\Delta s \to 0}\left|\dfrac{\Delta\alpha}{\Delta s}\right| = \left|\dfrac{d\alpha}{ds}\right|$$

称为曲线 $y = f(x)$ 在点 A 处的**曲率**,记作 k,即

$$k = \lim_{\Delta s \to 0}\left|\dfrac{\Delta\alpha}{\Delta s}\right| = \left|\dfrac{d\alpha}{ds}\right|.$$

平均曲率和曲率的单位都是"弧度/单位长". 曲率反映了曲线弯曲的程度,在实际问题中,如何计算曲率呢?下面我们先来讨论曲线弧长的微分公式.

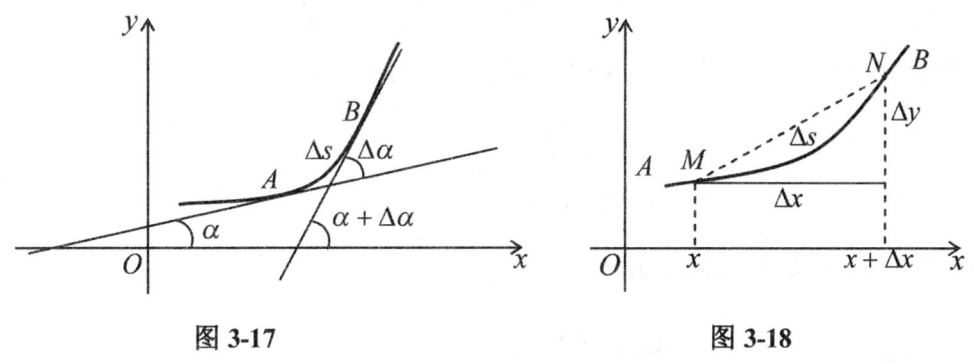

图 3-17   图 3-18

当 $\Delta x \to 0$ 时,弧 MN 无限趋向于弦 MN (图 3-18),因此弧长的微分可表示为

$$ds = \sqrt{(dx)^2 + (dy)^2},$$

即
$$ds = \sqrt{1+(\frac{dy}{dx})^2}\,dx, \quad 或 \quad ds = \sqrt{1+y'^2}\,dx, \qquad (3\text{-}4)$$

上述式(3-4)就是**弧微分公式**.

同时,我们还可以推导出公式

$$k = \frac{|y''|}{(1+y'^2)^{\frac{3}{2}}}. \qquad (3\text{-}5)$$

我们称式(3-5)为曲线的**曲率计算公式**,且在 $y'' = 0$ 的点处曲线的曲率为 0.

例 3.18 求半径为 R 的圆上任一点 (x, y) 处的曲率.

解 设圆方程为 $x^2 + y^2 = R^2$,则 $y = \pm\sqrt{R^2 - x^2}$,

且
$$y' = \frac{\mp x}{\sqrt{R^2 - x^2}}, \quad y'' = \frac{\mp R^2}{(R^2 - x^2)^{\frac{3}{2}}},$$

将上述两式代入式(3-5)有
$$k = \frac{|y''|}{(1+y'^2)^{\frac{3}{2}}} = \frac{1}{R}.$$

说明,圆上任一点处的曲率均为 $k = \dfrac{1}{R}$,且半径越大,曲率越小.

若将直线看作一个半径为无穷大的圆,则直线的曲率为 0.

例 3.19 求抛物线 $y = ax^2 + bx + c$ 上曲率最大的点的坐标?

解 由 $y = ax^2 + bx + c$,得 $y' = 2ax + b$,$y'' = 2a$,将其代入(3-5)式,可得

$$k = \frac{|2a|}{[1+(2ax+b)^2]^{\frac{3}{2}}},$$

要使 k 取得最大值,只需分母取最小值,即 $x = -\dfrac{b}{2a}$.

说明在抛物线上,顶点 $\left(-\dfrac{b}{2a}, \dfrac{4ac-b^2}{4a}\right)$ 处的曲率取得最大,此处弯曲程度也最大.

3.4.2 曲率圆和曲率半径

曲率虽能描述曲线的弯曲程度,但不能给人以直观形象,下面我们借助圆来直观表示曲率.

定义 3.7 若一个圆 C 和一条曲线 $y = f(x)$ 在 M 点处有公切线、有相同的凹向、有相同的曲率,则称圆 C 为曲线 $y = f(x)$ 在点 M 处的**曲率圆**,曲率圆的圆心叫做曲线在 M 点处的**曲率中心**,曲率圆的半径叫做曲线 $y = f(x)$ 在 M 点处的**曲率半径**.

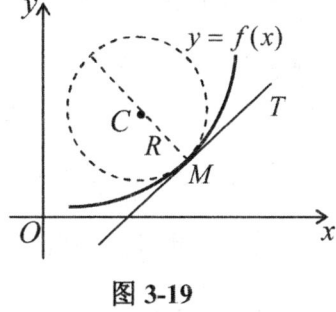

图 3-19

图 3-19 中,⊙C 即为曲线 $y = f(x)$ 的曲率圆,点 C 为曲率中心,它位于曲线在 M 点的法线上,R 即为曲率半径,因此曲线在 M 点处的曲率为 $k = \dfrac{1}{R}$,即

$$R = \frac{(1+y'^2)^{\frac{3}{2}}}{|y''|}.\tag{3-6}$$

上述式(3-6)即为曲线在给定点处的**曲率半径计算公式**.

3.4.3 曲率的应用

案例 3.8 (**砂轮的最大直径**) 设一个工件内表面的截线为抛物线 $y = 0.4x^2$,现要用砂轮磨削工件内表面(图 3-20),用直径为多大的砂轮会比较合适?

解 为了避免工件被磨削太多,但又保证砂轮与工件内表面充分接触,则砂轮半径应大于或等于抛物线上各点处曲率半径的最小值.

因为 $y' = 0.8x$,$y'' = 0.8$,所以有

$$y'|_{x=0} = 0,\quad y''|_{x=0} = 0.8,$$

于是

$$R = \left|\frac{(1+0^2)^{\frac{3}{2}}}{0.8}\right| = 1.25.$$

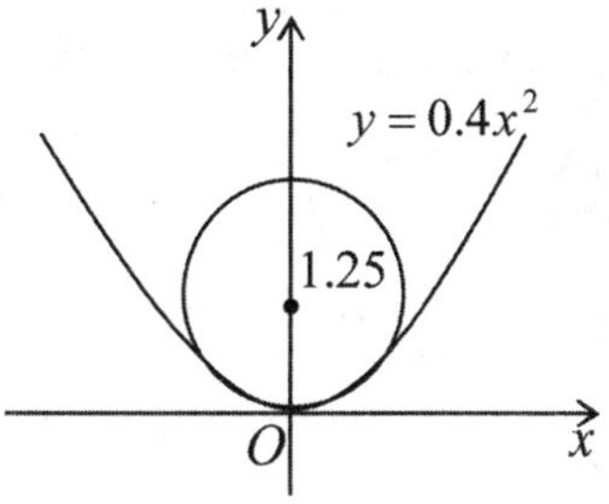

图 3-20

即选用的砂轮半径不得超过 1.25 个单位长,直径不能超过 2.5 个单位长.

对于一般的工件内表面，也有类似的结论，即选用的砂轮半径不应超过工件内表面的截线上各点处曲率半径中的最小值.

案例 3.9 （**直梁弯曲**）一个长度为 l 的直梁，搁置在支柱上（图 3-21），受均匀荷载 q 作用，选择梁的左端点为坐标原点，x 轴沿梁的轴线向右，y 轴向下，这时由材料力学的原理可知梁的挠曲线方程为 $y = \dfrac{q}{24EI}(l^3 x - 2lx^3 + x^4)$，（其中 EI 为正的常数），试找到该梁弯曲变形最大的位置.

解 由已知的挠曲线方程可知，

$$y' = \frac{q}{24EI}(l^3 - 6lx^2 + 4x^3), \quad y'' = \frac{q}{24EI}(-12lx + 12x^2).$$

在工程结构中考虑直梁的微小弯曲变形时，通常认为梁的弯曲程度非常小，此时梁偏离平衡位置的角度很小，挠曲线的切线与 x 轴的夹角也很小，即 $y' = \tan\alpha \approx 0$，因此，往往将式(3-5)中的 $(y')^2$ 略去，即得

$$k \approx |y''|, \tag{3-7}$$

于是，将上述 $y'' = \dfrac{q}{24EI}(-12lx + 12x^2)$ 代入式(3-7)，即得挠曲线的曲率为

$$k \approx |y''| = \frac{q}{24EI}(-12lx + 12x^2).$$

所以，当 $x = \dfrac{l}{2}$ 时，$k_{\max} = \dfrac{ql^2}{8EI}$，当 $x = 0$ 和 $x = l$ 时，$k_{\min} = 0$.

上述计算结果表明，在正中间位置处弯曲程度最大，两端几乎不弯曲，因此在施工设计时，要对中间位置进行强度的加固.

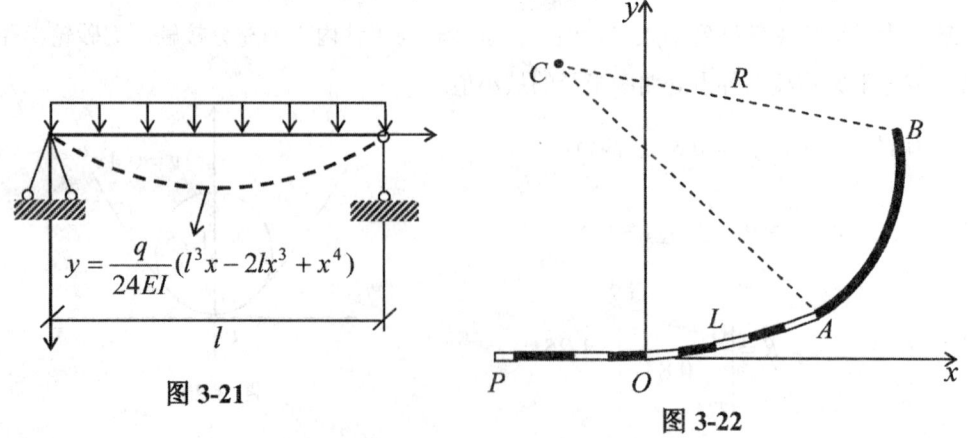

图 3-21

图 3-22

案例 3.10 （**缓冲曲线**）铁轨从直道进入圆弧弯道,会因接头处曲率突增、离心率突变而造成安全事故.为使列车平稳行驶,往往在直道和圆弧弯道之间衔接一条"缓冲曲线",使得曲率连续变化.在工程设计中通常用三次抛物线 $y=\dfrac{x^3}{6RL}$ 作为缓冲曲线,其中 L、R 分别表示缓冲曲线的长度和圆弧半径,且 $\dfrac{L}{R}$ 很小.请利用曲率的有关知识加以解释.

解 建立直角坐标系（图 3-22）,其中 PO 为直道,OA 为缓冲曲线,AB 是圆弧弯道.由于 $\dfrac{L}{R}$ 很小,因此有 $|OA|\approx L$,即点 A 坐标为 $(L,\dfrac{L^2}{6R})$.

接下来求缓冲曲线 OA 上每一点处的曲率,先求目标函数 $y=\dfrac{x^3}{6RL}$ 的导数,即

$$y'=\frac{x^2}{2RL},\qquad y''=\frac{x}{RL},$$

将上述结果代入式(3-6),得缓冲曲线的曲率为 $k\approx|y''|=\dfrac{x}{RL}$.

说明随着 x 的增大,曲率由 0 连续增大到 $\dfrac{1}{R}$.又因为 PO 是直道,即点 O 处的曲率为 $k|_O \approx y''|_{x=0}=0$,而 AB 是圆弧弯道,点 A 处的曲率为 $k|_A \approx y''|_{x=L}=\dfrac{1}{R}$,这就使得曲率在连续变化,从而避免了因曲率突增而引发的交通事故,这就是缓冲曲线的作用.

类似,"神舟六号"飞船发射后需要变轨,在变轨的节点处,也涉及到曲率圆的问题.

习题 3.4

1.求下列曲线的弧微分.

(1) $y=3x^3+2x$;   (2) $y=\sin x-\cos^3 x$

2.求下列各曲线在给定点处的曲率和曲率半径.

(1) $y=2x+3$,点 $(1,1)$;   (2) $y=\ln(x+2)$,点 $(0,0)$;

(3) $xy=1$ 点,$(1,1)$;   (4) $y=\sin x$,点 $(\dfrac{\pi}{4},\dfrac{\sqrt{2}}{2})$.

3.(**车对桥的压力**)汽车连同载重共 5 吨,在抛物线型拱桥上行驶,速度为 $26.1\,km/h$,桥的跨度为 $10\,m$,桥的矢高为 $0.25\,m$,求汽车越过桥顶时对桥的压力。

4.（挠曲线的曲率）有一个长度为 l 的悬臂直梁，一端固定在墙内，另一端自由，当自由端有力 p 作用时，梁发生微小的弯曲，如选择坐标系如图，其挠曲线方程为

$$y = \frac{p}{EI}\left(\frac{1}{2}lx^2 - \frac{1}{6}x^3\right),$$

其中 EI 为确定的正常数，试求该梁的挠曲线在 $x = 0$，$\frac{l}{2}$，l 处的曲率.

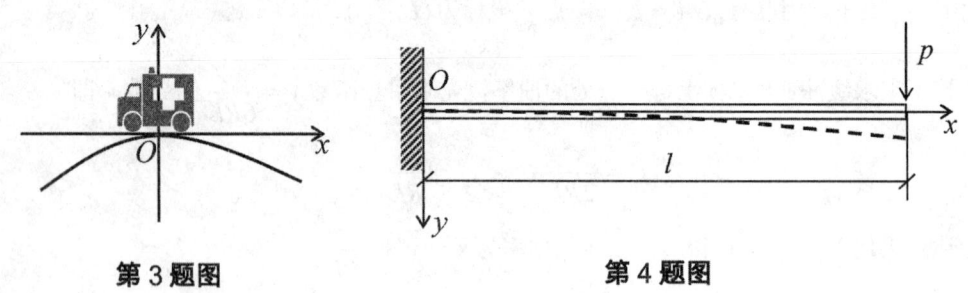

第 3 题图　　　　　　　　第 4 题图

复习题三

一、单选题

1. 如果在 $[a,b]$ 上 $f'(x)>0$ 且 $f(a)\cdot f(b)<0$，则方程 $f(x)=0$ 在 (a,b) 内（　　）.

   A. 无实根　　　　　　　　　　B. 有两个以上实根

   C. 只有两个实根　　　　　　　D. 只有一个实根

2. 下列极限可运用洛必达法则的是（　　）.

   A. $\lim\limits_{x\to\infty}\dfrac{\ln(1+x^2)}{x^3-x}$　　B. $\lim\limits_{x\to\infty}\dfrac{1-\sin x}{x}$　　C. $\lim\limits_{x\to-\infty}\dfrac{e^x+1}{e^x-1}$　　D. $\lim\limits_{x\to\infty}\dfrac{x-\sin 2x}{\sin x}$

3. 如果在 (a,b) 内，$f(x)$ 有唯一驻点 $x=x_0$，且 $f''(x)<0$，则 $f(x_0)$ 是 $f(x)$ 的（　　）.

   A. 极小值　　　B. 极大值　　　C. 最大值　　　D. 最小值

4. 在 $(0,+\infty)$ 内，$f(x)=1-\ln x$ 的图像是（　　）.

   A. 凹的　　　　B. 凸的　　　　C. 有凹有凸　　　D. 关于 x 轴对称

5. 下列哪个选项所表示的直线是函数 $y=2\ln\dfrac{x+3}{x}-3$ 的水平渐近线（　　）.

   A. $y=2$　　　B. $y=1$　　　C. $y=-3$　　　D. $y=0$

6. 下列函数在区间 $[-1,1]$ 上满足拉格朗日中值定理条件的是（　　）.

   A. $y=1-\sqrt[3]{x^2}$　　B. $y=(x+1)(x-1)$　　C. $y=\dfrac{1}{x}$　　D. $y=\dfrac{1}{x-1}$

二、判断题

1. 如果函数 $y=ax^2$ 在区间 $(1,+\infty)$ 内单调递减，则 a 大于零. （　　）

2. $\lim\limits_{x\to 0}\dfrac{1-\cos x}{1+x^2}=\lim\limits_{x\to 0}\dfrac{(1-\cos x)'}{(1+x^2)'}=\lim\limits_{x\to 0}\dfrac{\sin x}{2x}=\dfrac{1}{2}$. （　　）

3. 已知函数 $f(x)=\dfrac{1}{x}+x$，则 $f(x)$ 只有垂直渐近线，没有水平渐近线 （　　）

4.若 x_0 是函数 $f(x)$ 的极值点,且满足 $f''(x_0)>0$,则点 x_0 是极大值点. (　　)

5.设函数 $f(x)$,若在 x_0 点两侧 $f''(x)$ 异号,则 $f(x_0)$ 是拐点. (　　)

三、填空题

1. $\lim\limits_{x\to 0^+} x\ln x = $ ＿＿＿＿＿＿.

2. $\lim\limits_{x\to +\infty} \dfrac{x^2}{x+e^x} = $ ＿＿＿＿＿＿.

3.若函数 $f(x)$ 在点 $x=x_0$ 处的瞬时变化率为 2,则 $f'(x_0)=$ ＿＿＿＿＿＿.

4.函数 $f(x)$ 满足 $f(0)=0$,$f'(0)=1$,$f''(0)=-2$,则 $\lim\limits_{x\to 0}\dfrac{f(x)-x}{x^2}=$ ＿＿＿＿＿＿.

5.函数 $y=2x-\cos x$ 在区间＿＿＿＿＿＿内是单调递增的.

6.函数 $y=x^3-3x$ 的极大值为＿＿＿＿＿＿.

7.若函数 $y=a\ln x+bx^2+x$ 的极值点是 $x_1=1$,$x_2=2$,则 $a=$＿＿＿＿,$b=$＿＿＿＿.

8.函数 $y=x^3+5x$ 在区间 $[1,2]$ 上的最大值是＿＿＿＿,最小值是＿＿＿＿＿＿.

9.曲线 $y=-2x^3+3x^2+3$ 的凹区间为＿＿＿＿＿＿,凸区间为＿＿＿＿,拐点是＿＿＿.

10.椭圆 $\begin{cases} x=3\cos\theta \\ y=2\sin\theta \end{cases}$ 在 $\theta=0$ 处的曲率 $k=$＿＿＿＿,曲率半径 $R=$＿＿＿＿.

四、计算题

1.求下列函数的极限.

(1) $\lim\limits_{x\to 2}\dfrac{x^2+x-6}{x^2+4}$;

(2) $\lim\limits_{x\to 0}\dfrac{x-\sin x}{x^2+x}$;

(3) $\lim\limits_{x\to 0}\dfrac{e^x+e^{-x}-2}{x^2}$;

(4) $\lim\limits_{x\to 0}\dfrac{\sin x-x}{x\sin x}$;

(5) $\lim\limits_{x \to 0}(x+e^x)^{\frac{1}{x}}$；   (6) $\lim\limits_{x \to 1^+}(\ln x)^{x-1}$.

2. 血液从心脏流出，经主动脉后流到毛细血管，再通过静脉流回心脏. 医生建议了某病人在心脏收缩的一个周期内血压P（单位：$mm\,Hg$）的数学模型$P = \dfrac{25t^2 + 123}{t^2 + 1}$，$t$表示血液从心脏流出的时间（单位：$s$）. 问病人在心脏收缩的一个周期内，血压是单调增加的还是单调减少的？

3. 已知函数$f(x) = ax^3 + bx^2 + cx + d$有极值点$x_1 = 1$和$x_2 = 3$，曲线$y = f(x)$的拐点为$(2,4)$，在拐点处曲线的斜率等于$-3$，确定$a$，$b$，$c$，$d$的值，并作出函数的图像.

4. 现有一边长为20的正方形铁皮，欲从四个角截去四个边长为x的小正方形后围成一个无盖的铁盒，问x为多少时，盒子的容积最大？

5. 要在城市A和海岛B之间铺设一条地下光缆，如图，若每公里的铺设成本为：陆地区域$(y > 0)$是C_1，海底区域$(y < 0)$是C_2. 试证明：为使铺设光缆的成本最低，θ_1与θ_2应该满足的条件是：$C_1 \sin \theta_1 = C_2 \sin \theta_2$.

6. 一飞机沿抛物线路径$y = \dfrac{x^2}{10^4}$（y轴铅直向上，单位为米）做俯冲飞行，在坐标原点O处飞机的速度为$v = 200$米/秒，飞行员体重$G = 70$千克，求飞机俯冲至最低点即原点O处时，座椅对飞行员的反作用力.

7. 已知铁路上有半径为2的圆弧$\overset{\frown}{a}$和线段BC两部分，如图，拟用一条五次抛物线把点O与B连接起来，使火车在曲线$AOBC$上行驶能避免剧烈震动，写出这五次抛物线方程.

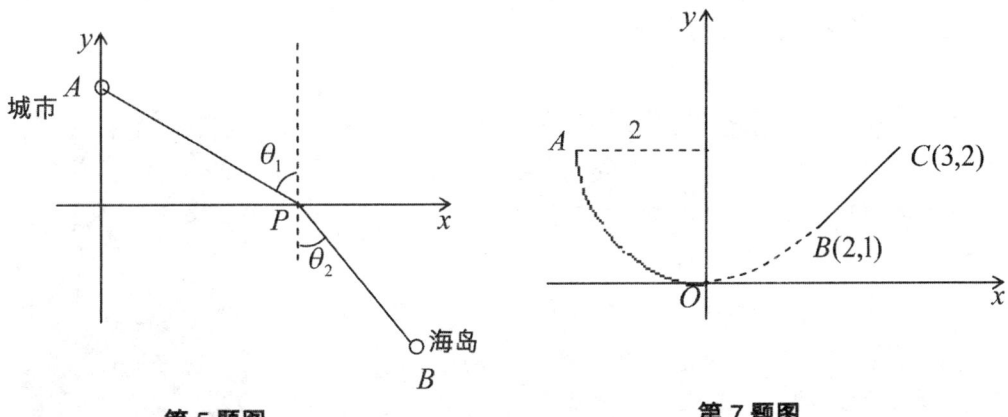

第5题图 　　　　　　　　　　第7题图

数学文化欣赏（三）
——微积分的创立与发展

一、什么是微积分？

微积分是一种数学思想，"无限细分"就是微分，"无限求和"就是积分."无限"就是"没有极限"，因此极限思想是微积分的基础，它是用一种运动的思想看待问题.比如子弹飞出枪膛的瞬间速度就是微分的概念，子弹每个瞬间所飞行的路程之和就是积分的概念.如果将整个数学比作一棵大树，那么初等数学是树的根，名目繁多的数学分支是树枝，而树干的主要部分就是微积分(Calculus).微积分是高等数学中研究函数微分（Differentiation）、积分(Integration)以及有关概念和应用的数学分支.其内容包括极限、微分学和积分学.

二、微积分产生的历史背景

微积分的创立，被誉为"人类精神的最高胜利".从17世纪开始，随着社会的进步和生产力的发展，航海、天文、矿山建设等众多领域出现了很多需要解决的问题，如物体的速度与位移的互求，天文学中飞行物体轨迹的确定，曲线的长度、几何体的表面积和体积计算、重心的确定，炮弹的最远射程等，这些都离不开微积分，在这样的背景下，微积分便应运而生了.

三、微积分的创立与发展

在17世纪上半叶，几乎所有的科学大师都致力于寻求这些问题的解决工具，他们的努力最终导致微积分的诞生.下面将简要介绍几位先驱者以及他们具有代表性的工作.

（一）笛卡尔与解析几何

变量数学的第一个里程碑就是解析几何的发明.

笛卡尔（Rene Descartes，1596-1650年，法国），他建立了历史上第一个坐标系，从而使曲线和方程建立了对应的联系——这就是解析几何最重要的思想，他把传统数学中两个对立的研究

笛卡尔

对象"数"与"形"统一了起来,并在数学中引入了变量思想,恩格斯对此给予了高度评价,他说:"数学的转折点是笛卡尔的变数,有了变数,运动进入了数学;有了变数,辩证法进入了数学,有了变数,微分和积分也就成为必要的了,而它们也立刻就产生."

(二)牛顿与"流数术"

牛顿(Newton,1642-1727年,英国)的"流数术"理论包括三类问题,"已知流量之间的关系,求它们的流数的关系",这相当于微分学;已知表示流数之间的关系的方程,求相应的流量间的关系,这相当于积分学.牛顿已完全清楚上述两类运算是互逆的运算,于是建立起微分学和积分学之间的联系.牛顿在1665年5月20日的一份手稿中提到"流数术",因而有人把这一天作为诞生微积分日,他在1671年写了《流数术和无穷级数》这本书,他指出变量是由点、线、面的连续运动而产生的,否定了以前自己认为的变量是无穷小元素的静止集合,他把连续变量叫做流动量,把流动量的导数叫做流数.

牛顿

莱布尼茨

(三)莱布尼兹与微积分

莱布尼茨(G. W. Leibniz,1646—1716年,德国)是一个博才多学的学者,从几何方面独立发现了微积分,他创立微积分的途径和方法与牛顿是不同的,当时还没有微积分的符号,他用语言陈述他的特征三角形导出的第一个重要结果——"由一条曲线的法线形成的图形,即将这些法线(圆的情形就是半径)按纵坐标方向置于轴上所形成的图形,其面积与曲线绕轴旋转而成的立体的面积成正比",1684年,他发表了现在世界上认为是最早的微积分文献,这篇文章有一个很长而且很古怪的名字《一种求极大极小和切线的新方法,它也适用于分式和无理量,以及这种新方法的奇妙类型的计算》.就是这样一篇说理也颇含糊的文章,却有划时代的意义.它已含有现代的微分符号和基本微分法则.1686年,莱布尼茨发表了第一篇积分学的文献.

在微积分的发展历程中,还有伯努利兄弟、泰勒、欧拉、达朗贝尔、拉格朗日、拉普拉斯等一大批的数学家为之奋斗,18世纪也成了"分析的世纪".微积分学的创立,极大地推动了数学的发展,很多初等数学束手无策的问题,运用微积分都能迎刃而解.但历史的发展总是伴随着矛盾而产生,牛顿和莱布尼茨的工作也都是很不完善的,他们在对无穷小量这个问题上,其说不一,十分含糊,牛顿的无穷小量,有时候是零,有时候不是零而是有限的小量,莱布尼茨也不能自圆其说。这些基础方面的缺陷,最终导致了第二次数学危机的产生.

四、微积分在中国的传播

微积分学在中国最早的传播人是李善兰.李善兰(1811-1882年),浙江海宁人,清代数学家、天文学家,曾在北京同文馆任数学教授.

李善兰在尖锥求积术、三角函数与对数的幂级数展开式、高阶等差级数求和等方面都进行了深入的研究,在素数论方面也有杰出成就,提出了判别素数的重要法则.他对有关二项式定理系数的恒等式也进行了深入研究,曾取各家级数论之长,归纳出以他的名字命名的"李善兰恒等式".

李善兰不仅在数学研究上有很深造诣,而且在代数学、微积分学的传播上也作出了不朽的贡献.在1852年至1859年间,他与英国传教士伟杰亚力合作翻译出版了三部著作:《几何原本》后9卷,英国数学家德摩根的《代数拾级》18卷、《谈天》18卷.他的大部分译著均是中国出版的第一部代数学、解析几何学、微积分学著作,例如《代数学》、《代微积拾级》.李善兰不懂外语,由伟烈亚力口译,李善兰笔述.但李善兰不只是抄录整理,而是基于对微积分等数学内容的深入理解以及对中国传统数学的承袭基础上进行再加工创造,他创设的很多名词,例如:变量、微分、积分、代数学、数学、数轴、曲率、曲线、极大、极小、无穷、根、方程式等,一直沿用至今.

第 4 章 积分及其应用

微积分是微分和积分的统称,它的萌芽、发生和发展历经了漫长的时期.微分思想是无限分割,积分思想是无限累加.古希腊数学家阿基米德在《抛物线求积法》中用穷竭法求出抛物线弓形的面积,称为积分学的萌芽.随着科技的发展,更多数值的精确度要求提高,比如几何体的面积、体积,物理量的累积效应等.

定积分的思想可追溯到古希腊.公元前5世纪德谟克利特(Democritus,公元前460-370年)认为线段、面积和立体都是由一些不可再分的原子构成的,而面积、体积就是将这些原子累加起来,他还利用原子论求出了圆锥的体积,虽说这种推理方法不够严谨,但却带有古朴的积分思想.公元前3世纪数学家、物理学家阿基米德(公元前287-212年)将穷竭法和原子论相结合,求出了抛物线弓形的面积及阿基米德螺线第一周围成的区域的面积,其方法是"分割—求和—逐次逼近".同时古希腊人在丈量形状不规则的土地时,先尽可能地用规则图形(如矩形和三角形等)把要丈量的土地分割成若干小块,忽略边边角角的不规则小块,计算出每一规则图形的面积,相加即得整块土地面积的近似值.这些都是积分思想的萌芽.

一元函数的微分学是研究如何求已知函数的导数问题,但在科学技术中,常常需要研究其相反问题:求一个未知函数,使其导函数恰好是某已知的函数.本章将从以上问题出发,引进不定积分和定积分的概念、性质和积分法,从而解决有关的实际问题.

4.1 不定积分的概念及性质

我们学过了很多互逆的运算,如加法与减法、乘法与除法、乘方与开方、三角与反三角等,其实求导也有逆运算,即已知某函数的导函数,要求原来的函数.

引例 4.1 (曲线的切线)已知平面曲线 $y = f(x)$ 上任意点处的切线斜率为 $f'(x) = 2x$,求该曲线的函数表达式.

分析 本例是已知导函数 $f'(x) = 2x$,要求原来的函数 $y = f(x)$.

上述问题反映的就是不定积分的思想.

4.1.1 原函数

定义 4.1 对区间 I 内的任意 x,若都有 $F'(x) = f(x)$,我们就称 $f(x)$ 是 $F(x)$ 的导函数,而函数 $F(x)$ 则称为 $f(x)$ 在区间 I 上的一个**原函数**.

例如:因为 $(x^2 + 1)' = 2x$,所以 $x^2 + 1$ 是 $2x$ 的原函数.

定理 4.1 (原函数存在定理)若函数 $f(x)$ 在某区间 I 上是连续的,则 $f(x)$ 在 I 上一定存在原函数,即连续函数一定有原函数.

定理 4.2 (原函数结构定理)若函数 $f(x)$ 有原函数,则它有无数多个原函数;若 $F(x)$ 是 $f(x)$ 的一个原函数,则 $f(x)$ 的任一原函数都可以表示为 $F(x) + C$(C 为任意常数).

例如,$(\sin x)' = \cos x$,$(\sin x + 3)' = \cos x$,说明 $\sin x$ 和 $\sin x + 3$ 都是 $\cos x$ 的原函数,且 $\cos x$ 的原函数可表示为 $\sin x + C$(C 为任意常数).

4.1.2 不定积分的概念

定义 4.2 若函数 $F(x)$ 是 $f(x)$ 的原函数,则 $f(x)$ 的所有原函数可表示为 $F(x) + C$,我们称之为**不定积分**,记作 $\int f(x)dx$,其中"$\int$"为积分号,$f(x)$ 是**被积函数**,$f(x)dx$ 为**被积表达式**,x 为积分变量,即

$$\int f(x)dx = F(x) + C,\text{其中 } C \text{ 为积分常数}.$$

例如，因为 $(x^3)' = 3x^2$，所以 $3x^2$ 的不定积分是 $x^3 + C$.

不定积分简称为**积分**，求不定积分的运算和方法分别称为**积分运算**和**积分法**.

例 4.1 求 $\int x^3 dx$.

解 因为 $\left(\dfrac{1}{4}x^4\right)' = x^3$，所以 $\dfrac{1}{4}x^4$ 是 x^3 的一个原函数，从而有

$$\int x^3 dx = \frac{1}{4}x^4 + C.$$

通常我们把 $f(x)$ 的一个原函数 $F(x)$ 的图像称为 $f(x)$ 的一条**积分曲线**，显然，不定积分 $\int f(x)dx$ 即为积分曲线 $y = F(x)$ 沿 y 轴上下平移而得到的一族积分曲线，我们称之为**积分曲线族**（图 4-1），这就是不定积分的几何意义.

从图 4-1 中还可以看出，在积分曲线族上，横坐标相同的点处的切线也会互相平行，即导数相等.

引例 4.1 中，所求函数即为

$$f(x) = \int 2x dx = x^2 + C,$$

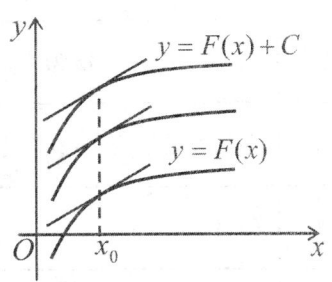

图 4-1 不定积分的几何意义

它表示无数条互相"平行"的曲线，即一组积分曲线族.

4.1.3 不定积分的性质

根据不定积分的定义和导数的运算法则，我们可得到如下性质：

性质 4.1 $\int F'(x)dx = F(x) + C$，即"先导再积，相差常数".

性质 4.2 $\left[\int f(x)dx\right]' = f(x)$，即"先积再导，作用互抵".

比如：$\left[\int e^x \arcsin x dx\right]' = e^x \arcsin x$，$\int (2x^2 \tan x)' dx = 2x^2 \tan x + C$.

这也就表明，求不定积分和求导数（或微分）互为逆运算.

性质 4.3 被积函数中非零常数因子可提到积分号的前面. 即

$$\int kf(x)dx = k\int f(x)dx \quad (k \text{ 是常数}, k \neq 0).$$

性质 4.4 有限个函数代数和的不定积分等于各个函数不定积分的代数和. 即

$$\int [f(x) \pm g(x) \cdots \pm h(x)] dx = \int f(x) dx \pm \int g(x) dx \pm \cdots \pm \int h(x) dx.$$

性质 4.3 和性质 4.4 统称为**不定积分的线性运算**.

4.1.4 基本积分公式

求积分和求导数是互逆运算,从导数公式可得其相应的积分公式,现列表如下.

表 4-1 基本积分公式

序号	$F'(x) = f(x)$	$\int f(x) dx = F(x) + C$
1	$(C)' = 0$(C 为常数)	$\int dx = x + C$(C 为常数)
2	$(x^\alpha)' = \alpha x^{\alpha-1}$($\alpha$ 为实数)	$\int x^\alpha dx = \dfrac{x^{\alpha+1}}{\alpha+1} + C$($\alpha$ 是常数且 $\alpha \neq -1$)
3	$(a^x)' = a^x \ln a$($a > 0$ 且 $a \neq 1$)	$\int a^x dx = \dfrac{a^x}{\ln a} + C$($a > 0$,且 $a \neq 1$)
4	$(e^x)' = e^x$	$\int e^x dx = e^x + C$
5	$(\ln x)' = \dfrac{1}{x}$	$\int \dfrac{1}{x} dx = \ln|x| + C$($x \neq 0$)
6	$(\cos x)' = -\sin x$	$\int \sin x \, dx = -\cos x + C$
7	$(\sin x)' = \cos x$	$\int \cos x \, dx = \sin x + C$
8	$(\tan x)' = \sec^2 x$	$\int \sec^2 x \, dx = \int \dfrac{1}{\cos^2 x} dx = \tan x + C$
9	$(\cot x)' = -\csc^2 x$	$\int \csc^2 x \, dx = \int \dfrac{1}{\sin^2 x} dx = -\cot x + C$
10	$(\sec x)' = \sec x \cdot \tan x$	$\int \sec x \tan x \, dx = \sec x + C$
11	$(\csc x)' = -\csc \cdot \cot x$	$\int \csc x \cot x \, dx = -\csc x + C$
12	$(\arcsin x)' = \dfrac{1}{\sqrt{1-x^2}}$	$\int \dfrac{1}{\sqrt{1-x^2}} dx = \arcsin x + C$
13	$(\arctan x)' = \dfrac{1}{1+x^2}$	$\int \dfrac{1}{1+x^2} dx = \arctan x + C$

以上基本积分公式可用微分法验证,并且它们也是计算不定积分的基础,必须熟记.

利用不定积分的性质、基本积分公式可以直接计算一些比较简单的不定积分,这种积分方法我们称之为**直接积分法**.

例 4.2 求 $\int (x^2 - \sin x - 3^x + 2)dx$.

解 利用直接积分法,有

$$原式 = \int x^2 dx - \int \sin x dx - \int 3^x dx + 2\int dx$$

$$= \frac{1}{3}x^3 + \cos x - \frac{3^x}{\ln 3} + 2x + C.$$

注 每一项积分本应都有一个积分常数,但若干个积分常数的代数和仍为任意常数,因此最后结果中只出现了一个 C.

例 4.3 求 $\int \frac{x^4}{x^2+1}dx$.

解 原式 $= \int \frac{x^4 - 1 + 1}{x^2 + 1}dx = \int \left(x^2 - 1 + \frac{1}{x^2+1}\right)dx$

$$= \int x^2 dx - \int 1 dx + \int \frac{1}{x^2+1}dx = \frac{1}{3}x^3 - x + \arctan x + C.$$

注 要检验积分计算是否正确,只需对积分结果求导,看它是否等于被积函数.

案例 4.1 (电流函数)一电路中电流关于时间的变化率为 $\frac{di}{dt} = 4t - 0.6t^2$,若 $t=0$ 时,瞬间电流 $i = 2A$,求电流 i 关于时间 t 的函数.

解 由于电流 i 关于时间 t 的变化率即为电流函数的导数,即 $i'(t) = \frac{di}{dt} = 4t - 0.6t^2$,有

$$i(t) = \int (4t - 0.6t^2)dt = 2t^2 - 0.2t^3 + C.$$

将已知条件 $t=0$,$i=2A$ 代入上式,得常数 $C=2$,因此电流 i 关于时间 t 的函数为

$$i(t) = 2t^2 - 0.2t^3 + 2.$$

案例 4.2 (列车制动)列车进站前须减速,若减速后的速度为 $v(t) = 1 - \frac{1}{3}t$ $(km/\min)$,问列车应该在离站台多远的地方开始制动?

解 列车从开始制动到停下,须经过 $3\min$,而由 $v(t) = s'(t)$ 可知,列车的运动函数为

$$s(t) = \int v(t)dt = \int (1 - \frac{1}{3}t)dt = t - \frac{1}{6}t^2 + C.$$

将 $t = 0$，$s = 0$ 代入上式，解得 $C = 0$，故列车的运动函数为 $s(t) = t - \frac{1}{6}t^2$.

因此，$s(3) = 3 - \frac{1}{6} \times 9 = 1.5$，即列车离站台 $1.5km$ 时就要开始减速.

案例 4.3 （环境污染治理）一造纸厂向湖中排出含有四氯化碳(CCl_4)的污水，已知污水排放的速度为 $12m^3$/年. 当环保局得知这一情况后，立即勒令该厂安装过滤装置，减慢（并最终停止）自工厂向湖中排出四氯化碳的速度. 这一计划的实施正好花了 3 年时间，在此期间污染物质流量稳定在 $12m^3$/年. 当过滤装置安装完毕后，流量开始下降. 从过滤器安装完毕到液流停止，液流的速度 v（单位：m^3/年）为 $v = 0.75(t^2 - 14t + 49)$，其中 t（单位：年）是从过滤器安装完毕开始的时间.

(1) 从环保局得知情况到污水完全停止花了多长时间？

(2) 在(1)的所述时间内有多少四氯化碳被排放到湖中？

解 (1) 由方程 $v = 0.75(t^2 - 14t + 49) = 0$ 可得 $t = 7$，即从环保局得知情况到污水完全停止花了 10 年时间.

(2) 设从过滤器装好开始第 $t(0 \le t \le 7)$ 年的排放量为 $Q(t)$，则 $Q(0) = 12 \times 3 = 36$，同时排放量与排放速度的关系为：$Q'(t) = v(t)$，因此有

$$Q(t) = \int v(t)dt = \int 0.75(t^2 - 14t + 49)dt = 0.25t^3 - 5.25t^2 + 36.75t + C.$$

将 $t = 0$，$Q = 36$ 代入上式，解得常数 $C = 36$.

于是，有 $Q(t) = 0.25t^3 - 5.25t^2 + 36.75t + 36 \ (0 \le t \le 7)$.

故 10 年内，工厂向湖中共排放了 $Q(7) = 121.75m^3$ 的污水.

习题 4.1

1. 思考：若 $(x^4)' = 4x^3$，请回答下列问题.

   (1) x^4 是 $4x^3$ 的一个原函数吗？ (2) $4x^3$ 的原函数只有一个吗？

   (3) 你能把 $4x^3$ 的所有的原函数都写出来吗？ (4) 求 $4x^3$ 的不定积分.

2. 已知 $\ln(x^2+1)$ 为 $f(x)$ 的一个原函数，则下列（ ）也是 $f(x)$ 的原函数.

   A. $\ln(x^2+2)$ B. $\ln(x^2+1)+1$ C. $\ln(2x^2+2)$ D. $2\ln(x^2+1)$

3. 填空.

   (1) $(\underline{})' = x^3$， $\int x^3 dx = \underline{}$； (2) $(\underline{})' = \dfrac{1}{x}$， $\int \dfrac{1}{x} dx = \underline{}$.

4. 判断函数 $F(x) = x(\ln x - 1)$ 是 $f(x) = \ln x$ 的原函数吗？并计算 $\int f'(x) dx$ 的结果.

5. 求下列不定积分.

   (1) $\int (x^3 - x^{-2} + 5) dx$； (2) $\int x^2 \sqrt{x} dx$；

   (3) $\int e^{-x} dx$； (4) $\int \cos 2x dx$；

   (5) $\int \dfrac{x^2-1}{x^2+1} dx$； (6) $\int \cos^2 \dfrac{x}{2} dx$.

6. 已知曲线的切线的斜率为 $k = \dfrac{1}{4}x$，$x \in (-\infty, +\infty)$，

   (1) 求积分曲线族； (2) 求通过点 $\left(2, \dfrac{5}{2}\right)$ 的积分曲线。

7. 已知物体以速度 $v = 2t^2 + 1(m/s)$ 作直线运动，当 $t = 1s$ 时，物体经过的路程为 $3m$，求物体的运动方程.

8. (冰的厚度函数) 池塘结冰的速度由 $\dfrac{dy}{dt} = k\sqrt{t}$ 给出，其中 y 是自结冰起到时刻 t（单位：小时）时冰的厚度（单位：厘米），t 是正常数，求 y 关于 t 的函数.

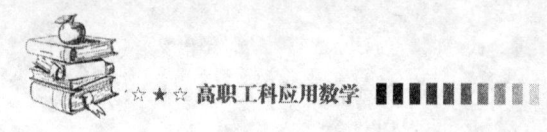

4.2 不定积分的换元积分法和分部积分法

引例 4.2 （太阳能的能量）某一太阳能的能量 f 相对于太阳能接触的表面面积 s 的变化率为 $\dfrac{df}{ds} = \dfrac{0.03}{\sqrt{0.02s+1}}$，且当 $s=0$ 时，$f=3$，求太阳能的能量 f 的表达式.

分析 已知变化率，即已知 $f'(s)$，要求 $f(s)$，这就是不定积分，根据不定积分的定义，则太阳能的能量可表示为 $f(s) = \displaystyle\int \dfrac{0.03}{\sqrt{0.02s+1}} ds$.

我们发现该积分的被积函数是复合函数.当被积函数比较复杂，尤其涉及到复合函数求积分时，直接积分法有了一定的局限性，因此我们还需要进一步学习更多求不定积分的方法.最常用的积分法有"换元积分法"和"分部积分法".换元积分法又分线性换元法、第一类换元积分法和第二类换元积分法.

4.2.1 第一类换元积分法（凑微分法）

利用直接积分法，我们可以得到 $\displaystyle\int x^2 dx = \dfrac{1}{3}x^3 + C$，$\displaystyle\int u^2 du = \dfrac{1}{3}u^3 + C$，你发现了什么规律？请依据你发现的规律，填空：$\displaystyle\int (2x-1)^2 d(2x-1) = $ _____.

以上就是不定积分中的**变量一致原理**，即将不定积分式中的变量换成其他变量，积分式依然成立，这其实就是一种"**换元**"思想.

例 4.4 求 $\displaystyle\int \sin 3x dx$.

解 本例为复合函数的不定积分，由于有

$$dx = \dfrac{1}{3}d(3x),$$

所以

$$\int \sin 3x dx = \dfrac{1}{3}\int \sin 3x d(3x),$$

若令 $3x = u$，则

$$原式 = \dfrac{1}{3}\int \sin u du = -\dfrac{1}{3}\cos u + C,$$

再将 u 替换成 $3x$，可得

$$\int \sin 3x dx = -\frac{1}{3}\cos 3x + C.$$

这种通过变量代换求积分的方法就称为换元积分法.

定理 4.3 （第一类换元积分法）一般地，若 $f(u)$ 具有原函数 $F(u)$，且 $u=\varphi(x)$ 具有连续的导数，则有换元公式

$$\int f[\varphi(x)]\varphi'(x)dx = F[\varphi(x)] + C,$$

我们把这样的积分法称为**第一类换元积分法**.

利用这种方法求不定积分，主要的步骤是：

(1) 凑微分，即

$$\int f[\varphi(x)]\varphi'(x)dx = \int f[\varphi(x)]d[\varphi(x)];$$

(2) 做变量代换，令 $u=\varphi(x)$，有

$$\int f[\varphi(x)]d(\varphi(x)) = \int f(u)du;$$

(3) 利用基本积分公式求出 $f(u)$ 的原函数 $F(u)$，得

$$\int f(u)du = F(u) + C;$$

(4) 代回原来的变量，将 $u=\varphi(x)$ 代入，得

$$\int f[\varphi(x)]\varphi'(x)dx = F[\varphi(x)] + C.$$

此方法是利用换元的思想，将不定积分"**凑**"成基本积分公式中的不定积分，从而计算结果，因此第一类换元法也叫"**凑微分法**"，其关键是选择最恰当的变量来代换 $u=\varphi(x)$.

凑微分法中最简单的是**线性凑微分**，根据微分公式，有 $dx = \frac{1}{a}d(ax+b)(a\neq 0)$.

例 4.5 求 $\int (2x+3)^4 dx$.

解 本例可运用"线性微分法"，且有 $dx = \frac{1}{2}d(2x+3)$，则

$$\int (2x+3)^4 dx = \int (2x+3)^4 \frac{1}{2}(2x+3)'dx \quad \text{（凑微分）}$$

$$= \frac{1}{2}\int (2x+3)^4 d(2x+3) \quad \text{（换元，令 } u=2x+3\text{）}$$

$$= \frac{1}{2}\int u^4 du \quad \text{（积分）}$$

$$= \frac{1}{10}u^5 + C \quad\quad (回代 u = 2x+3)$$

$$= \frac{1}{10}(2x+3)^5 + C.$$

本题也可将 $(x+3)^4$ 展开逐项求积分. 对凑微分法较熟练后, 可省略换元过程.

对于**引例 4.3** 提出的问题, 我们可以做如下求解, 太阳能的能量函数为

$$f(s) = \int \frac{0.03}{\sqrt{0.02s+1}} ds$$

$$= \frac{0.03}{0.02} \int \frac{1}{\sqrt{0.02s+1}} d(0.02s+1) = 3\sqrt{0.02s+1} + C,$$

将已知 $s=0$, $f=3$ 代入上式, 得常数 $C=0$.

因此, 所求太阳能的能量函数为 $f(s) = 3\sqrt{0.02s+1}$.

案例 4.4 （电能消耗）某城市的电能消耗连续以每年 7% 的速率呈指数规律增长. 假定这个趋势一直继续下去, 且初始消耗速率为 1400 万（单位: $MW \cdot h/$ 年）.

(1) 写出从 2010 年以来电能消耗速率关于时间 t（单位: 年）的函数的表达式.

(2) 若 2010 年电能消耗为 1000 万, 求 2010 年到 2020 年内电力消耗总量.

解 (1) 根据题意, 电能消耗速率呈指数规律增长, 则电能消耗速率满足关系式

$$y = Ce^{0.07t}, \quad (\text{其中 } t \text{ 是从 2010 年开始的时间}).$$

已知初始速率为 1400 万, 即 $t=0$ 时, $y=1400$, 将其代入上式, 可得 $C=1400$, 因此, 2010 年以来电能消耗速率的函数表达式为: $y = 1400e^{0.07t}$.

(2) 设 $F(t)$ 为从 2000 年开始 t 年后的电能消耗总量, 则有

$$F(t) = \int y(t)dt = \int 1400e^{0.07t} dt$$

$$= \frac{14000}{0.07} \int e^{0.07t} d(0.07t) = 20000e^{0.07t} + C.$$

将 $t=0$, $F=1000$ 代入上式, 解得常数 $C=-19000$, 即得

$$F(t) = 20000e^{0.07t} - 19000,$$

故 10 年内消耗的电力总量为 $F(10) = 20000e^{0.7} - 19000 \approx 21275$ 万（单位: $MW \cdot h$）.

另一种凑微分法就是**非线性凑微分**. 若被积函数是两个函数的乘积, 通常将一个函数保留在被积函数位置, 而另一个函数与 dx 组合, 如 $\frac{1}{x}dx = d(\ln x)$, $\sin x dx = -d(\cos x)$ 等.

例 4.6 求下列积分值.

(1) $\int \frac{\ln^2 x}{x}dx$;   (2) $\int \frac{\cos x}{\sqrt{\sin x}}dx$.

解 上述两个不定积分的被积函数都是两个函数的乘积, 我们采用"凑微分法".

(1) 利用等式 $(\ln x)' = \frac{1}{x}$, 即

$$原式 = \int (\ln^2 x) \cdot (\ln x)' dx = \int (\ln^2 x) d(\ln x)$$

$$\xrightarrow{\text{令} u = \ln x} \int u^2 du = \frac{1}{3}u^3 + C \xrightarrow{\text{回代} u = \ln x} \frac{1}{3}\ln^3 x + C.$$

(2) 根据 $(\sin x)' = \cos x$, 有

$$原式 = \int \frac{1}{\sqrt{\sin x}}(\sin x)' dx = \int \frac{1}{\sqrt{\sin x}}d(\sin x)$$

$$= \int (\sin x)^{-\frac{1}{2}} d(\sin x) = 2\sqrt{\sin x} + C.$$

除此之外, 还有的被积函数必须通过代数恒等变形或三角恒等变形, 再积分, 如

$$\int \frac{x}{1+x}dx = \int 1 dx - \int \frac{1}{1+x}dx, \quad \int \cos^2 x dx \text{ 等}.$$

4.2.2 第二类换元积分法（变量置换法）

第一类换元积分法是通过变量代换 $u = \varphi(x)$, 将 $\int f[\varphi(x)]\varphi'(x)dx$ 化为 $\int f(u)du$, 但有时我们会遇到相反的情形, 即 $\int f(u)du$ 不容易求, 而是要选择变量代换 $x = \psi(t)$, 从而使 $\int f(x)dx = \int f[\psi(t)] \cdot \psi'(t)dt$, 将 t 作为积分变量求出原积分, 我们称为第二类换元积分法.

定理 4.4 （第二类换元积分法）一般地, 设函数 $x = \psi(t)$ 单调可导, 且

$\int f[\psi(t)]\psi'(t)dt$ 具有原函数 $F(t)$，则有换元公式

$$\int f(x)dx = \int f[\psi(t)]\cdot\psi'(t)dt = F[\varphi^{-1}(x)] + C.$$

这就是**第二类换元积分法**，或称为**变量置换法**，其中 $t = \psi^{-1}(x)$ 是 $x = \psi(t)$ 反函数.

第二类换元积分法的关键是选择适当的变量代换 $x = \psi(t)$，使得积分易于计算，具体的步骤如下：

$$\int f(x)dx = \int f[\psi(t)]\psi'(t)dt \quad (\text{变量代换，令 } x = \psi(t))$$

$$= F(t) + C \quad (\text{积分})$$

$$= F[\varphi^{-1}(x)] + C \quad (\text{用反函数 } t = \psi^{-1}(x) \text{ 回代}).$$

下面针对被积函数的结构不同，介绍两种典型的变量置换法：根式代换和三角代换.

1. 根式代换法（无理代换法）

例 4.7 求 $\int \dfrac{\sin\sqrt{x}}{\sqrt{x}} dx$.

解 令 $t = \sqrt{x}$，即 $x = t^2$，$dx = 2tdt$，于是

$$\text{原式} = \int \frac{\sin t}{t} dt^2 = \int \frac{\sin t}{t} \cdot 2tdt$$

$$= 2\int \sin t dt = -2\cos t + C$$

$$= -2\cos\sqrt{x} + C$$

以上方法称为**根式代换法**，一般用来解决被积函数中带有根式的求积分运算.

例 4.8 求不定积分 $\int \dfrac{x}{\sqrt{x-1}} dx$.

解法一 令 $\sqrt{x-1} = t$，则 $x = t^2 + 1$，$dx = d(t^2 + 1) = 2tdt$，

$$\text{原式} = \int \frac{t^2 + 1}{t} \cdot 2tdt$$

$$= 2\int (t^2 + 1)dt = \frac{2}{3}t^3 + 2t + C$$

$$= \frac{2}{3}(x-1)^{\frac{3}{2}} + 2\sqrt{x-1} + C.$$

解法二 本例也可以直接变形，再利用运算法则和换元积分法，即

$$原式 = \int \frac{(x-1)+1}{\sqrt{x-1}} dx = \int \sqrt{x-1}\, dx + \int \frac{1}{\sqrt{x-1}} dx = \frac{2}{3}(x-1)^{\frac{3}{2}} + 2\sqrt{x-1} + C$$

2. 三角代换法

一般地，**三角代换法**是利用三角函数的公式，主要有以下三种情况：

(1) 若被积函数中含有 $\sqrt{a^2 - x^2}$，则可令 $x = a\sin t$；

(2) 若被积函数中含有 $\sqrt{x^2 + a^2}$，则可令 $x = a\tan t$；

(3) 若被积函数中含有 $\sqrt{x^2 - a^2}$，则可令 $x = a\sec t$；

(其中 $-\frac{\pi}{2} < t < \frac{\pi}{2}$) （图 4-2）.

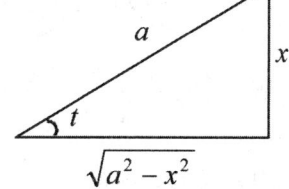

图 4-2 三角代换

例 4.9 求 $\int \sqrt{a^2 - x^2}\, dx\, (a > 0)$.

解 令 $x = a\sin t$，$(-\frac{\pi}{2} < t < \frac{\pi}{2})$，则有：$t = \arcsin \frac{x}{a}$，$dx = a\cos t\, dt$，于是有

$$\sqrt{a^2 - x^2} = a\sqrt{1 - \sin^2 t} = a\cos t,$$

因此，$\int \sqrt{a^2 - x^2}\, dx = \int a\cos t \cdot a\cos t\, dt = \int a^2 \cos^2 t\, dt$

$$= a^2 \int \frac{1 + \cos 2t}{2} dt = \frac{a^2}{2}(t + \frac{1}{2}\sin 2t) + C$$

$$= \frac{a^2}{2} \arcsin \frac{x}{a} + \frac{x}{2}\sqrt{a^2 - x^2} + C.$$

利用直接积分法和换元积分法，可得到与三角函数有密切关系的积分公式，它们可作为基本积分公式直接应用，见表 4-2 所示.

表 4-2 积分公式表

14. $\int \tan x dx = -\ln|\cos x| + C$	15. $\int \cot x dx = \ln|\sin x| + C$
16. $\int \sec x dx = \ln|\sec x + \tan x| + C$	17. $\int \csc x dx = \ln|\csc x - \cot x| + C$
18. $\int \dfrac{1}{a^2 + x^2} dx = \dfrac{1}{a} \arctan \dfrac{x}{a} + C$	19. $\int \dfrac{1}{x^2 - a^2} dx = \dfrac{1}{2a} \ln\left|\dfrac{x-a}{x+a}\right| + C$
20. $\int \dfrac{1}{\sqrt{a^2 - x^2}} dx = \arcsin \dfrac{x}{a} + C$	21. $\int \dfrac{1}{\sqrt{x^2 \pm a^2}} dx = \ln|x + \sqrt{x^2 \pm a^2}| + C$

例 4.10 求 $\int \dfrac{dx}{x^2 + 2x - 3}$.

解 $\int \dfrac{dx}{x^2 + 2x - 3} = \int \dfrac{1}{(x+1)^2 - 4} dx = \int \dfrac{1}{(x+1)^2 - 4} d(x+1)$,

再利用公式 19，即得：

$$\text{原式} = \dfrac{1}{2 \times 2} \ln\left|\dfrac{(x+1)-2}{(x+1)+2}\right| + C = \dfrac{1}{4} \ln\left|\dfrac{x-1}{x+3}\right| + C.$$

总之，换元积分法是将复杂积分转化为易求积分，达到化难为易、化未知为已知的目的，其中凑微分法是"被动"换元，而变量置换法则是"主动"换元。

4.2.3 分部积分法

设 $u(x)$、$v(x)$ 都是关于 x 的函数，根据乘积求导法则 $(uv)' = u'v + uv'$，并移项得：

$uv' = (uv)' - u'v$，两边求不定积分，则

$$\int uv' dx = \int (uv)' dx - \int u'v dx,$$

即

$$\int u dv = uv - \int v du,$$

由此得以下定理.

定理 4.5 设函数 $u = u(x)$ 和 $v = v(x)$ 具有连续导数，则有

$$\boxed{\int uv' dx = \int u dv = uv - \int v du,}\qquad(4\text{-}1)$$

我们称式(4-1)为**分部积分公式**,用分部积分公式求积分的方法称为**分部积分法**.

注 (1)分部积分法是乘积求导公式的逆运算,因此主要用于解决被积函数是两类函数的乘积的不定积分,且新积分 $\int v du$ 要比原积分 $\int u dv$ 容易求;

(2)分部积分法的关键是恰当选择 u 和 dv,一般经验是:将被积函数看成两函数之积,按"**指三幂对反,位置在后的为 u**"的口诀,即按"指数函数、三角函数、幂函数、对数函数、反三角函数"这五种基本初等函数的顺序,排在前面的为 v',将其变换为 $v'dx = dv$,排在后面的为 u,将其保留在被积函数位置.

例 4.11 求下列积分值.

(1) $\int x\cos x dx$; (2) $\int x^2 \ln x dx$.

解 (1)幂函数 x 保留在被积函数位置,而三角函数 $\cos x$ 与 dx 结合成 $d(\sin x)$,且设

$$u = x, \quad v' = \cos x, \quad 则 v = \sin x, \quad \cos x dx = dv,$$

$$原式 = \int u dv = uv - \int v du$$

$$= x\sin x - \int \sin x dx = x\sin x + \cos x + C;$$

(2)将 $\ln x$ 保留在被积函数位置,将 x^2 与 dx 结合成 $d(\frac{1}{3}x^3)$,因此有

$$原式 = \int \ln x d(\frac{1}{3}x^3) = \frac{1}{3}x^3 \ln x - \int \frac{1}{3}x^3 d(\ln x)$$

$$= \frac{1}{3}x^3 \ln x - \frac{1}{3}\int x^3 \cdot \frac{1}{x} dx = \frac{1}{3}x^3 \ln x - \frac{1}{9}x^3 + C.$$

例 4.12 求下列积分值.

(1) $\int \ln x dx$; (2) $\int e^x \sin x dx$.

解 (1)将被积函数看作对数函数 $\ln x$ 与常数 1 的乘积,同样利用分部积分法,有

$$\int \ln x dx = x\ln x - \int x d\ln x = x\ln x - \int x \cdot \frac{1}{x} dx = x\ln x - x + C$$

(2) $\int e^x \sin x dx = \int \sin x d(e^x) = e^x \sin x - \int e^x d(\sin x)$

$$= e^x \sin x - \int e^x \cos x dx = e^x \sin x - \int \cos x d(e^x)$$

$$= e^x \sin x - e^x \cos x + \int e^x d(\cos x)$$

$$= e^x \sin x - e^x \cos x - \int e^x \sin x dx,$$

移项合并得： $\int e^x \sin x dx = \frac{1}{2} e^x (\sin x - \cos x) + C$.

案例 4.5 （总产量函数）工程师们发现，一个新开发的天然气井 t 月的总产量为 P（单位：$10^6 m^3$），其变化率为 $\frac{dP}{dt} = 0.0849 t e^{-0.02t}$，试求总产量函数 $P = P(t)$.

解 根据"总产量函数即为变化率的积分"，并利用分部积分法，得总产量函数为

$$P(t) = \int 0.0849 t e^{-0.02t} dt = -\frac{0.0849}{0.02} \int t d(e^{-0.02t})$$

$$= -4.245 \times (t e^{-0.02} - \int e^{-0.02t} dt)$$

$$= -4.245 \times [t e^{-0.02} + 50 \int e^{-0.02t} d(-0.02t)]$$

$$= -4.245 \times (t e^{-0.02} + 50 e^{-0.02t} + C).$$

将 $t = 0$，$P = 0$ 代入上式，解得 $C = -50$，即总产量函数为

$$P(t) = -4.245 \times (t e^{-0.02} + 50 e^{-0.02t} - 50).$$

习题 4.2

1. 填空.

(1) $dx = \underline{\qquad} d(ax)$；

(2) $x dx = \underline{\qquad} d(2x^2 + 1)$；

(3) $e^{2x} dx = \underline{\qquad} d(e^{2x})$；

(4) $\frac{1}{x} dx = \underline{\qquad} d(3 - 5\ln x)$；

(5) $\sin \frac{3}{2} x dx = \underline{\qquad} d(\cos \frac{3}{2} x)$；

(6) $\frac{1}{\sqrt{1-x^2}} dx = \underline{\qquad} d(1 - 2\arcsin x)$.

2. 用分部积分法计算下列积分时，请你选择适当的 u 和 dv.

(1) $\int x \ln x dx$，其中 $u = \underline{\qquad}$，$dv = \underline{\qquad}$；

(3) $\int x^2 e^{-x} dx$，其中 $u=$ _____，$dv=$ _____．

3.求下列不定积分．

(1) $\int (3x+4)^5 dx$；

(2) $\int \cos(2x+6)dx$；

(3) $\int x(3x^2-5)^6 dx$；

(4) $\int \dfrac{1}{x(x+1)} dx$；

(5) $\int \cos^3 x dx$；

(6) $\int \dfrac{1}{x^2} \sin \dfrac{1}{x} dx$；

(7) $\int \dfrac{x-2}{1+\sqrt[3]{x-3}} dx$；

(8) $\int \dfrac{dx}{1+\sqrt[3]{x+2}}$．

4.用换元积分法求下列不定积分．

(1) $\int \dfrac{1}{\sqrt{x}(x+1)} dx$；

(2) $\int \dfrac{x}{(x^2+1)^2} dx$．

5.用分部积分法求下列不定积分．

(1) $\int x\cos 3x dx$；

(2) $\int xe^{2x} dx$；

(3) $\int x\ln x dx$；

(4) $\int \sin \sqrt{x} dx$；

(5) $\int \ln(x^2+1) dx$；

(6) $\int x\ln(x-1) dt$．

6.(总收入函数与需求函数)某市场销售某种商品的边际收入为 $R'(x) = \dfrac{50}{\sqrt{100x+1}}$，其中 x 为需求量，试求总收入函数及需求函数．

4.3 定积分的概念及性质

工程技术中，经常会遇到平面图形的面积、旋转体的体积、变力做功等问题的计算，这些都是非均匀累积问题,定积分便是解决这些问题的强有力工具.

4.3.1 曲边梯形

引例 4.3 (**玻璃幕墙的面积**)位于沙特阿拉伯的七星级酒店——迪拜帆船大酒店(图 4-3),它的幕墙是用玻璃平铺而成.如何计算玻璃幕墙的面积呢?

若把幕墙形状抽象成一个平面图形(图 4-4),我们称之为曲边梯形.

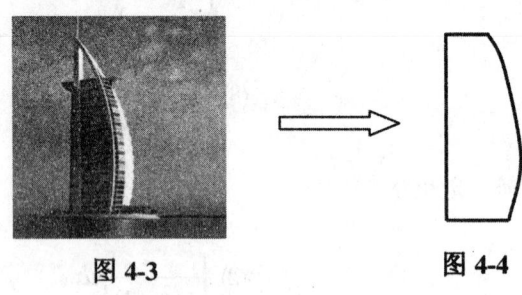

图 4-3   图 4-4

定义 4.3 设函数 $y=f(x)$ 在 $[a,b]$ $(a<b)$ 上连续,则曲线 $y=f(x)$、直线 $x=a$、$x=b$ 及 x 轴所围成的平面图形称为**曲边梯形**(图 4-5),其中 x 轴上的区间 $[a,b]$ 称为**底边**,曲线弧边 AB 称为**曲边**.

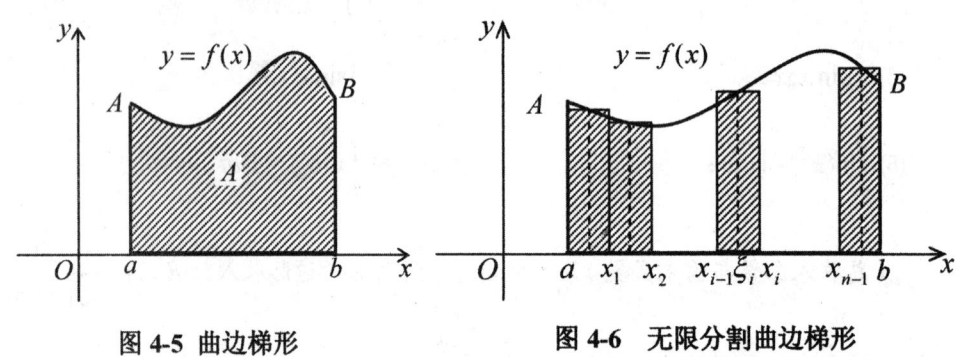

图 4-5 曲边梯形   图 4-6 无限分割曲边梯形

曲边梯形的高 $f(x)$ 在区间 $[a,b]$ 上是连续变化的,且在很小一段区间上其变化非常小,近似于不变.因此,我们把区间 $[a,b]$ 无限细分,则曲边梯形被分割成无数个小曲边梯形,取它们的面积之和,即为曲边梯形的面积.这种"先分割再累积"的方法称为**非均匀累积**.

具体步骤如下:

(1)分割 在区间 $[a,b]$ 上任取 $(n-1)$ 个分点:$a=x_0<x_1<x_2<\cdots<x_{n-1}<x_n=b$

(图 4-6),则区间 $[a,b]$ 被分成了 n 个小区间 $[x_{i-1},x_i]$ $(i=1,2,\cdots,n)$,且小区间长度

可记为 $\Delta x_i = x_i - x_{i-1}(i=1,2,\cdots,n)$，将曲边梯形分割成 n 个小曲边梯形；

(2) 取近似　在每个小区间 $[x_{i-1}, x_i]\ (i=1,2,\cdots,n)$ 上任取一点 ξ_i，则小曲边梯形的面积近似于小矩形面积，因此小曲边梯形的面积为 $\Delta A_i \approx f(\xi_i)\Delta x_i\ (i=1,2,\cdots,n)$；

(3) 作和　将上述 n 个小矩形的面积加起来，即得曲边梯形面积 A 的近似值，

$$A \approx \sum_{i=1}^{n} f(\xi_i)\Delta x_i = f(\xi_1)\Delta x_1 + f(\xi_2)\Delta x_2 + \cdots + f(\xi_n)\Delta x_n;$$

(4) 求极限　当分点无限增加时，设所有小区间的最大长度记为 λ，即 $\lambda = \max\{\Delta x_1, \Delta x_2, \cdots, \Delta x_n\}$，当 $\lambda \to 0$ 时，这个和式 $\sum_{i=1}^{n} f(\xi_i)\Delta x_i$ 的极限就是曲边梯形面积，即

$$A = \lim_{\lambda \to 0} A_i = \lim_{\lambda \to 0} \sum_{i=1}^{n} f(\xi_i)\Delta x_i.$$

可见，曲边梯形的面积是一个"和式的极限"．

引例 4.4　（变速直线运动的路程）设某物体做变速直线运动，若速度 $v = v(t)$ 是时间间隔 $[T_1, T_2]$ 上的连续函数，且 $v(t) \geq 0$，试计算在这段时间内物体所走过的路程 s．

(1) 分割　任取分点 $T_1 = t_0 < t_1 < t_2 < \cdots < t_{n-1} < t_n = T_2$，将 $[T_1, T_2]$ 分成 n 个小段，且每个小段的时间长度记为 $\Delta t_i = t_i - t_{i-1}(i=1,2,\cdots,n)$；

(2) 取近似　将每个小段 $[t_{i-1}, t_i]$ 上的运动近似地视为匀速，任取时刻 $\xi_i \in [t_{i-1}, t_i]$，则在时间段 Δt_i 内所走过的路程为 $\Delta s_i \approx v(\xi_i)\Delta t_i\ (i=1,2,\cdots,n)$；

(3) 作和　将上述 Δs_i 相加，即可得总路程 s 的近似值，即 $s \approx \sum_{i=1}^{n} v(\xi_i)\Delta t_i$；

(4) 求极限　当 $\lambda = \max\{\Delta t_1, \Delta t_2, \cdots, \Delta t_n\} \to 0$ 时，上述和式的极限即为路程 s 的精确值，即

$$s = \lim_{\lambda \to 0} \sum_{i=1}^{n} v(\xi_i)\Delta t_i.$$

可见，做变速直线运动的物体所走过的路程也是一个"和式的极限"．

上述两个问题，实际意义不同，但都是通过"**分割——取近似——作和——求极限**"，将问题转化成了相同结构的极限，我们将这种"**和式的极限**"称为定积分.

4.3.2 定积分的概念

1. 定积分的概念

定义 4.4 类似于上述两个问题，当 $\lambda \to 0$ 时，若 $\sum_{i=1}^{n} f(\xi_i)\Delta x_i$ 的极限存在，我们就称函数 $f(x)$ 在 $[a, b]$ 上可积，且称此极限值为函数 $f(x)$ 在 $[a, b]$ 上的**定积分**，记作

$$\int_a^b f(x)dx = \lim_{\lambda \to 0} \sum_{i=1}^{n} f(\xi_i)\Delta x_i,$$

其中 $f(x)$ 称为被积函数，$f(x)dx$ 为被积表达式，x 为积分变量，$[a, b]$ 叫做积分区间，a、b 分别称为积分下限和积分上限，符号 $\int_a^b f(x)dx$ 读作"函数 $f(x)$ 从 a 到 b 的定积分".

注 （1）定积分的值只取决于被积函数 $f(x)$ 及积分区间 $[a, b]$，与积分变量 x 无关，例如，$\int_a^b f(x)dx = \int_a^b f(t)dt = \int_a^b f(u)du$.

（2）定积分是无穷小量的累积，它体现了无限分割、无穷累积的思想.

引例 4.3 中，玻璃幕墙面积是曲线 $y = f(x)$ ($f(x) \geq 0$) 在区间 $[a, b]$ 上的定积分，即

$$A = \int_a^b f(x)dx;$$

引例 4.4 中，路程 s 即为速度 $v(t)$ ($v(t) \geq 0$) 在时间区间 $[T_1, T_2]$ 上的定积分，即

$$s = \int_{T_1}^{T_2} v(t)dx.$$

2. 定积分的几何意义

（1）当 $f(x) \geq 0$ 时，定积分 $\int_a^b f(x)dx$ 表示曲线 $y = f(x)$ 与直线 $x = a$、$x = b$ 及 x 轴所围成的曲边梯形的面积（图 4-5），即 $\int_a^b f(x)dx = A$.

（2）当 $f(x) < 0$ 时，曲边梯形位于 x 轴下方（图 4-7），$f(\xi_i) < 0$，$\Delta x_i > 0$，此时和

式的极限小于零，定积分 $\int_a^b f(x)dx$ 表示曲边梯形面积的相反数，即 $\int_a^b f(x)dx = -A$.

(3) 若 $f(x)$ 在区间 $[a, b]$ 上有正有负，则定积分 $\int_a^b f(x)dx$ 表示曲线 $y = f(x)$ 在 x 轴上方与 x 轴下方的曲边梯形各部分面积的代数和（图 4-8），即

$$\int_a^b f(x)dx = A_1 + A_3 - A_2.$$

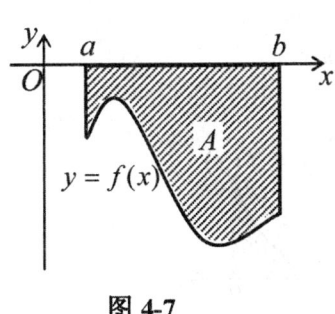

图 4-7

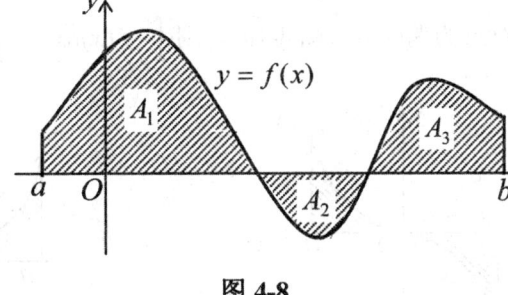

图 4-8

综上所述，$\int_a^b f(x)dx$ 表示的是"有号面积"，即 $A = \int_a^b |f(x)|dx$.

4.3.3 定积分的性质

性质 4.5 （逐项积分性）函数的和（差）的定积分等于它们的定积分的和（差），即

$$\int_a^b [f(x) \pm g(x)]dx = \int_a^b f(x)dx \pm \int_a^b g(x)dx.$$

这个性质也可推广到多个函数的情形.

性质 4.6 （常数提取性）被积函数中的常数因子可以提到积分号前面，即

$$\int_a^b kf(x)dx = k\int_a^b f(x)dx \ （k \text{ 是常数}）.$$

性质 4.7 （分段可加性）如果将区间 $[a, b]$ 分成两个子区间 $[a, c]$ 和 $[c, b]$，那么

$$\int_a^b f(x)dx = \int_a^c f(x)dx + \int_c^b f(x)dx.$$

这个性质中，无论 a，b，c 的相对位置如何，等式均成立.

性质 4.8 （积分单调性）在区间 $[a, b]$ 上，若恒有 $f(x) \geq 0$，则 $\int_a^b f(x)dx \geq 0$；若恒有 $f(x) \geq g(x)$，则 $\int_a^b f(x)dx \geq \int_a^b g(x)dx$.

性质 4.9 （换限变号性）互换积分上下限，积分变号；上下限相等，积分为零，即：

$$\int_a^b f(x)dx = -\int_b^a f(x)dx, \quad \int_a^a f(x)dx = 0.$$

同时，根据定积分的几何意义及以上性质，可得到下述定理.

定理 4.6 （奇偶函数的定积分）设 $f(x)$ 在区间 $[-a, a]$ 上连续，则有：

(1) 若 $f(x)$ 为奇函数（图 4-9），则 $\int_{-a}^{a} f(x)dx = 0$；

(2) 若 $f(x)$ 为偶函数（图 4-10），则 $\int_{-a}^{a} f(x)dx = 2\int_0^a f(x)dx.$

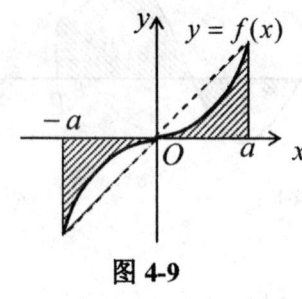

图 4-9

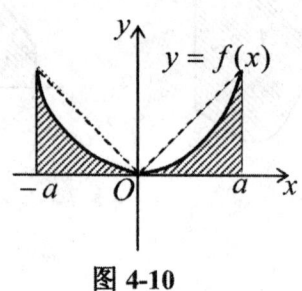

图 4-10

例 4.13 利用定积分的几何意义求下列定积分的值.

(1) $\int_{-1}^{1} xdx$； (2) $\int_0^2 \sqrt{4-x^2}dx.$

解 (1) 被积函数是一次函数 $y = x$（图 4-11），因此有 $\int_{-1}^{1} xdx = A_1 - A_2 = 0$；

(1) 定积分 $\int_0^2 \sqrt{4-x^2}dx$ 表示以点 $O(0,0)$ 为圆心，半径为 2 的圆面积的 $\frac{1}{4}$（图 4-12），所以 $\int_0^2 \sqrt{4-x^2}dx = \pi.$

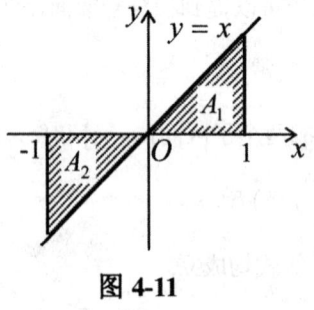

图 4-11

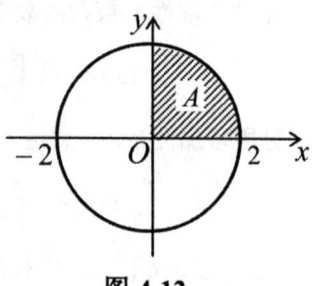

图 4-12

习题 4.3

1.思考：(1) $\int_{-1}^{1}\frac{1}{x^2}dx = 2\int_{0}^{1}\frac{1}{x^2}dx$ 对吗？　　(2) $\int_{-\pi}^{\pi}\tan x\,dx = 0$ 对吗？

2.判断下列命题是否正确.

(1)定积分 $\int_{a}^{b}f(x)dx$ 表示曲边梯形的面积. 　　　　　　　　　　　　(　　)

(2)定积分 $\int_{a}^{b}f(x)dx$ 的值与积分区间 $[a,b]$ 和积分变量 x 都有关. 　　(　　)

(3) $\int_{0}^{2}x^2dx = \int_{0}^{2}t^2dt$. 　　　　　　　　　　　　　　　　　　(　　)

(4) $\int_{1}^{3}e^x dx = \int_{3}^{1}e^x dx$. 　　　　　　　　　　　　　　　　　　(　　)

(5) $\int_{1}^{1}x^2 dx = 0$. 　　　　　　　　　　　　　　　　　　　　　　(　　)

3.用定积分表示下列面积.

(1)曲线 $y = x^3$ 与直线 $x = -1$，$x = 1$，及 $y = 0$ 所围成的曲边梯形面积为 _____.

(2)曲线 $y = \cos x$，$x = -\pi$，$x = \dfrac{\pi}{4}$，及 $y = 0$ 所围成的曲边梯形面积为 _____.

4.根据定积分的几何意义，判断下列定积分的正负号.

(1) $\int_{-\pi}^{\frac{\pi}{2}}\sin x\,dx$；　　　　　　　　(2) $\int_{-1}^{2}x^3 dx$.

5.已知 $\int_{-1}^{0}x^2 dx = \dfrac{1}{3}$，$\int_{-1}^{0}x\,dx = -\dfrac{1}{2}$，求 $\int_{-1}^{0}(2x^2 - 3x)dx$ 的值.

6.设一物体作直线运动，其初速度为 v_0，加速度为 a（v_0，a 均为常数），请将此物体在时间间隔 $[0, 3]$ 内所经过的路程 s 用定积分表示出来.

7.设水流到水箱的速度为 $r(t)$（单位：$L/\min$），试用定积分表示从 $t = 0$ 到 $t = 2\min$ 这段时间内水流入水箱的总量 W.

4.4 定积分的积分法

定积分的计算方法和不定积分一样,也有直接积分法、换元积分法和分部积分法.

4.4.1 牛顿(Newton) – 莱布尼茨(Leibniz)公式

定理 4.7 (N-L 公式) 若函数 $f(x)$ 在区间 $[a, b]$ 上连续,$F(x)$ 是 $f(x)$ 在 $[a, b]$ 上的一个原函数,即 $F'(x) = f(x)$,则

$$\int_a^b f(x)dx = F(x)\Big|_a^b = F(b) - F(a). \qquad (4-2)$$

我们也称式(4-2)为**微积分基本公式**. 从中看出,要计算定积分,只需求出被积函数在区间 $[a, b]$ 上的一个原函数,并计算上限、下限的函数值之差,这就是定积分的**直接积分法**.

例 4.14 求定积分 $\int_0^1 x^3 dx$.

解 因为 $\left(\dfrac{1}{4}x^4\right)' = 4x^3$,按照 N-L 公式,有

$$\int_0^1 x^3 dx = \left(\frac{1}{4}x^4\right)\Big|_0^1 = \frac{1}{4} - 0 = \frac{1}{4}.$$

例 4.15 计算定积分 $\int_0^\pi (2\cos x + \sin x - 1)dx$.

解 根据 N-L 公式,原式 $= (2\sin x - \cos x - x)\Big|_0^\pi = 2 - \pi$.

例 4.16 设 $f(x) = \begin{cases} x^2 + 3, & 0 \leq x \leq 1 \\ 5 - x, & 1 < x \leq 3 \end{cases}$,求 $\int_0^3 f(x)dx$.

解 分段函数的定积分,可利用分段可加性,即

$$\int_0^3 f(x)dx = \int_0^1 (x^2 + 3)dx + \int_1^3 (5 - x)dx$$

$$= \left(\frac{x^3}{3} + 3x\right)\Big|_0^1 + \left(5x - \frac{x^2}{2}\right)\Big|_1^3 = \frac{28}{3}.$$

案例 4.6 (窗户的采光面积) 某种建筑的窗户图(单位:cm)(图 4-13),其上方

的曲线段是一条抛物线形，试计算窗户的采光面积.

解 建立直角坐标系，依题意，窗户的采光面积即为抛物线 $y = f(x)$、直线 $x = -25$、$x = 25$ 与 x 轴所围成的曲边梯形的面积，即 $A = \int_{-25}^{25} f(x)dx$.

由已知，抛物线方程可表示为

$$y = -0.016x^2 + 60 \quad (-25 \leq x \leq 25),$$

则有

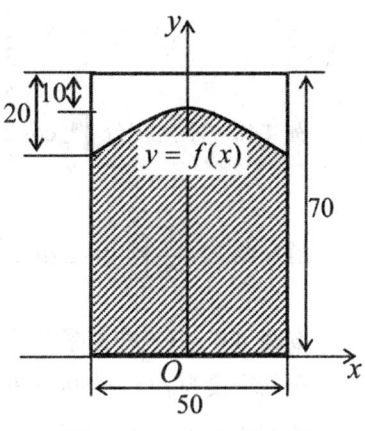

图 4-13　窗户采光图

$$A = \int_{-25}^{25}(-0.016x^2 + 60)dx = \left(-\frac{0.016}{3}x^3 + 60x\right)\Bigg|_{-25}^{25}$$

$$= \left(-\frac{0.016}{3} \times 25^3 + 60 \times 25\right) - \left[-\frac{0.016}{3} \times (-25)^3 + 60 \times (-25)\right] \approx 2833.3(cm^2).$$

因此，该窗户的采光面积为 $S = 2833.3(cm^2)$.

案例 4.7 （汽车的行驶距离）汽车以 $36\,km/h$ 的速度行驶，遇到某处障碍需要减速停车，设汽车以加速度 $a = -5m/s^2$ 刹车，问从开始到停车，汽车行驶了多少路程？

解 设从开始到停车，汽车行驶的距离为 s，而刹车后的行驶速度为

$$v(t) = v_0 + at,$$

将汽车初速度 $v_0 = 36km/h = 10m/s$，$v_t = 0$ 代入上式，可得汽车从刹车到停车所有的时间 $t = 2s$，于是在这段时间内，汽车行驶的路程为

$$s = \int_0^2 v(t)dt = \int_0^2 (10 - 5t)dt = 10m.$$

4.4.2　定积分的换元积分法

一种是线性换元，采用微分公式：$dx = \frac{1}{a}d(ax + b)(a \neq 0)$.

例 4.17 求定积分 $\int_0^2 e^{3x}dx$ 的值.

解 根据牛-莱公式，有

$$\text{原式} = \frac{1}{3}\int_0^2 e^{3x}d3x = \frac{1}{3}e^{3x}\Big|_0^2 = \frac{1}{3}(e^6-1).$$

例 4.18 求定积分 $\int_{-\frac{\pi}{4}}^{\frac{\pi}{4}} \cos 2x dx$ 的值.

解 原式 $= \frac{1}{2}\int_{-\frac{\pi}{4}}^{\frac{\pi}{4}} \cos 2x d(2x) = \frac{1}{2}(\sin 2x)\Big|_{-\frac{\pi}{4}}^{\frac{\pi}{4}} = 1.$

案例 4.8 （汽车总量计算）设从城市 A 到城市 B 有条 30 公里长的高速公路，公路上汽车的密度为 $\rho(x) = 300 + 300\sin(2x+0.2)$（单位：辆/公里），其中 x 为离城市 A 收费站的距离，求该公路上汽车的总数.

解 公路上汽车总数为每一处的汽车数量之和，即区间 $[0,30]$ 上的无限个密度累加，因此汽车总量为

$$Q = \int_0^{30}[300+300\sin(2x+0.2)]dx$$

$$= \int_0^{30} 300dx + 150\int_0^{30}\sin(2x+0.2)d(2x+0.2)$$

$$= 300x\Big|_0^{30} - 150\cos(2x+0.2)\Big|_0^{30}$$

$$= 9000 - 150\times(\cos 60.2 - \cos 0.2) \approx 9266 \text{ 辆}.$$

另一种是非线性换元，有如下定理.

定理 4.8 设函数 $f(x)$ 在区间 $[a,b]$ 上连续，且函数 $x=\varphi(t)$ 满足：

(1) $\varphi(t)$ 在区间 $[\alpha,\beta]$ 上单调且有连续导数 $\varphi'(t)$；

(2) 当 t 在 $[\alpha,\beta]$ 上变化时，$x=\varphi(t)$ 在 $[a,b]$ 上变化，且 $\varphi(\alpha)=a$，$\varphi(\beta)=b$，

则

$$\boxed{\int_a^b f(x)dx = \int_\alpha^\beta f[\varphi(t)]\varphi'(t)dt.} \tag{4-3}$$

我们称式(4-3)为**定积分的换元积分公式**，它是非线性换元.

注意 变量代换时，积分的上、下限也要相应地代换，即"**换元必换限**".

例 4.19 求定积分 $\int_0^4 \frac{1}{1+\sqrt{x}}dx$ 的值.

解 我们采用"根式代换法"，令 $\sqrt{x}=t$，则 $dx=2tdt$，且当 $x=0$ 时，$t=0$；当 $x=4$ 时，$t=2$，于是

$$\text{原式} = \int_0^2 \frac{2t}{1+t}dt = 2\int_0^2(1-\frac{1}{1+t})dt$$

$$= 2(t - \ln|1+t|)\Big|_0^2 = 4 - 2\ln 3.$$

例 4.20 求 $\int_0^2 \dfrac{xdx}{(1+x^2)^2}$.

解 令 $t = 1 + x^2$，则 $dt = d(1+x^2) = 2xdx$，且当 $x=0$ 时，$t=1$，当 $x=2$ 时，$t=5$，于是

$$原式 = \frac{1}{2}\int_1^5 \frac{1}{t^2}dt = -\frac{1}{2}\left(\frac{1}{t}\right)\Big|_1^5 = \frac{2}{5}.$$

例 4.21 求定积分 $\int_0^a \sqrt{a^2 - x^2}\,dx\ (a > 0)$.

解 本题我们采用"三角代换法"，设 $x = a\sin t$，则 $dx = a\cos t\,dt$，且当 $x = 0$ 时，$t = 0$；当 $x = a$ 时，$t = \dfrac{\pi}{2}$，于是

$$原式 = a^2\int_0^{\frac{\pi}{2}} \cos^2 t\,dt = \frac{a^2}{2}\int_0^{\frac{\pi}{2}}(1+\cos 2t)dt$$

$$= \frac{a^2}{2}\left[t + \frac{1}{2}\sin 2t\right]\Big|_0^{\frac{\pi}{2}} = \frac{\pi}{4}a^2.$$

利用换元积分法求定积分时，若对换元比较熟悉时，可省略换元的过程.

例 4.22 求 $\int_0^{\frac{\pi}{2}} \cos^3 x \sin x\,dx$.

解 原式 $= -\int_0^{\frac{\pi}{2}} \cos^3 x\,d(\cos x) = -\dfrac{1}{4}(\cos^4 x)\Big|_0^{\frac{\pi}{2}} = \dfrac{1}{4}.$

案例 4.9 （放射性物质的泄漏）环保局对一起放射性碘物质泄漏事件进行调查，检测结果显示，事发当日，大气中辐射水平是可接受的最大限度的 4 倍，于是环保局下令当地居民立即撤离这一地区，已知碘物质放射源的辐射水平是按 $R(t) = R_0 e^{-0.004t}$ 的速度衰减的，其中 R 是 t 时刻的辐射水平，t 是时间（单位：h）.

(1) 该地区降低到可接受的辐射水平需要多长时间？

(2) 如果可接受的辐射水平的最大限度为 $0.6mR/h$，那么降低到这一水平时已经泄漏出去的放射物的总量为多少？

解 (1) 设降低到辐射水平需要 t_1 小时,此时辐射水平为 R_0 的 $\dfrac{1}{4}$,于是,有

$$\frac{1}{4}R_0 = R_0 e^{-0.004 t_1},$$

解得

$$t_1 = 500\ln 2 \text{（小时）}.$$

(2) 因为可接受辐射水平的最大限度为 $0.6 mR/h$,所以在 $t=0$ 时的辐射水平为 $2.4 mR/h$,即 $R_0 = 2.4$. 设泄露出去的放射物总量为 W,则有

$$W = \int_0^{500\ln 2} 2.4 e^{-0.004 t} dt$$

$$= \frac{2.4}{-0.004}\int_0^{500\ln 2} e^{-0.004 t} d(-0.004 t)$$

$$= -600 e^{-0.004 t}\Big|_0^{500\ln 2}$$

$$= 600(1 - e^{-0.004 \times 500\ln 2}) = 450.$$

即降低可接受水平时,已经泄漏出去的放射物的总量为 $450 mR$.

4.4.3 定积分的分部积分法

定理 4.9 设 $u = u(x)$、$v = v(x)$ 都有连续导数,则

$$\int_a^b u\, dv = (uv)\Big|_a^b - \int_a^b v\, du. \tag{4-4}$$

我们称式(4-4)为定积分的**分部积分法**.

例 4.23 计算 $\displaystyle\int_1^4 \frac{\ln x}{\sqrt{x}} dx$.

解 按"指三幂对反"的顺序,考虑 $\dfrac{1}{\sqrt{x}}dx = 2d(\sqrt{x})$,并运用分部积分法,可得

$$\text{原式} = 2\int_1^4 \ln x\, d(\sqrt{x}) = (2\ln x \cdot \sqrt{x})\Big|_1^4 - 2\int_1^4 \sqrt{x}\, d(\ln x)$$

$$= (2\ln x \cdot \sqrt{x})\Big|_1^4 - 2\int_1^4 \sqrt{x}\cdot\frac{1}{x} dx$$

$$= (2\ln x \cdot \sqrt{x})\Big|_1^4 - 2\int_1^4 \frac{1}{\sqrt{x}} dx = 8\ln 2 - 4.$$

本题也可以先用换元积分法，设 $t=\sqrt{x}$，再用分部积分法计算.

案例 4.10 （电能消耗总量）在电力需求的高峰电涌（电路中出现的一种短暂的电流、电压波动）时期，消耗电能的速度 v 可以近似地表示为 $v=te^{-t}$（t 单位：h）. 求在前两个小时内消耗的总电能 E（单位：J）.

解 由题意可知，已知的是电能消耗的速度，则所求电能消耗总量为：

$$E=\int_0^2 v dt = \int_0^2 te^{-t}dt = -\int_0^2 t de^{-t}$$

$$=(-te^{-t})\Big|_0^2 + \int_0^2 e^{-t}dt$$

$$=-2e^{-2} - e^{-t}\Big|_0^2 \approx 0.594(J).$$

习题 4-4

1. 利用牛-莱公式求下列定积分.

(1) $\int_1^2 x^2 dx$;

(2) $\int_0^{\frac{\pi}{2}} \sin 2x dx$;

(3) $\int_0^1 (3x^2 - x + 1)dx$;

(4) $\int_1^2 (x+\frac{1}{x})^2 dx$;

(5) $\int_0^2 (e^t - t)dt$;

(6) $\int_{-1}^1 \sqrt{x^2} dx$;

(7) $\int_0^1 \frac{x^4}{1+x^2}dx$;

(8) $\int_0^\pi \sin^2 \frac{x}{2} dx$.

2. 用换元积分法求下列定积分.

(1) $\int_0^1 e^{2x+3}dx$;

(2) $\int_0^1 \frac{e^x}{1+e^x}dx$;

(3) $\int_0^1 te^{-\frac{t^2}{2}}dt$;

(4) $\int_4^9 \frac{\sqrt{x}}{\sqrt{x}-1}dx$.

3. 用分部积分法求下列定积分.

(3) $\int_0^{\pi} e^x \cos x\, dx$； (4) $\int_1^e (x-1)\ln x\, dx$.

4. 求定积分 $\int_0^5 |2x-4|\, dx$ 的值.

5. （商品销售总量）某种商品一年中的销售速度为 $v(t)=100+100\sin t$ （$0 \leq t \leq 12$）（t 的单位：月），求此商品前3个月的销售总量.

6. （石油消耗总量）世界石油消耗总量的增长速度持续上升，根据历史数据估算，从2005年到2010年这段时间石油消耗总量呈指数增长，且增长速度为 $R(t)=320e^{0.05t}$（亿桶/年），试计算从2005年到2010年这段时间内的石油消耗总量是多少？

7. （总废气量问题）某工厂排出大量废气，造成严重的空气污染，若第 t 年废气排放量为 $W(t)=\dfrac{20\ln(t+1)}{(t+1)^2}$，求该厂在 $t=0$ 到 $t=5$ 年间排出的总废气量.

4.5　定积分的应用

在上节中，我们知道了定积分可以用来计算曲边梯形的面积. 实际上，定积分已广泛应用到生产生活的各个领域.

引例 4.5　（凸轮面积和体积）在机械零件制造中，已知某凸轮的横截面的轮廓线是由极坐标方程 $\rho=a(1+\cos\theta)$ $(a>0)$ 所确定的，试计算该凸轮的面积和体积.

引例 4.6　（闸门所受水的压力）一水管水平放置的时候，其横断面是圆，当水半满时，水管一端的竖立闸门所受到的水的压力有多大？

要解决上述与定积分有关的问题，我们首先来学习一种常用方法——微元分析法.

4.5.1　定积分的微元分析法

设函数 $y=f(x)$ 在 $[a,b]$ $(a<b)$ 上连续，求以曲线 $y=f(x)$ 为曲边，底边为 $[a,b]$

的曲边梯形的面积 A（图 4-14）.

前面的学习中，我们采用了"分割——取近似——作和——求极限"的"四步"梯形法求曲边梯形的面积，其实这个思路可以简化为三步.

第一步，"**选变量**". 选取 x 为被分割的变量，它就是积分变量，并确定积分区间为 $[a, b]$.

第二步，"**求微元**". 将区间 $[a, b]$ 分成 n 个小区间，任取小区间 $[x, x+dx]$，则阴影小曲边梯形近似于小矩形，其面积可表示为 $dA = f(x)dx$（称为面积 A 的微元）；

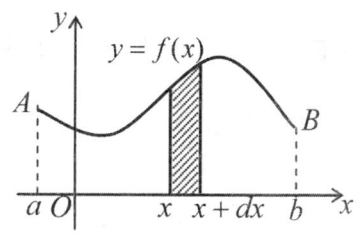

图 4-14 微元法

第三步，"**列积分**". 将面积微元 $f(x)dx$ 作为被积表达式，在 $[a, b]$ 上无限累加（即积分），即得

$$A = \int_a^b f(x)dx.$$

以上把某个量（如弧长、面积、体积、压力等）表达为定积分的方法就称为**定积分的微元分析法**，简称为**微元法**. 微元法一般分三步进行，"选变量——求微元——列积分". 下面我们利用微元法讨论定积分在几何、物理等方面的应用.

4.5.2 利用定积分求平面曲线的弧长

设 $f(x)$ 在区间 $[a, b]$ 上有连续导数，则曲线 $f(x)$ 相应于 x 从 a 到 b 的一段弧长为：

$$\boxed{S = \int_a^b \sqrt{1 + y'^2}\, dx}. \tag{4-5}$$

若曲线为参数方程形式 $\begin{cases} x = \varphi(t) \\ y = \psi(t) \end{cases}$ $(\alpha \le t \le \beta)$，其中 $\varphi(t)$，$\psi(t)$ 在 $[\alpha, \beta]$ 上有连续导数，则弧长公式为：

$$\boxed{S = \int_\alpha^\beta \sqrt{\varphi'^2(t) + \psi'^2(t)}\, dt}. \tag{4-6}$$

若曲线弧是由极坐标方程 $r = r(\theta)(\alpha \le \theta \le \beta)$ 给出，则相应弧长公式为：

$$\boxed{S = \int_\alpha^\beta \sqrt{r^2 + r'^2}\, d\theta}. \tag{4-7}$$

例 4.24 计算曲线 $y = \dfrac{2}{3} x^{\frac{3}{2}}$ 上相应于 x 从 a 到 b 的一段弧长.

解 根据式 (4-5)，所求弧长为

$$S = \int_a^b \sqrt{1+x}\,dx = \left[\frac{2}{3}(1+x)^{\frac{3}{2}}\right]_a^b = \frac{2}{3}\left[(1+b)^{\frac{3}{2}} - (1+a)^{\frac{3}{2}}\right].$$

案例 4.12 （悬链线长度）两根电线杆之间的电线因自身重量下垂（图 4-15）形成一条悬链线，建立直角坐标系，若其曲线方程为 $y = a \cdot \dfrac{e^{\frac{x}{a}} + e^{-\frac{x}{a}}}{2}$，试计算从 $x = -b$ 到 $x = b$ 上曲线的长度.

解 由已知得 $y' = \dfrac{1}{2}(e^{\frac{x}{a}} - e^{-\frac{x}{a}})$，再由式(4-5)得弧长为

$$l = \int_{-b}^{b} \sqrt{1 + \frac{1}{4}(e^{\frac{x}{a}} - e^{-\frac{x}{a}})^2}\,dx$$

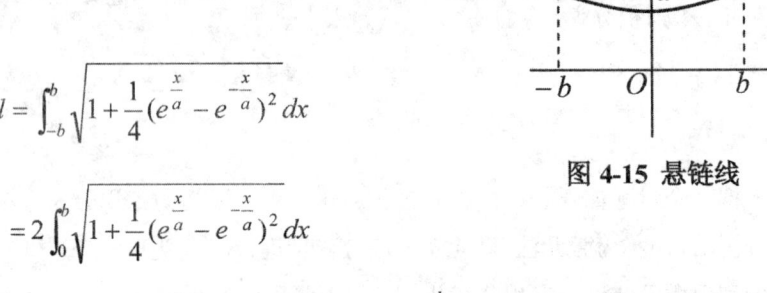

图 4-15 悬链线

$$= 2\int_{0}^{b} \sqrt{1 + \frac{1}{4}(e^{\frac{x}{a}} - e^{-\frac{x}{a}})^2}\,dx$$

$$= \int_{0}^{b}(e^{\frac{x}{a}} + e^{-\frac{x}{a}})dx = \left[a(e^{\frac{x}{a}} - e^{-\frac{x}{a}})\right]_0^b = a(e^{\frac{b}{a}} - e^{-\frac{b}{a}}).$$

4.5.3 利用定积分求平面图形的面积

1. 微元法计算直角坐标系下平面图形的面积

(1) 连续曲线 $y = f(x)$ 与直线 $x = a$、$x = b$ 及 x 轴所围成的曲边梯形面积为

$$A = \int_a^b dA = \int_a^b |f(x)|\,dx. \tag{4-8}$$

(2) 由上、下两条连续曲线 $y = f(x)$、$y = g(x)$（$f(x) \geq g(x)$）及直线 $x = a$、$x = b$ 所围成图形（图 4-16）的面积微元为 $dA = [f(x) - g(x)] \cdot dx$，因此该图形面积可表示为

$$A = \int_a^b [f(x) - g(x)]dx. \tag{4-9}$$

(3) 由左、右两条连续曲线 $x = \psi(y)$，$x = \varphi(y)$（$\varphi(y) \geq \psi(y)$）及直线 $y = c$，$y = d$ 所围成图形（图 4-17）的面积微元为 $dA = [\varphi(y) - \psi(y)] \cdot dy$，因此该图形面积可表示为

$$A = \int_c^d [\varphi(y) - \psi(y)]dy. \tag{4-10}$$

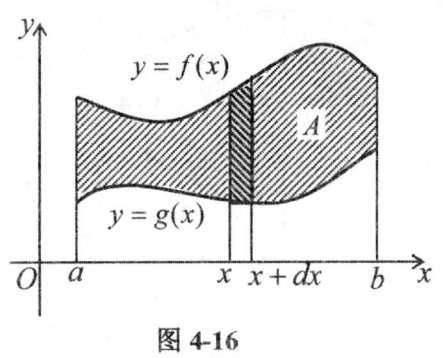
图 4-16

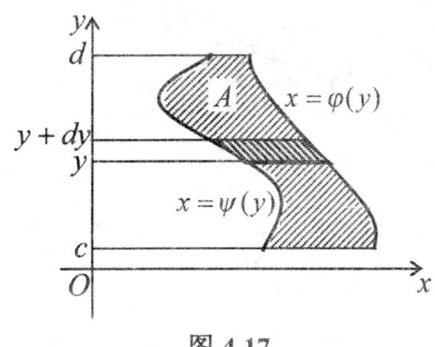
图 4-17

例 4.25 求曲线 $y = x^2$、$x = y^2$ 所围成图形的面积.

解 首先解方程组 $\begin{cases} y = x^2 \\ x = y^2 \end{cases}$,得两曲线的交点 $O(0,0)$

和 $P(1,1)$(图 4-18),选取 x 为积分变量,确定积分区间为 $[0,1]$. 写出任一子区间 $[x, x+dx]$ 上相应的面积微元为

$$dA = (\sqrt{x} - x^2) \cdot dx.$$

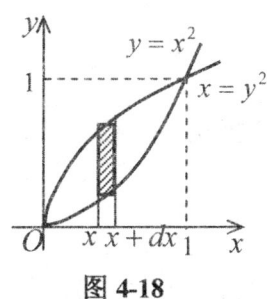
图 4-18

最后,将面积表示成定积分,所以所求面积为

$$A = \int_0^1 (\sqrt{x} - x^2) dx = \left(\frac{2}{3} x^{\frac{3}{2}} - \frac{1}{3} x^3 \right) \Big|_0^1 = \frac{1}{3}.$$

例 4.26 求由抛物线 $y^2 = 2x$ 与直线 $y = x - 4$ 所围成的平面图形的面积.

解 解方程组 $\begin{cases} y^2 = 2x \\ y = x - 4 \end{cases}$,得抛物线和直线交点 $(2, -2)$,$(8, 4)$(图 4-19),选取 y 为积分变量,积分区间为 $[-2, 4]$,于是面积微元为 $dA = \left[(y+4) - \dfrac{y^2}{2} \right] \cdot dy$,因此所求面积为

$$A = \int_{-2}^{4} \left[(y+4) - \frac{y^2}{2} \right] dy = \left(\frac{1}{2} y^2 + 4y - \frac{1}{6} y^3 \right) \Big|_{-2}^{4} = 18.$$

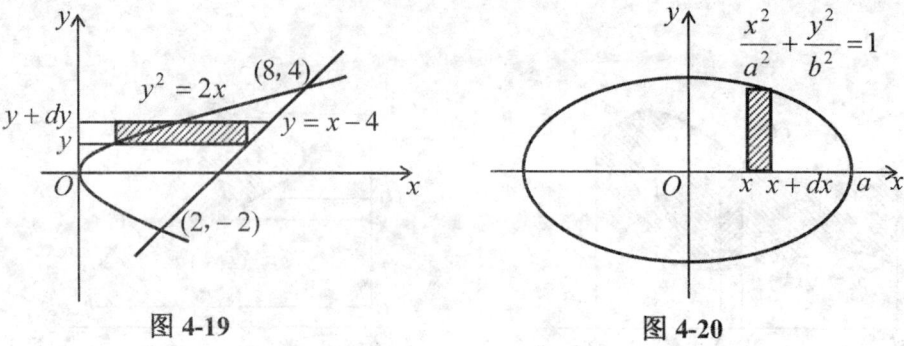

图 4-19　　　　　　　　　　图 4-20

思考　为何不选取 x 为积分变量？

例 4.27　求由椭圆 $\dfrac{x^2}{a^2}+\dfrac{y^2}{b^2}=1$ 所围的平面图形的面积（图 4-20）.

解　我们只需计算椭圆在第一象限内部分的面积 A.

利用椭圆的参数方程 $\begin{cases} x=a\cos t \\ y=b\sin t \end{cases}$ 做变量代换，且当 $x=0$ 时，$t=\dfrac{\pi}{2}$，当 $x=a$ 时，$t=0$，因此有

$$A=\int_0^a ydx=\int_{\frac{\pi}{2}}^0 b\sin t d(a\cos t)$$

$$=ab\int_0^{\frac{\pi}{2}}\sin^2 tdt=\dfrac{1}{8}ab\int_0^{\frac{\pi}{2}}(1-\cos 2t)dt=\dfrac{1}{4}ab\pi.$$

所以，由椭圆 $\dfrac{x^2}{a^2}+\dfrac{y^2}{b^2}=1$ 所围的平面图形的面积为 $ab\pi$.

案例 4.12　（**游泳池的面积**）一个工程师用 CAD 设计一游泳池（图 4-21），其表面由曲线 $y=\dfrac{800x}{(x^2+10)^2}$、$y=0.5x^2-4x$ 和直线 $x=8$（单位：m）所围成，试求该游泳池的表面积.

解　取 x 为积分变量，积分区间为 $[0,8]$，则所求平面图形的面积为

$$A=\int_0^8\left[\dfrac{800x}{(x^2+10)^2}-(0.5x^2-4x)\right]dx$$

$$= 400\int_0^8 \frac{1}{(x^2+10)^2}d(x^2+10) - \left(\frac{0.5}{3}x^3 - 2x^2\right)\bigg|_0^8$$

$$= -\frac{400}{x^2+10}\bigg|_0^8 - \left(\frac{1}{6}\times 8^3 - 2\times 8^2\right)$$

$$= 400\left(\frac{1}{10} - \frac{1}{74}\right) + \frac{128}{3} = \frac{8576}{111} \approx 77.2613(m^2).$$

即游泳池的表面面积为 $77.2613(m^2)$.

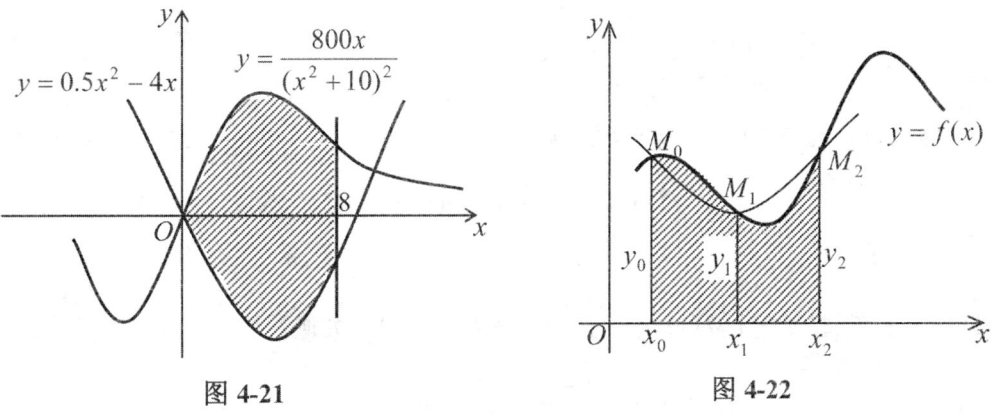

图 4-21　　　　　　　　　图 4-22

(*) 2. 抛物线法计算直角坐标系下平面图形的面积

抛物线法计算曲边梯形面积的基本思想是：用小段抛物线近似代替相应的小段曲线，即用小段抛物线下的面积近似代替窄曲边梯形的面积，这种方法又称为**辛普森方法**，具体如下.

把积分区间 $[a, b]$ n 等分，n 为偶数，每个小区间的长度为 $\Delta x = \dfrac{b-a}{n}$（图 4-22）.

设曲线上任意三点 M_0, M_1, M_2 所确定的抛物线方程为 $y = Ax^2 + Bx + C$，其中系数 A，B，C 由下列方程组 $\begin{cases} Ax_0^2 + Bx_0 + C = y_0 \\ Ax_1^2 + Bx_1 + C = y_1 \\ Ax_2^2 + Bx_2 + C = y_2 \end{cases}$ 确定.

我们采用定积分计算这条抛物线下的面积为

$$\int_{x_0}^{x_2}(Ax^2+Bx+C)dx = \left(\frac{A}{3}x^3+\frac{B}{2}x^2+Cx\right)\bigg|_{x_0}^{x_2}$$

$$=\frac{A}{3}(x_2^3-x_0^3)+\frac{B}{2}(x_2^2-x_0^2)+C(x_2-x_0)$$

$$=\frac{(x_2-x_0)}{6}\left[2A(x_2^2+x_2x_0+x_0^2)+3B(x_2+x_0)+6C\right]$$

$$=\frac{(x_2-x_0)}{6}\left\{(Ax_0^2+Bx_0+C)+(Ax_2^2+Bx_2+C)+4\left[A\left(\frac{x_0+x_2}{2}\right)^2+B\left(\frac{x_0+x_2}{2}\right)+C\right]\right\}$$

$$=\frac{b-a}{3n}(y_0+4y_1+y_2),$$

其中用到了 $x_2-x_0=2\cdot\frac{b-a}{n}$, $\frac{x_0+x_2}{2}=x_1$.

用抛物线下的面积近似代替小曲边梯形面积，有

$$\int_{x_0}^{x_2}f(x)dx\approx\frac{b-a}{3n}(y_0+4y_1+y_2),$$

在 $[x_2, x_4]$ 上同样可得 $\int_{x_2}^{x_4}f(x)dx\approx\frac{b-a}{3n}(y_2+4y_3+y_4)$，类推下去，有

$$\int_{x_{n2}}^{x_n}f(x)dx\approx\frac{b-a}{3n}(y_{n-2}+4y_{n-1}+y_n),$$

其中 n 为偶数.

上式通常可以作为公式来计算曲边梯形的面积.

案例 4.13 （河床横断面面积计算）某河床的横断面（图 4-23），为了计算最大排洪量，需计算它的横断面积.

试根据下表所示的数据（单位为米），用辛普森方法计算其断面面积.

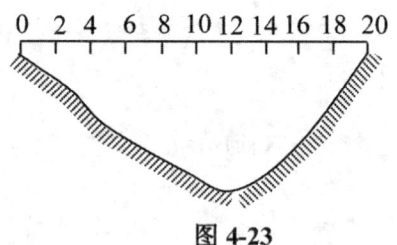

图 4-23

河宽 x/m	0	2	4	6	8	10	12	14	16	18	20
河深 y/m	0.4	1	1.8	2.2	2.6	3.4	4.2	3	2.2	1.2	0.4

解 由已知 $\Delta x = 2(m)$,且 $y_0 = 0.4$,$y_1 = 1$,$y_2 = 1.8$,$y_3 = 2.2$,

$y_4 = 2.6$,$y_5 = 3.4$,$y_6 = 4.2$,$y_7 = 3$,

$y_8 = 2.2$,$y_9 = 1.2$,$y_{10} = 0.4$,

由辛普森公式,可得

$$A \approx \frac{\Delta x}{3}[(y_0 + y_{10}) + 4(y_1 + y_3 + y_5 + y_7 + y_9) + 2(y_2 + y_4 + y_6 + y_8)]$$

$$= \frac{2}{3}[(0.4 + 0.4) + 4(1 + 2.2 + 3.4 + 3 + 1.2) + 2(1.8 + 2.6 + 4.2 + 2.2)]$$

$$\approx 43.7(m^2)$$

不管是用梯形法,还是用抛物线法,一般来说,n 取得越大,近似程度就越好,但计算量也就越大,可视实际情况而定.

3. 极坐标系下平面图形面积的计算

设曲边扇形由极坐标方程 $\rho = \rho(\theta)$ 与射线 $\theta = \alpha$,$\theta = \beta(\alpha < \beta)$ 所围成(图 4-24),若以极角 θ 为积分变量,积分区间为 $[\alpha, \beta]$,则曲边扇形的面积为

$$A = \int_\alpha^\beta \frac{1}{2}[\rho(\theta)]^2 d\theta. \tag{4-11}$$

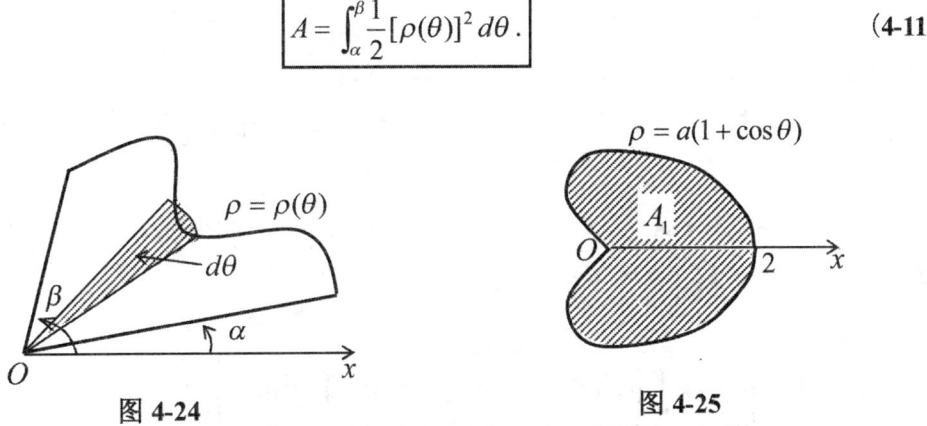

图 4-24　　　　　　　　　图 4-25

例 4.28 计算心形线 $\rho = a(1 + \cos\theta)(a > 0)$ 所围平面图形的面积.

解 此图形对称于极轴(图 4-25),所求面积即为极轴上方部分图形面积的两倍,我们取 θ 为积分变量,积分区间为 $[0, \pi]$,由 (4-11) 式,得所求面积为

$$A = 2A_1 = 2 \times \int_0^\pi \frac{1}{2} a^2 (1+\cos\theta)^2 d\theta$$

$$= a^2 \int_0^\pi (1+2\cos\theta+\cos^2\theta)d\theta$$

$$= a^2 \left[\frac{3}{2}\theta + 2\sin\theta + \frac{1}{4}\sin 2\theta\right]_0^\pi = \frac{3}{2}\pi a^2.$$

引例 4.5 提出的凸轮面积与体积问题，若知道凸轮的厚度，就能算出其体积了．

4.5.4 利用定积分求旋转体的体积

一个平面图形绕该平面内一条定直线旋转一周而成的立方体称为**旋转体**，该定直线称为旋转体的**旋转轴**，比如，圆柱、圆锥和球体可依次看作矩形绕着它的一边、直角三角形绕着它的一直角边、半圆绕着它的直径旋转一周而成的旋转体．

设旋转体是由连续曲线 $y=f(x)$、直线 $x=a$、$x=b(a<b)$、x 轴所围成的曲边梯形绕 x 轴旋转一周而成（图 4-26）．

下面利用微元法计算其体积．

在 $[a, b]$ 上任取一子区间 $[x, x+dx]$，则旋转体相应于区间 $[x, x+dx]$ 的一个薄片近似于底面积为 $A(x)=\pi[f(x)]^2$，高为 dx 的扁圆柱体，其体积微元为 $dv=\pi f^2(x)dx$，因此该旋转体体积为

$$\boxed{V_x = \pi \int_a^b [f(x)]^2 dx \quad \text{或} \quad V_x = \pi \int_a^b y^2 dx.} \tag{4-12}$$

同样，连续曲线 $x=\varphi(y)$、直线 $y=c$、$y=d(c<d)$、y 轴所围成的曲边梯形绕 y 轴旋转一周而得到的旋转体（图 4-27），其体积为

$$\boxed{V_y = \pi \int_c^d [\varphi(y)]^2 dy \quad \text{或} \quad V_y = \pi \int_c^d x^2 dy.} \tag{4-13}$$

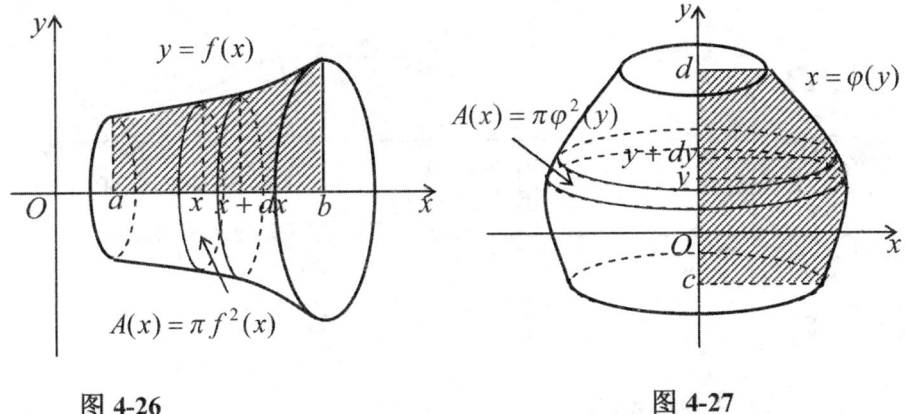

图 4-26   图 4-27

例 4.29 求椭圆 $\dfrac{x^2}{a^2}+\dfrac{y^2}{b^2}=1$ 所围成的平面图形分别绕 x 轴和 y 轴旋转一周所得的旋转体的体积.

解 椭圆绕 x 轴旋转得到的椭球体,可以看作是曲线 $y=\dfrac{b}{a}\sqrt{a^2-x^2}$ 绕 x 轴旋转而成,由式(4-12)可得所求椭球体的体积为

$$V=\pi\int_{-a}^{a}\dfrac{b^2}{a^2}(a^2-x^2)dx=\dfrac{4}{3}\pi ab^2.$$

而以 y 轴为旋转轴的椭球体,则可看作曲线 $x=\dfrac{a}{b}\sqrt{b^2-y^2}$ 绕 y 轴旋转而成,因此由式(4-13)可得另一椭球体的体积为 $V=\pi\int_{-b}^{b}\dfrac{a^2}{b^2}(b^2-y^2)dy=\dfrac{4}{3}\pi a^2 b.$

特别地,当 $a=b$ 时,旋转椭球体即为半径为 a 的球体,其体积为 $V=\dfrac{4}{3}\pi a^3.$

例 4.30 求由抛物线 $y=x^2$,直线 $x=2$ 与 x 轴所围成的平面图形绕 y 轴旋转一周所得立方体的体积.

解 该旋转体是以 y 轴为旋转轴,如图 4-28 所示,选取 x 为积分变量,积分区间为 $[0,4]$,则所求旋转体的体积应为圆柱体体积减去抛物线旋转一周所围成的杯状立体体积,即

$$V=\int_{0}^{4}\pi\cdot 2^2 dy-\int_{0}^{4}\pi\cdot(\sqrt{y})^2 dy$$

$$=\pi\int_{0}^{4}(4-y^2)dy=\pi\left(4y-\dfrac{y^2}{2}\right)\Big|_{0}^{4}=8\pi.$$

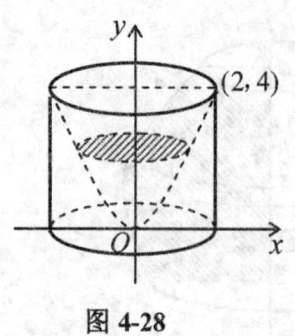

图 4-28

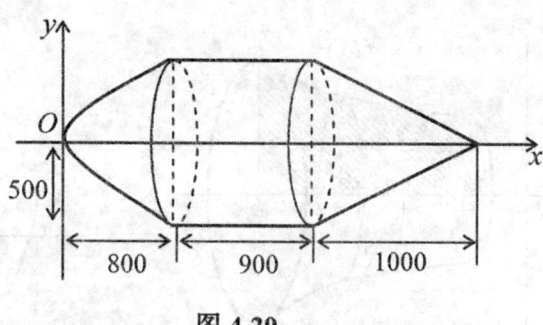

图 4-29

案例 4.14 （飞机副油箱体积）飞机副油箱的中部是圆柱面，尾部是圆锥面，头部是旋转抛物面，它的尺寸如图 4-29（单位 mm）所示，求它的容积.

解 建立直角坐标系，抛物线方程为 $y^2 = \dfrac{2500}{8}x$，则旋转抛物面体积为

$$V_1 = \pi \int_0^{800} \dfrac{2500}{8} x dx = \dfrac{2500}{16}\pi x^2 \Big|_0^{800} = 10^8 \pi.$$

中部圆柱体积为 $V_2 = \pi \cdot 500^2 \cdot 900 = 225 \times 10^6 \pi$.

尾部圆锥体积为 $V_3 = \dfrac{1}{3}\pi \cdot 500^2 \cdot 1000 = \dfrac{25}{3} \times 10^7 \pi$.

因此，飞机副油箱的体积为 $V = V_1 + V_2 + V_3 = \dfrac{1225}{3}\pi \times 10^6 \ (mm^3)$.

4.5.5 利用定积分求功、压力和总量

案例 4.15 （拉长弹簧所做的功）由胡克定律，弹簧拉长所需的拉力与弹簧的伸长量成正比，现用 $1N$ 的力能使弹簧伸长 $0.01m$，求把弹簧拉长 $0.1m$ 所做的功.

解 胡克定律为 $F = kx$，k 为弹簧系数，将已知条件 $F = 1N$，$x = 0.1m$ 代入 $F = kx$，得 $k = 100N/m$，即 $F = 100x$.

取 x 为积分变量，x 的变化区间为 $[0, 0.1]$，则功微元为 $dW = F(x)dx = 100xdx$，于是把弹簧拉长 $0.1m$ 所做的功为

$$W = \int_0^{0.1} 100x dx = 50x^2 \Big|_0^{0.1} = 0.5(J).$$

案例 4.16 （抽水所做的功）修建大桥桥墩时要先下圆柱形围图，且抽尽其中的水以便施工. 已知围图直径为 $20m$，水深 $27m$，围图高出水面 $3m$，求抽尽其中的水要做多少功？

分析 我们设想水也是一层层被抽上来的，由于水位不断下降，所以这也是一个"变距离"做功问题，可用定积分来解决.

解 如图 4-30，建立直角坐标系，取积分变量为 x，积分区间是 $[3, 30]$. 在 $[3, 30]$ 上任取一小区间 $[x, x+dx]$，与其对应的一薄层水所受重力为 $\rho g v = \rho g \pi 10^2 dx$，其中 $\rho = 1 \times 10^3 kg/m^3$ 为水的密度，$g = 9.8 m/s^2$ 为重力加速度，抽出这一薄层的水，相当于克服这些水的重力所作的功，因此功微元为 $dW = 9.8 \times 10^5 \pi x dx$，于是抽尽围图里的水所作的功为

$$W = \int_3^{30} 9.8 \times 10^5 \pi x dx = \left(9.8 \times 10^5 \pi \times \frac{x^2}{2}\right)\Big|_3^{30} \approx 1.37 \times 10^9 (J).$$

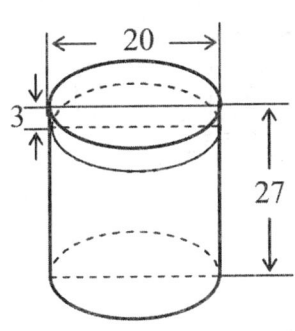
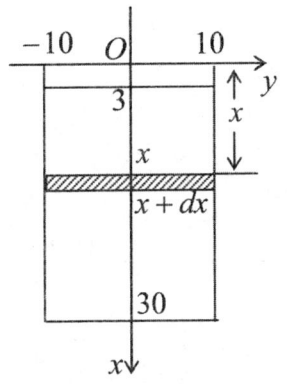

图 4-30

物理学中，在水深为 h 处的压强为 $P = \rho \cdot h$，其中 ρ 是水的比重，如果有一面积为 A 的平板水平的放置在水深 h 处，那么，平板一侧所受的水压力为 $F = P \cdot A$.

若平板是垂直放置水中，压强 P 将随着水深不同而不同，平板一侧所受水的压力也就不能如上述方法一样计算.

案例 4.17 （闸门所受压力）设一水平放置的水管，其横断面是直径为 $6m$ 的圆，求当水半满时，水管一端的竖立闸门上所受的压力.

解 这就是引例 4.6 提出的问题，建立直角坐标系（图 4-31），则圆的方程为 $x^2 + y^2 = 9$.

取 x 为积分变量，积分区间为 $[0, 3]$，且在 $[0, 3]$ 上任取一小区间 $[x, x+dx]$，则其面积微元为

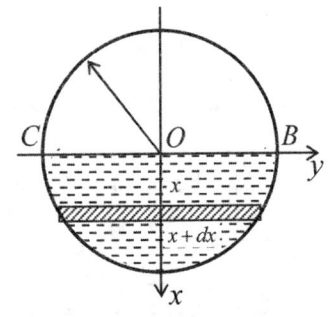

图 4-31

$$dA = 2\sqrt{9-x^2}dx, \quad h = x,$$

由于水的密度为 $\rho = 9.8 \times 10^3$，因此，压力微元为

$$dF = 9.8 \times 10^3 \cdot x \cdot 2\sqrt{9-x^2}dx,$$

于是，竖立闸门上所受压力为

$$F = \int_0^3 9.8 \times 10^3 \cdot x \cdot 2\sqrt{9-x^2}dx = -9.8 \times 10^3 \int_0^3 \sqrt{9-x^2}d(9-x^2)$$

$$= -9.8 \times 10^3 \times \frac{2}{3}\left[(9-x^2)^{\frac{3}{2}}\right]_0^3 \approx 1.76 \times 10^5 (N).$$

习题 4 5

1.求下列曲线弧长.

(1)求均匀摆线 $\begin{cases} x = t - \sin t \\ y = 1 - \cos t \end{cases}$ $(0 \leq t \leq 2\pi)$ 一拱的弧长；

(2)求阿基米德螺线 $r = a\theta (a > 0)$ 当 θ 从 0 到 2π 的弧长.

2.求下列平面图形的面积.

(1)抛物线 $y = -x^2 + 4x - 3$ 及点（0，-3）和（3，0）处抛物线的切线所围成的平面图形面积；

(2)曲线 $y = \sin x$，$y = \cos x$ 与直线 $x = 0$，$x = \frac{\pi}{2}$ 所围成平面图形的面积.

3.（拱高计算）已知某建筑物屋的屋盖是跨度为 $l = 18m$，矢高为 $f = 3.6m$ 的抛物线拱，计算其拱长.

4.（锅的容积计算）有一口锅，其形状可视为抛物线 $y = ax^2$ 绕 y 轴旋转而成，已知锅深为 $0.5m$，锅口直径为 $1m$，求锅的容积.

5.（**电场力所功**）在物理学中，距点电荷 q 为 x 处的单位正电荷所受的电场力为：$F = k \cdot \dfrac{q}{x^2}$（$k$ 为常数），在位于坐标原点带有电量 q 的正电荷所形成的电场中，单位正电荷在电场力作用下沿 x 轴从 a 点移动到 b 点，试表示在这过程中电场力所作的功.

6.（**拉伸弹簧做功**）弹簧在拉伸过程中，所需要的力与弹簧的伸长量成正比，即 $F = kx$，（k 为比例系数），已知弹簧拉长 $0.01cm$ 时需用力 $10N$，现弹簧在外力的作用下被拉长了 $0.05cm$，计算外力所做的功.

7.(**圆片质量**)设有一半径为 R 的圆形薄片，圆周的方程为 $x^2 + y^2 = R^2$，其上任一点 (x, y) 处面密度为 $\rho_A = 2R - y$，求它的质量.

8.（**油管流量**）油类通过圆柱形油管时，已知任一点的流速 v 是该点离中心线距离 r 的函数，即 $V = k(R^2 - r^2)$，其中 k 为比例系数，R 是油管的半径，求单位时间内通过油管横截面的油的流量.

9.(**水对薄板的压力**)有一椭圆形薄板，长半轴为 a，短半轴为 b，薄板垂直立于水中，其短半轴与水面相齐，设水的比重为 ρ，如何求水对薄板的压力？

10.(**电炉产生的热量**)电炉接在电压为 $U = U_m \sin \omega t$ 的电源上，电流为 $i = I_m \sin \omega t$（其中，U_m、I_m、ω 为常数），则电炉在单位时间（如 1 秒）内产生的热量为 $P = ui$（P 为功率）.试计算经过 $60s$ 后电炉产生的总热量.

复习题四

一、单选题

1. 可积函数 $f(x)$ 的积分曲线族中,每一条曲线在横坐标相同的点处的切线（   ）.

   A. 一定平行于 x 轴　　　　　　B. 一定平行于 y 轴

   C. 相互平行　　　　　　　　　D. 相互垂直

2. 函数 $\int f(x)dx = F(x) + C$，则 $\int f(ax+b)dx = $（   ）

   A. $F(ax+b) + C$　　　　　　B. $aF(ax+b) + C$

   C. $\dfrac{1}{a}F(ax) + C$　　　　　　D. $\dfrac{1}{a}F(ax+b) + C$

3. 下列函数中,不是 $f(x) = \dfrac{1}{x}$ 的原函数的是（   ）

   A. $\ln x$　　　　B. $\ln x + 1$　　　　C. $\ln 2x$　　　　D. $2\ln x$

4. 函数 $f(x) = e^{-x}$ 的不定积分为（   ）

   A. e^{-x}　　　　B. $-e^{-x}$　　　　C. $e^{-x} + C$　　　　D. $-e^{-x} + C$

5. 下列选项中,值为零的是（   ）.

   A. $\int_{-1}^{2} x dx$　　　B. $\int_{-1}^{1} x\sin x dx$　　　C. $\int_{-1}^{1} x\cos x dx$　　　D. $\int_{-1}^{1} x\cos^2 x dx$

6. 设 $f(x)$ 在 $[a, b]$ 连续,则曲线 $y = f(x)$ 与直线 $x = a$，$x = b$，$y = 0$ 所围平面图形的面积为（   ）

   A. $\int_a^b f(x) dx$　　　　　　　　B. $\left|\int_a^b f(x) dx\right|$

   C. $\int_a^b |f(x)| dx$　　　　　　　D. $f'(\xi)(b-a), a < \xi < b$

7. 已知 $f(0) = 1$，$f(2) = 2$，$f'(1) = 3$，则 $\int_0^1 xf''(x)dx = $（   ）

A. $f(x)=x+\dfrac{1}{2}$ B. $f(x)=-x+\dfrac{1}{2}$

C. $f(x)=\dfrac{\sqrt{3}}{2}x+\dfrac{1}{2}$ D. $f(x)=\dfrac{3}{4}x+\dfrac{1}{2}$

二、填空题

1. 函数 $y=f(x)$ 的 _____ 称为 $f(x)$ 的不定积分.

2. $\int\left(\dfrac{x}{1+x^2}\right)'dx=$ _____ ，$\left(\int\dfrac{x}{1+x^2}dx=\right)'$ _____.

3. 若 $\int f(x)dx=\dfrac{1}{2}\cos 2x+C$，则 $f(x)=$ _____.

4. 经过坐标原点，且每点处的切线斜率均等于 $\cos x$ 的曲线方程是 _____.

5. (1) $\int dx=$ _____； (2) $\int\dfrac{3}{x^2}dx=$ _____；

   (3) $\int e^x dx=$ _____； (4) $\int\dfrac{1}{2x}dx=$ _____；

   (5) $\int\dfrac{2}{1+x^2}dx=$ _____； (6) $\int\cos 2x dx=$ _____.

6. 设 $\int_0^1(2x+k)dx=2$，则 $k=$ _____.

7. $\int_0^1 x\sqrt{1-x^2}dx=$ _____.

8. 当 $k=$ _____ 时，曲线 $y=x^2$ 与直线 $y=kx(k>0)$ 所围图形的面积为 $\dfrac{4}{3}$.

9. 曲线 $y=x^3$ 及 $y=0$，$x=1$ 所围平面图形绕 y 轴旋转的旋转体体积 $V_y=$ _____.

10. 设 $\int_0^a x(2-3x)dx=2$，则 $a=$ _____.

三、计算题

1. $\int(x^2-3x+2)dx$；

2. $\int(e^x+2x)dx$；

5. $\int 2xe^{x^2}dx$;

6. $\int \dfrac{ax}{x\ln x}$;

7. $\int \dfrac{1}{\sqrt{9-4x^2}}dx$;

8. $\int \tan^2 x dx$;

9. $\int \dfrac{xdx}{x^2+1}$;

10. $\int x^5 e^{x^3}dx$.

四、解答题

1. 试证函数 $y=\dfrac{1}{2}\sin^2 x$，$y=-\dfrac{1}{4}\cos 2x$，$y=-\dfrac{1}{2}\cos^2 x$ 是同一个函数的原函数.

2. 求曲线 $y^2=\dfrac{x}{4}$ 与直线 $y=\dfrac{3}{2}-x$ 所围成的平面图形的面积.

3.(伤口的表面积)医学研究发现，刀割伤口表面修复的速度为 $A'(t)=-5t^{-2}$（单位：cm^2/d）($1\le t\le 5$)，其中 A 表示伤口的表面积.设 $A(1)=5cm^2$，问受伤 5 天后该患者的伤口的表面积为多少?

4.（电路中的电量）设导线在时刻 t（单位：s）的电流为 $i(t)=0.006t\sqrt{t^2+1}$，如果 $t=0$ 时，流过导线横截面的电量 $Q(t)=0$（单位：A），求电量 $Q(t)$ 与 t 的函数关系式.

5.(正劈锥体体积)有一正劈锥体，其底面为椭圆 $\dfrac{x^2}{100}+\dfrac{y^2}{25}=1$，其顶为平行于底且长度等于该椭圆长轴的直线段，高为 5，垂直于该椭圆长轴的截面都是等腰三角形，求该正劈椎体的体积.

6. (水对闸门的压力)修建一道梯形闸门，它的两底分别为 $6m$ 和 $4m$，高为 $6m$，较长的底边与水面平齐，要计算闸门一侧所受水的压力.

7.(电量计算)设电流强度 i 可表示为时间 t 的函数 $i=2\sin(2t+\dfrac{\pi}{4})$，那么从 $t=0$ 到 $t=\dfrac{\pi}{2}$ 流过的电量 Q 为多少？

8.半径为 r 的球沉入水中，它与水面相切，球的密度为 1，现将球从中取出，需要做多少功？

9.交流电压为 $U = U_m \sin \omega t$，求它通过电阻 R 所消耗的平均功率.

10.交流电压 $U = U_m \sin \omega t$ 经全波整流，当触发角为 $\alpha = \dfrac{\pi}{2}$ 时，输出电压在一个周期内的表达式为

$$\begin{cases} 0, & 0 \leq t \leq \dfrac{\pi}{2\omega}, \\ U_m \sin \omega t, & \dfrac{\pi}{2\omega} \leq t \leq \dfrac{\pi}{\omega}. \end{cases}$$

求全波可控硅整流的电压平均值及有效值.

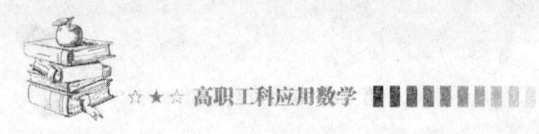

数学文化欣赏（四）
——数学悖论与三次数学危机

从哲学上来看，矛盾是无处不存在的，即便以确定无疑著称的数学也不例外。数学中有大大小小的许多矛盾，例如正与负、加与减、微分与积分、有理数与无理数、实数与虚数等等。在整个数学发展过程中，还有许多深刻的矛盾，例如有穷与无穷、连续与离散、存在与构造、逻辑与直观、具体对象与抽象对象、概念与计算等等。

在数学史上，贯穿着矛盾的斗争与解决。当矛盾激化到涉及整个数学的基础时，就会产生数学危机。而危机的解决，往往能给数学带来新的内容、新的发展，甚至引起革命性的变革。数学的发展就经历过三次关于基础理论的危机。

一、希帕索斯悖论与第一次数学危机

希帕索斯悖论的提出与勾股定理的发现密切相关。勾股定理是欧氏几何中最著名的定理之一。它在数学与人类的实践活动中有着极其广泛的应用，同时也是人类最早认识到的平面几何定理之一。

最早给出这一定理证明的是古希腊的毕达哥拉斯。因而国外一般称之为"毕达哥拉斯定理"。毕达哥拉斯是公元前五世纪古希腊的著名数学家与哲学家，他提出"万物皆数"，"一切数均可表成整数或整数之比"是这一学派的数学信仰。毕达哥拉斯定理提出后，其学派中的一个成员希帕索斯考虑了一个问题：边长为1的正方形，其对角线长度是多少呢？他发现这一长度既不能用整数，也不能用分数表示，而只能用一个新数来表示。

希帕索斯的发现导致了数学史上第一个无理数 $\sqrt{2}$ 的诞生。$\sqrt{2}$ 的出现，直接动摇了毕达哥拉斯学派的数学信仰，这一结论的悖论性表现在它与常识的冲突上：任何量，在任何精确度的范围内都可以表示成有理数。这应该是多么违反常识，多么荒谬的事！它简直把以前所知道的事情根本推翻了。更糟糕的是，面对这一荒谬人们竟然毫无办法。这就在当时直接导致了人们认识上的危机，从而引发了西方数学史上一场大的风波，史称"第一次数学危机"。

二百年后，公元前370年，才华横溢的欧多克索斯建立起一套完整的比例论，他借助几何方法，避免直接出现无理数，这就生硬地把数和量肢解开来。在这种解决方案下，

对无理数的使用只有在几何中是允许的,合法的,在代数中就是非法的,不合逻辑的,或者说无理数只被当作是附在几何量上的单纯符号,而不被当作真正的数.一直到 18 世纪,当数学家证明了基本常数,如圆周率是无理数时,拥护无理数存在的人才多起来.到十九世纪下半叶,现在意义上的实数理论建立起来后,无理数本质被彻底搞清,无理数在数学园地中才真正扎下了根.无理数在数学中合法地位的确立,一方面使人类对数的认识从有理数拓展到实数,另一方面也真正彻底、圆满地解决了第一次数学危机.

欧多克索斯
(公元前 408-前 355 年)

二、贝克莱悖论与第二次数学危机

与第二次危机有关的一个比较有意思的悖论是芝诺悖论——阿基里斯追不上乌龟,第二次数学危机源自微积分工具的使用.不管是牛顿,还是莱布尼兹所创立的微积分理论都是不严格的.两人的理论都建立在无穷小分析之上,但他们对作为基本概念的无穷小量的理解与运用却是混乱的.因而,从微积分诞生时就遭到了一些人的反对与攻击.其中攻击最猛烈的是英国大主教贝克莱.

无穷小量在牛顿的理论中有时是零,有时又不是零,因此贝克莱大主教嘲笑无穷小量是"已死量的幽灵",他的攻击虽说出自维护神学的目的,但却真正抓住了牛顿理论中的缺陷,是切中要害的,数学史上把贝克莱的问题称之为"贝克莱悖论".笼统地说,贝克莱悖论可以表述为"无穷小量究竟是否为 0"的问题,就无穷小量在当时实际应用而言,它必须既是 0,又不是 0,但从形式逻辑而言,这无疑是一个矛盾.

贝克莱(英国大主教)

这一问题的提出在当时的数学界引起了一定的混乱,由此导致了第二次数学危机的产生.针对贝克莱的攻击,牛顿与莱布尼兹都曾试图通过完善自己的理论来解决,但都没有获得完全成功,这使数学家们陷入了尴尬境地,一方面微积分在应用中大获成功,另一方面其自身却存在着逻辑矛盾,即贝克莱悖论.这种情况下对微积分的取舍上到底何去何从呢?

经过一个多世纪的漫漫征程,几代数学家,包括达朗贝尔、拉格朗日、傅里叶、贝努力家族、拉普拉斯以及集众家之大成的欧拉等人的努力,数量惊人前所未有的处女地被开垦出来,微积分理论获得了空前丰富.

达朗贝尔(D'Alembert,
1717-1783 年,法国
法国,数学家、物理学家

傅里叶(Fourier,
1768—1830 年,法国)

18 世纪有时甚至被称为"分析的世纪",然而,与此同时十八世纪粗糙的,不严密的工作也导致谬误越来越多的局面,不谐和音的刺耳开始震动了数学家们的神经.

下面仅举一无穷级数为例.

无穷级数 $S = 1-1+1-1+\cdots\cdots$ 等于什么? 有人认为 $S = (1-1)+(1-1)+\cdots\cdots = 0$,也又有人认为 $S = 1+(1-1)+(1-1)+\cdots\cdots = 1$,那么岂非 $0 = 1$?

这一矛盾竟使傅立叶那样的数学家困惑不解,甚至连被后人称之为"数学家之英雄"的欧拉在此也犯下难以饶恕的错误.

他得到 $1+x+x^2+x^3+\cdots\cdots = \dfrac{1}{1-x}$ 后,令 $x = -1$,得出 $S = 1-1+1-1+\cdots\cdots = \dfrac{1}{2}$.

由此一例,不难看出当时数学中出现的混乱局面了.问题的严重性在于当时分析中任何一个比较细致的问题,如级数、积分的收敛性、微分积分的换序、高阶微分的使用以及微分方程解的存在性等,都几乎无人过问.尤其到十九世纪初,傅立叶理论直接导致了数学逻辑基础问题的彻底暴露.这样,消除不谐和音,把分析重新建立在逻辑基础之上就成为数学家们迫在眉睫的任务.到十九世纪,批判、系统化和严密论证的必要时期降临了.

欧拉（L.Euler，
1707—1783年，瑞士）

柯西（Cauchy，
1789-1857年，法国）

使分析基础严密化的工作是由法国著名数学家柯西迈出了第一大步.柯西于1821年开始出版了几本具有划时代意义的书与论文.其中给出了分析学一系列基本概念的严格定义.如他开始用不等式来刻画极限,使无穷的运算化为一系列不等式的推导.这就是所谓极限概念的"算术化".后来,德国数学家魏尔斯特拉斯给出更为完善的我们目前所使用的"$\varepsilon-\delta$"方法.另外,在柯西的努力下,连续、导数、微分、积分、无穷级数的和等概念也建立在了较坚实的基础上.不过,在当时情况下,由于实数的严格理论未建立起来,所以柯西的极限理论还不可能完善.

柯西之后,魏尔斯特拉斯、戴德金、康托尔各自经过自己独立深入的研究,都将分析基础归结为实数理论,并于七十年代各自建立了自己完整的实数体系.重建微积分学基础,这项重要而困难的工作就这样经过许多杰出学者的努力而胜利完成了.微积分学坚实牢固基础的建立,结束了数学中暂时的混乱局面,同时也宣布了第二次数学危机的彻底解决.

三、罗素悖论与第三次数学危机

理发师悖论（罗素悖论）：某村只有一人理发,且该村的人都需要理发,理发师规定,给且只给村中不给自己理发的人理发.试问：理发师给不给自己理发？

如果理发师给自己理发,则违背了自己的约定;如果理发师不给自己理发,那么按照他
的规定,又应该给自己理发.这样,理发师陷入了两难的境地.

十九世纪下半叶,康托尔创立了著名的集合论,在集合论刚产生时,曾遭到许多人的猛烈攻击,但不久这一开创性成果就为广大数学家所接受了,并且获得广泛而高度的赞誉.数学家们发现,从自然数与康托尔集合论出发可建立起整个数学大厦,因而集合论成为现代数学的基石."一切数学成果可建立在集合论基础上"这一发现使数学家们为之

陶醉.1900 年,国际数学家大会上,法国著名数学家庞加莱就曾兴高采烈地宣称:"………借助集合论概念,我们可以建造整个数学大厦……今天,我们可以说绝对的严格性已经达到了……"

可是,好景不长,1903 年,一个震惊数学界的消息传出:集合论是有漏洞的!这就是英国数学家罗素提出的著名的罗素悖论。

罗素构造了一个由一切不是自身元素的集合所组成的集合 S,然后罗素问 S 是否属于 S 呢?根据排中律,一个元素或者属于某个集合,或者不属于某个集合,因此,对于一个给定的集合,问是否属于它自己是有意义的,但对这个看似合理的问题的回答却会陷入两难境地.如果 S 属于 S,根据 S 的定义,S 就不属于 S;反之,如果 S 不属于 S,同样根据定义,S 就属于 S,无论如何都是矛盾的.

康托尔(Cantor,1845-1918 年,德国,集合论的创始人)

伯特兰·罗素(Bertrand Russell,1872-1970 年,英国)

罗素悖论一提出就在当时的数学界与逻辑学界内引起了极大震动,这一悖论就象在平静的数学水面上投下了一块巨石,而它所引起的巨大反响则导致了第三次数学危机.

从数学史上由于数学悖论而导致的三次数学危机中,我们不难看出数学悖论在推动数学发展中的巨大作用.有人说:"提出问题就是解决问题的一半",悖论的出现逼迫数学家投入最大的热情去解决它,而在解决悖论的过程中,各种理论应运而生了:第一次数学危机促成了公理几何与逻辑的诞生,第二次数学危机促成了分析基础理论的完善与集合论的创立,第三次数学危机促成了数理逻辑的发展和一批现代数学的产生,数学由此获得了蓬勃发展,这或许就是数学悖论重要意义之所在吧!

第5章 微分方程

在初等数学中，我们通常将要研究的问题中的已知数与未知数的关系，用含一个未知数的方程式或含多个未知数的方程组来表示，然后求取方程（组）的解.但在许多实际问题中，经常会出现以上方程（组）无法解决的问题，比如，要寻求自由落体物体的运动规律，要确定火箭飞行的轨道等，这些问题都与微分方程有关.

微分方程是微积分的重要组成部分，起源于17世纪对物理学的研究.苏格兰数学家耐普尔(Napier, John, 1550-1617 年)创立对数的时候就讨论过微分方程的近似解，意大利科学家伽利略（G.Glider, 1564-1642）发现，若自由落体物体在时间 t 内下落的距离为 h，则加速度 $a(t) = h''(t)$ 是一个常数 g，即得到 $h(t) = \frac{1}{2}gt^2$，这是微分方程求解的最早证词.牛顿在建立微积分的同时，对简单的微分方程用级数来求解，并利用微分方程从理论上得到了行星的运动规律.荷兰数学家、物理学家惠更斯(C.Huggens, 1629-1695 年)研究钟摆问题，得到摆的运动方程 $\frac{d^2\theta}{dt^2} + \frac{g}{l}\sin\theta = 0$.法国数学家勒维烈和英国天文学家亚当斯使用微分方程各自计算出海王星的位置.瑞士数学家雅各布·贝努力(Jacob Bernoulli, 1654-1705 年)在 1690 年提出了"悬链线问题"，并求出微分方程 $\frac{dy}{dx} = \frac{s}{c}$ 的解为 $y = a\cos sh\frac{x}{c}$.数学家莱布尼茨于 1691 年提出了常微分方程的变量分离法，后来欧拉、法国数学家克雷洛、大朗贝尔、拉格朗日等人又不断地研究和丰富了微分方程的理论.

20 世纪以来，随着大量的边缘科学，如流体力学、气象学、动力学，尤其是计算机的发展与普及，常微分方程得到了广泛的应用.

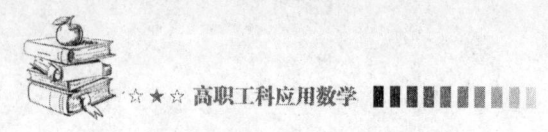

在实际中，我们会碰到很多问题，如放射性元素的衰变、热传导等，通常需要根据已知条件建立有关函数及其导数（或微分）的方程，进而求解方程，解决实际问题．本章我们主要学习微分方程的基本概念，讨论几类常见微分方程的解法，以及微分方程在实际中的应用．

5.1 微分方程的基本概念

5.1.1 微分方程的定义

引例 5.1 （曲线方程）求过点 $(1, 3)$，且在曲线上任一点 $M(x, y)$ 处的切线斜率等于 $3x^2$ 的曲线方程．

分析 设所求曲线的方程为 $y = f(x)$，由题设可知，

$$\boxed{\dfrac{dy}{dx} = 3x^2 \quad \text{或} \quad y' = 3x^2,}\tag{5-1}$$

引例 5.2 （列车的制动方程）设列车提速后，以 $40m/s$（相当于 $144km/h$）的速度在平直的轨道上行驶（假设不计空气阻力和摩擦力），当制动（刹车）时获得加速度 $-0.8m/s^2$．求列车制动后的运动方程，及行驶的路程？

分析 设制动后列车的运动方程为 $S = S(t)$，则由加速度为 $-0.8m/s^2$ 可知，

$$\boxed{\dfrac{d^2S}{dt^2} = -0.8 \quad \text{或} \quad S'' = -0.8,}\tag{5-2}$$

上述引例中出现的关系式（5-1）和（5-2）具有相同的特点，即都已知了函数的导数（微分）所满足的方程，要求未知函数，我们把这类问题称之为微分方程问题．

定义 5.1 一般的，含有未知函数的导数（或微分）的方程称为**微分方程**．

如方程 $\dfrac{dy}{dx} = 2x$，$y' + xy = 3$，$y''' - 4y' + 5y = \sin x$ 等都是微分方程．

注 在微分方程中，自变量及未知函数可以不出现，但未知函数的导数必须出现．

未知函数为一元函数的微分方程称为**常微分方程**，未知函数为多元函数的微分方程称为**偏微分方程**．本章只讨论常微分方程，简称微分方程．

定义 5.2 微分方程中未知函数的导数的最高阶数，称为**微分方程的阶**.

(5-1)式是一阶微分方程，(5-2)式是二阶微分方程，$y^{(4)} - 4 = 0$ 则是四阶微分方程.

一阶微分方程的一般形式为：$y' = f(x, y)$ 或 $F(x, y, y') = 0$.

二阶微分方程的一般形式为：$y'' = f(x, y, y')$ 或 $F(x, y, y', y'') = 0$.

n 阶微分方程的一般形式为：$F(x, y, y', \cdots, y^{(n)}) = 0$，其中 $y^{(n)}$ 必须出现.

以上各方程中，x 为自变量，y 是 x 的函数，而 y'，y''，$\cdots$，$y^{(n)}$ 依次是未知函数的一阶、二阶、$\cdots$，n 阶导数.

5.1.2 微分方程的解

定义 5.3 如果函数 $y = f(x)$ 满足一个微分方程，则称它是该**微分方程的解**.

例如，$y = x^3$、$y = x^3 + 1$、$y = x^3 + C$ 都是微分方程 $\dfrac{dy}{dx} = 3x^2$ 的解.

定义 5.4 若微分方程的解中含有任意常数，且任意常数的个数等于该微分方程的阶数，则称此解为**微分方程的通解**. 若通解中的常数能根据已知条件确定下来，则称其为**微分方程的特解**，这个已知条件叫做**初始条件**.

例如，$y = x^3 + C$ 是微分方程 $\dfrac{dy}{dx} = 3x^2$ 的通解，而 $y = x^3 - 3$ 则是该方程在初始条件 $y|_{x=2} = 5$ 下的特解.

一个确定的微分方程，其通解只有一个，但其特解可以有无数个.

例 5.1 解一阶微分方程 $y' = \dfrac{1}{x}$.

分析 形如 $y^{(n)} = f(x)$ 的微分方程，可以通过对方程直接积分求解.

解 将原方程两边积分，得
$$\int y' dx = \int \dfrac{1}{x} dx,$$
即
$$y = \ln|x| + C.$$

例 5.2 求微分方程 $y'' = 6x^2 + 4x + 1$ 的通解.

解 对原方程两边直接积分，即

$$y' = \int (6x^2 + 4x + 1)dx = 2x^3 + 2x^2 + x + C_1,$$

再积分，得
$$y = \int (2x^3 + 2x^2 + x + C_1)dx$$

$$= \frac{1}{2}x^4 + \frac{2}{3}x^3 + \frac{1}{2}x^2 + C_1 x + C_2，（其中 C_1，C_2 为任意常数）$$

该式即为原微分方程的通解.

利用上述方法，我们来求解引例中的两个问题.

引例 5.1 中，已知 $y' = 3x^2$，对方程两边求积分，即

$$y = \int 3x^2 dx = x^3 + C，（其中 C 为任意常数）$$

再将初始条件 $y|_{x=1} = 3$ 代入上式，解得常数 $C = 2$，因此曲线方程为 $y = x^3 + 2$.

引例 5.2 中，由 $\dfrac{d^2 S}{dt^2} = -0.8$ 可知 $S'' = -0.8$，对其两边积分，得

$$v(t) = S' = \int S'' dt = \int (-0.8)dt = -0.8t + C_1,$$

再积分，得 $S = -0.4t^2 + C_1 t + C_2$，（其中 C_1，C_2 为任意常数）

将初始条件 $v|_{t=0} = 40$、$S|_{t=0} = 0$ 分别代入上述两式，解得 $C_1 = 40$，$C_2 = 0$.

于是列车制动后的速度函数和运动规律分别为：

$$v(t) = -0.8t + 40，\quad S(t) = -0.4t^2 + 40t.$$

最后，令 $v(t) = 0$，解得 $t = 50$.

因此列车从开始制动到停止所用时间为 50 秒，其制动距离为 $S = 1000$ 米.

案例 5.1 （交通事故问题）在公路交通事故的现场，常会发现事故车辆的车轮留有一段拖痕（称为"**刹车距离**"），这是紧急刹车后制动片抱紧制动箍使车轮停止转动产生的，而车轮由于惯性的作用会在地面上摩擦，其摩擦系数为 1.04（此系数由路面质地、轮胎与地面接触面积等因素决定），现有一事故车辆，其拖痕为 $15 m$，那么交警如何判定该事故车辆在紧急刹车前的车速是否超出规定？

解 设车辆的质量为 m，制动后的滑动位移为 $s(t)$，滑动速度为 $v(t)$，当 $t = 0$ 时，初速度为 v_0，经过时间 t_1 后，滑动停止，末速度为 $v(t_1) = 0$，滑动位移为 $s(t_1) = 15$.

根据牛顿第二定律，有 $ms'' = -\mu mg$，即 $s'' = -\mu g$，直接积分，得

$$s' = \int -\mu g\, dt = -\mu g t + C_1,$$

再积分，得
$$s = \int (-\mu g t + C_1) dt = -\frac{\mu g}{2} t^2 + C_1 t + C_2,$$

将初始条件 $v(0) = v_0$，$s(0) = 0$ 代入上式，解得 $C_1 = v_0$，$C_2 = 0$，即

$$s = -\frac{\mu g}{2} t^2 + v_0 t.$$

最后将条件 $v(0) = v_0$，$s(t_1) = 15$ 代入方程组 $\begin{cases} v = s' = -\mu g t + v_0 \\ s = -\dfrac{\mu g}{2} t^2 + v_0 t \end{cases}$，得

$$\begin{cases} -\lambda g t_1 + v_0 = 0 \\ -\dfrac{\lambda g}{2} t_1^2 + v_0 t = 15 \end{cases},$$

消去方程组中的 t_1，解得初速度为 $v_0 = \sqrt{2\lambda g \times 15} = \sqrt{2 \times 1.04 \times 9.8 \times 15} \approx 17.14 (m/s)$.

实际上，在车轮开始滑动之前，车辆还有一个滚动减速的过程，因此车辆在刹车前的速度要大于 $17.14 m/s$，大约 $63 km/h$. 可见刹车拖痕（距离）是分析交通事故的一个重要因素.

一般来说，每一种特定类型的微分方程都有其特定的解法，从下节开始我们会学习更多类型的微分方程的解法.

习 题 5.1

1.下列方程中，哪些是微分方程？哪些不是微分方程？

(1) $2y'' + y' = 0$；

(2) $y^3 + 2xy - 7x = 0$；

(3) $\dfrac{d^2 y}{dx^2} = 1 + x$；

(4) $y = -1 + x$.

2.说出下列微分方程的阶数.

(1) $(y')^2 + 3xy = 4\sin x$； (2) $y'''y' + 2y'' - xy = 0$；

(3) $2\dfrac{d^2Q}{dt^2} + 3\dfrac{dQ}{dt} + \dfrac{Q}{4} = 0$； (4) $\dfrac{d^2y}{dx^2} + 2y = 4$.

3.用微分方程表示：某气体的气压 P 对于温度 T 的变化率与气压成正比，与温度的平方成反比.

4.曲线 $y = f(x)$ 上任意一点 $P(x, y)$ 处的法线斜率为 x^2，写出该曲线满足的微分方程.

5.求解下列微分方程的通解或特解.

(1) $y'' = x + 1$； (2) $\dfrac{dy}{dx} = \dfrac{2}{x}$，$y|_{x=e} = 3$.

6.验证 $y = C_1 e^{2x} + C_2 e^{-2x}$（$C_1$，$C_2$ 为任意常数）是微分方程 $y'' - 4y = 0$ 的通解，并求满足初始条件 $y|_{x=0} = 0$，$y'|_{x=0} = 1$ 的特解.

5.2　可分离变量的微分方程

用直接积分法可求解一阶微分方程 $y' = f(x)$，但形如 $y' = f(x, y)$ 的一阶微分方程，如 $y' = 10^{x+y}$，直接积分法将无法求解，接下来我们将讨论多种形式的一阶微分方程的解法.

案例 5.2　（牛顿冷却定律）将一高温物体放入低温介质中自然冷却（图 5-1），依照牛顿冷却定律，其冷却的速率与该物体的温度 T 和周围介质的温度 T_e 的差 $(T_e - T)$ 成正比. 请将上述定律用数学表达式表达出来.

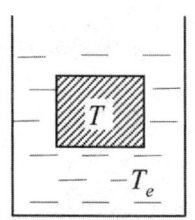

图 5-1

解　根据牛顿冷却定律的描述，有

$$\dfrac{dT}{dt} = k(T_e - T)，（其中热传导系数 k > 0）.$$

该方程是一阶微分方程，但它显然不是 $y' = f(x)$ 的形式，因为方程的右边也含有变量 T，我们称之为可分离变量的微分方程.

5.2.1 可分离变量的微分方程的概念

定义 5.5 形如

$$\boxed{\dfrac{dy}{dx} = f(x) \cdot g(y),}\qquad(5\text{-}3)$$

的一阶微分方程称为**可分离变量的微分方程**，其中 $f(x)$、$g(y)$ 分别是 x、y 的连续函数.

5.2.2 可分离变量的微分方程的解法

例 5.3 求微分方程 $xdy - 3ydx = 0$ 的通解.

解 将原方程进行变量分离，得 $\dfrac{1}{y}dy = \dfrac{3}{x}dx$，

方程两边积分，得 $\displaystyle\int\dfrac{1}{y}dy = \int\dfrac{3}{x}dx.$，

求出积分 $\ln|y| = 3\ln|x| + C_0$，即 $y = Cx^3 (C = \pm e^{C_0})$.

故原方程的通解为 $y = Cx^3$（其中 C 为任意常数）.

上述求解可分离变量的微分方程的方法叫做**变量分离法**，此方法的一般步骤如下：

(1) 分离变量：$\dfrac{1}{g(y)}dy = f(x)dx$；

(2) 两边积分：$\displaystyle\int\dfrac{1}{g(y)}dy = \int f(x)dx$；

(3) 求出积分得通解：$G(y) = F(x) + C$，

其中，$G(y)$、$F(x)$ 分别是 $\dfrac{1}{g(y)}$ 和 $f(x)$ 的一个原函数，C 为任意常数.

若方程给出了初始条件，则可确定通解中的常数 C，从而求出方程的特解.

案例 5.3 （镭的衰变）试验得出，在给定时刻 t，镭的衰变速率（质量减少的即时速度）与镭的现存量 $M = M(t)$ 成正比，且 $t = 0$ 时有 $M = M_0$，求镭的存量与时间 t 的关系．

解 依题意，有 $\dfrac{dM(t)}{dt} = -kM(t)$，$k > 0$，这是可分离变量的微分方程．

先分离变量，得 $$\dfrac{dM}{M} = -k dt,$$

再两边积分，得 $$\ln M = -kt + C_0,$$

因此有 $M = C e^{-kt}$，最后将初始条件 $M|_{t=0} = M_0$ 代入上式，解得 $C = M_0$．

故镭的衰变规律为 $M = M_0 e^{-kt}$．

案例 5.4 （固定资产的折旧问题）固定资产的折旧是企业成本核算时必须要考虑的一个指标．企业在进行成本核算时，经常要计算固定资产的折旧，假设有一固定资产 5 年前的购买价为 10000 元，而现在的价值为 6000 元，那么再过 10 年，该固定资产的价值是多少？

分析 经济学中，固定资产在任一时刻的折旧额与此时固定资产的价值成正比．设固定资产的价值为 $p = p(t)$，在 $[t, t+\Delta t]$ 这段很短的时间内，固定资产在单位时间内的折旧额为：$\dfrac{p(t+\Delta t) - p(t)}{\Delta t} = -kp \ (k>0)$，且当 $\Delta t \to 0$ 时，有 $p'(t) = \dfrac{dp}{dt} = -kp(t)$．

解 设固定资产的价值 $p = p(t)$，则有 $p'(t) = \dfrac{dp}{dt} = -kp(t)$，此方程为可分离变量微分方程，可采用变量分离法，求出其通解为 $p(t) = C e^{-kt}$．

将初始条件 $p(0) = 10000$，$p(5) = 6000$ 代入上述通解，解得 $C = 10000$，$k = \dfrac{1}{5}\ln\dfrac{5}{3}$，

从而有 $p(t) = 10000 e^{\frac{t}{5}\ln\frac{5}{3}} = 10000 \left(\dfrac{5}{3}\right)^{-\frac{t}{5}}$．

因此再过 10 年，即 $t = 15$，该固定资产的价值为 $p(15) = 10000\left(\dfrac{5}{3}\right)^{-3} = 2160$（元）．

案例 5.5 （牛顿冷却模型的应用）若将一温度计从 20℃ 的室内拿到室外，室外的温度为 5℃，1 分钟后温度计读数为 12℃．

(1) 再过 1 分钟后，温度计的读数是多少？

(2) 需要多长时间温度计的读数变为 6℃．

解 (1) 由案例 5.1 中的牛顿冷却定律可知，温度计的温度变化速率为

$$\frac{dT}{dt} = k(5-T),$$ 其中 k 为热传导系数,

显然它是可分离变量的微分方程,易求得其通解为 $T(t) = 5 + Ce^{-kt}$.

将初始条件 $T(0) = 20$,$T(1) = 12$ 代入上式,解得 $C = 15$,$k = -\ln\frac{7}{15} \approx 0.7621$,于是,温度计的读数函数为

$$T(t) = 5 + 15e^{-0.7621t}.$$

将 $t = 2$ 代入上式,得 $T(2) = 5 + 15e^{-0.7621 \times 2} \approx 5 + 3.3 \approx 8.3$.

说明,再过 1 分钟后,温度计的读数为 8.3℃.

(2) 令 $T(t) = 6$,则有 $6 = 5 + 15e^{-0.7621t}$,于是 $e^{-0.7621t} = \frac{1}{15}$,即

$$t = \frac{\ln\frac{1}{15}}{-0.7621} \approx 3.55,$$

也就是将温度计从室内拿到室外大约 3.55 分钟后其读数为 6℃.

习 题 5.2

1. 求下列微分方程的通解.

(1) $y' = -xy$;

(2) $y' = e^{x+y}$;

(3) $\dfrac{dy}{dx} = \cos 2x$;

(4) $y' = 4xy^2$;

(5) $(1+y)dx - (1-x)dy = 0$;

(6) $x(y^2-1)dx + y(x^2-1)dy = 0$.

2. 求下列微分方程满足所给初始条件的特解.

(1) $\sin x dy - y \ln y dx = 0$,$y|_{x=1} = \dfrac{\pi}{6}$;

(2) $2e^x dy = \dfrac{y}{y+1} dx$,$y|_{x=0} = 1$.

3.已知曲线过点$(1,\frac{1}{3})$,且在曲线上任一点的切线斜率等于自原点到切点的连线的斜率的两倍,求此曲线的方程.

4.(雪球融化问题)设雪球在融化时体积的变化率与表面积成比例,且融化过程中它始终为球体,该雪球在开始时的半径为$6cm$,经过2小时后,其半径缩小为$3cm$.求雪球的体积随时间变化的关系.

5.(环境污染中的浓度模型)某水塘原有$50000\,t$清水(不含有害物质),从时间$t=0$开始,含有有害杂质5%的污水流入该水塘,污水设流入的速度为$2\,t/\min$,在塘中充分混合(不考虑沉淀)后又以$2\,t/\min$的速度流出水塘.问经过多长时间后塘中有害物质的浓度达到4%?

5.3 一阶线性微分方程

类比上节中所学的牛顿热传导模型,下面我们来讨论一个浓度扩散模型.

一杯子中装有浓度为C_e的盐水,在其中放入一个半透膜袋子,内装有浓度为C的盐水(图5-2),假设$C_e>C$,则外部的盐水会透过半透膜向内部发生扩散,假设袋内盐水浓度增大的速度也和牛顿热传导模型一样,即

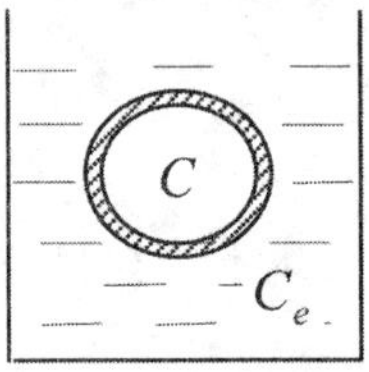

$$\frac{dC}{dt}=k(C_e-C) \text{(其中k为\textbf{浓度扩散系数})},$$

图 5-2

此方程即为**浓度扩散方程**,它同样是可分离变量的微分方程.

若半透膜的扩散会随着时间的变化而变化,即扩散系数为$k=k(t)$,那么上述浓度扩散方程变为:$\frac{dC}{dt}=k(t)(C_e-C)$,即

$$\frac{dC}{dt}+k(t)C=k(t)C_e.$$

该方程不再是可分离变量的微分方程,但它仍然是一阶微分方程,同时它还可以看

作是将初等数学中的线性方程 $ay_1 + by_2 = c$ 类比为微分方程 $a(x)y' + b(x)y = c(x)$，再两边同时除以 $a(x) \neq 0$，即得微分方程 $y' + P(x)y = Q(x)$. 这就是一阶线性微分方程.

5.3.1　一阶线性微分方程的概念

定义 5.6　形如

$$\boxed{\dfrac{dy}{dx} + P(x)y = Q(x),} \tag{5-4}$$

的方程称为**一阶线性微分方程**，其中 $P(x)$，$Q(x)$ 都是 x 的连续函数.

其特点是方程中的未知函数 y 和它的导数 y' 都是一次的.

若 $Q(x) \neq 0$ 时，方程（5-4）称为**一阶线性非齐次微分方程**；若 $Q(x) \equiv 0$ 时，则方程

$$\boxed{\dfrac{dy}{dx} + P(x)y = 0,} \tag{5-5}$$

称为一阶线性齐次微分方程.

5.3.2　一阶线性齐次微分方程的解法

方程（5-5）是一阶线性齐次微分方程，它也是可分离变量的微分方程，因此采用"变量分离法"求解，可得其通解为

$$\boxed{y = Ce^{-\int P(x)dx}.} \tag{5-6}$$

例如，一阶线性齐次微分方程 $y' - \dfrac{1}{x}y = 0$ 的通解为：

$$y = Ce^{-\int -\frac{1}{x}dx} = Ce^{\ln x} = Cx.$$

案例 5.6　（国民生产总值）2010 年我国的国民生产总值 GDP 为 314045 亿，如果我国能保持每年 8% 的相对增长率，问到 2017 年我国的 GDP 是多少？

解　记 2010 年为 $t = 0$，而设第 t 年我国的 GDP 为 $G(t)$，则据题意，$G(t)$ 的相对增

长率为8%，即

$$\frac{G'(t)}{G(t)} = 8\%,$$

得微分方程 $G'(t) = 0.08G(t)$，它是一阶齐次线性微分方程，利用公式（5-6），可得其通解为 $G(t) = C_1 e^{0.08t}$.

将已知条件 $G(0) = 314045$ 代入上述通解，得 $C_1 = 314045$.

因此，从 2010 年起第 t 年我国的 GDP 为 $G(t) = 314045e^{0.08t}$，将 $t = 7$ 代入上式，得 2017 年我国的 GDP 的预测值为 $G(7) = 324045e^{0.08 \times 7} \approx 549789.95$（亿元）.

5.3.3 一阶线性非齐次微分方程的解法

一般地，在已知一阶线性齐次微分方程 $\dfrac{dy}{dx} + P(x)y = 0$ 的解的情况下，我们可以采用"常数变易法"求得一阶线性非齐次微分方程 $\dfrac{dy}{dx} + P(x)y = Q(x)$ **的通解**为

$$y = e^{-\int P(x)dx}\left(\int Q(x)e^{\int P(x)dx}dx + C\right) \text{（其中 } C \text{ 为任意常数）}. \tag{5-7}$$

在这里我们不再推导，上述通解可直接作为公式使用.

例 5.4 求微分方程 $y' - y = 1$ 的通解.

解 我们采用式（5-7）求解，因为 $P(x) = -1$，$Q(x) = 1$，则

$$y = e^{-\int p(x)dx}\left(\int Q(x)e^{\int p(x)dx}dx + C\right)$$

$$= e^{\int dx}\left(\int e^{-\int dx}dx + C\right) = e^x\left(-e^{-x} + C\right) = Ce^x - 1.$$

故原方程 $y' - y = 1$ 的通解为 $y = Ce^x - 1$.

例 5.5 求微分方程 $xy' + y = xe^x$ 在初始条件 $y|_{x=1} = 2$ 时的特解.

解 方程变形为 $y' + \dfrac{1}{x} y = e^x$，其中 $P(x) = \dfrac{1}{x}$，$Q(x) = e^x$，将其代入式（5-7）中，有

$$y = e^{-\int P(x)dx} \left(\int Q(x) e^{\int P(x)dx} dx + C \right)$$

$$= e^{-\int \frac{1}{x} dx} \left(\int e^x e^{\int \frac{1}{x} dx} dx + C \right)$$

$$= \frac{1}{x} \left(\int x e^x dx + C \right) = \frac{1}{x} (x e^x - e^x + C) = e^x - \frac{e^x}{x} + \frac{C}{x}.$$

将 $y|_{x=1} = 2$ 代入上式，解得 $C = 2$，因此原微分方程的特解为 $y = e^x - \dfrac{e^x}{x} + \dfrac{2}{x}$.

案例 5.7 （汽车最低维修成本）某汽车公司在长期运营中发现，每辆汽车的总维修成本 y 随汽车大修的时间间隔 x 的长短而变化，且其变化率是总维修成本的 2 倍与大修时间间隔 x 之比和常数 81 与大修时间间隔 x 的平方之比的差值. 已知当大修时间间隔 $x = 1$ 年时，总维修成本 $y = 27.5$ 百元. 试求每辆汽车的总维修成本 y 与大修的时间间隔 x 的函数关系，并求出每辆汽车多少年大修一次，可使总维修成本最低？

解 根据题设，可列出方程为 $\dfrac{dy}{dx} = \dfrac{2y}{x} - \dfrac{81}{x^2}$，并将上述方程化为一阶线性非齐次微分方程，即 $y' - \dfrac{2}{x} \cdot y = -\dfrac{81}{x^2}$，其中

$$P(x) = -\frac{2}{x}, \quad Q(x) = -\frac{81}{x^2},$$

将其代入式（5-7），得

$$y = e^{-\int -\frac{2}{x} dx} \left(\int \frac{81}{x^2} e^{\int -\frac{2}{x} dx} dx + C \right) = x^2 \cdot \left(\frac{27}{x^3} + C \right) = \frac{27}{x} + Cx^2.$$

将初始条件 $x = 1$，$y = 27.5$ 代入其中，解得常数 $C = \dfrac{1}{2}$，因此所求函数为

$$y = \frac{27}{x} + \frac{1}{2} x^2.$$

接下来求总维修成本的最小值.

令 $y' = -\dfrac{27}{x^2} + x = 0$，求出其唯一驻点为 $x = 3$，且 $y''|_{x=3} = 2 > 0$，即 $x = 3$ 为最小值点. 因此，每辆汽车 3 年大检修一次可使总维修成本达到最低.

案例 5.8 （RC 回路的电流）如图 5-3 所示，在一个包含有电阻 R（单位：Ω），电容 C（单位：F）和电源 E（单位：V）的 RC 串联回路中，由回路电流定律可知，电容上的电量 q（单位：C）满足下列方程

$$\frac{dq}{dt} + \frac{1}{RC}q = \frac{E}{R},$$

若回路中有电源 $E = 400\cos 2t\,V$，电阻为 $R = 100\Omega$，电容为 $C = 0.01F$．假设电容上没有初始电量，求在任意时刻 t 电路中的电流．

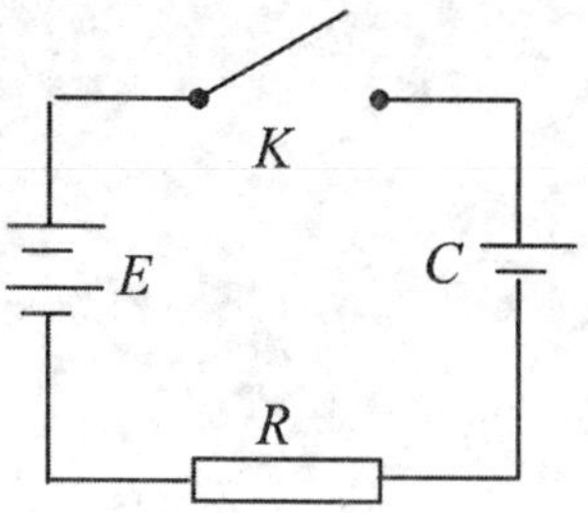

解 将已知条件 $E = 400\cos 2t\,V$，$R = 100\Omega$，$C = 0.01F$ 代入 RC 回路的微分方程中，得

$$\frac{dq}{dt} + q = 4\cos 2t,$$

即

$$q' + q = 4\cos 2t,$$

它是一阶线性非齐次微分方程，其中

$$P(x) = 1, \quad Q(x) = 4\cos 2t,$$

图 5-3

将其代入式（5-7），得电量函数

$$q = e^{-\int 1 dt}\left(\int 4\cos 2t\, e^{\int 1 dt} dt + C\right)$$

$$= Ce^{-t} + \frac{8}{5}\sin 2t + \frac{4}{5}\cos 2t.$$

将初始条件 $t = 0$，$q = 0$ 代入上式，可解得 $C = -\frac{4}{5}$，于是所求电量函数为

$$q = -\frac{4}{5}e^{-t} + \frac{8}{5}\sin 2t + \frac{4}{5}\cos 2t.$$

故任意时刻电路中的电流为

$$I = \frac{dq}{dt} = \frac{4}{5}e^{-t} + \frac{16}{5}\cos 2t - \frac{8}{5}\cos 2t.$$

习题 5.3

1. 求下列微分方程的通解.

(1) $y' - 2xy = e^{x^2}\cos x$;

(2) $\dfrac{dy}{dx} - y = xy^3$;

(3) $y' - \dfrac{y}{x} = -x^2$;

(4) $y' + y = xe^x$.

2. 求方程 $xy' + y = \dfrac{\ln x}{x}$ 满足初始条件 $y|_{x=1} = \dfrac{1}{2}$ 的特解.

3. (死亡时间推测) 生物活体含有少量固定比的放射性 ^{14}C,活体死亡时存在的 ^{14}C 量按与瞬时存量成比例的速率减少,其半衰期约为 5730 年,在 1972 年初长沙马王堆一号墓发掘时,测得墓中木炭 ^{14}C 含量为原来的 77.2%,试断定马王堆一号墓主人辛追的死亡时间.

4. (串联电路的电流强度) 一个由电阻 $R = 10\Omega$,电感 $L = 2H$ 和电压 $U = 200\sin 5t$ 组成的串联电路,求闭合电路中电流强度的变化规律.

5. (飞机安全着陆问题) 一架重 4.5 吨的歼击机以每小时 $600km$ 的速度开始着陆,在减速伞的作用下滑跑 $500 m$ 后速度减为每小时 $100km$,通常情况下空气对伞的阻力与飞机的速度成正比,问:

(1) 减速伞的阻力系数是多少?

(2) 对于重 9 吨的轰炸机以每小时 $700km$ 的速度开始着陆,机场跑道为 $1500m$,问轰炸机能否安全着陆?

复习题五

一、单选题

1. 微分方程 $\left(\dfrac{dy}{dx}\right)^3 + \dfrac{d^2y}{dx^2} - y^3 + x^5 = 0$ 是（　　）阶的.

    A. 二　　　　　B. 三　　　　　C. 一　　　　　D. 五

2. 以下方程（　　）是一阶线性微分方程.

    A. $3y' + y\cos y = x$　　　　　B. $yy' + y = x$

    C. $dy + (x^2 y + x^3)dx = 0$　　　　　D. $y'' - y' = 0$

3. 以下方程中，（　　）是可分离变量的微分方程.

    A. $(xy^2 + x)dx + (x^2 y + y)dy = 0$　　　　　B. $xdx + ydy = 1$

    C. $\dfrac{dy}{dx} = x^2 + y^2$　　　　　D. $\dfrac{dy}{dx} = x^2 - y^2$

4. $y = f(x)$ 是微分方程 $2y'\sqrt{x} = y$ 初始条件 $y|_{x=4} = 1$ 下的特解，则 $f(16) = $（　　）.

    A. 1　　　　　B. e　　　　　C. e^2　　　　　D. 0

5. 利用公式求解一阶线性非齐次微分方程 $x^2 y' - 2y - \sin x = 0$ 时，通常可将 $P(x)$ 和 $Q(x)$ 设为（　　）.

    A. $P(x) = -2$，$Q(x) = \sin x$　　　　　B. $P(x) = -\dfrac{2}{x^2}$，$Q(x) = -\dfrac{\sin x}{x^2}$

    C. $P(x) = -2$，$Q(x) = -\sin x$　　　　　D. $P(x) = -\dfrac{2}{x^2}$，$Q(x) = \dfrac{\sin x}{x^2}$

二、填空题

1. 微分方程 $y' - y = 1$ 的通解为 _____.

2. 微分方程 $y''' = \sin x$ 的通解为 _____.

3. 方程 $y' + y = e^x$ 满足 $y|_{x=0} = 2$ 的特解为 _____.

4. 曲线通过原点，且曲线上任意一点处切线斜率为 $2x + y$，则该曲线方程为 _____.

5. 微分方程 $xy' = y(1 + \ln y - \ln x)$ 的通解为 _____.

三、解答题

1. 求下列微分方程的通解或特解.

(1) $\dfrac{dy}{dx} = \dfrac{x}{x + y^3}$；

(2) $y' + 2xy = xe^{-x^2}$；

(3) $2x \sin y \, dx + (x^2 + 3) \cos y \, dy = 0$，$y|_{x=1} = \dfrac{\pi}{6}$；

(4) $y'' = e^{2x} - \cos x$.

2. 方程 $y'' + 9y = 0$ 的一条积分曲线通过点 $(\pi, -1)$，且在该点处和直线 $y + 1 = x - \pi$ 相切，求这条曲线的方程.

3. 已知位于第一象限的凸曲线弧经过原点 $O(0,0)$ 和点 $A(1,1)$，且对于该曲线弧上任一点 $P(x, y)$，曲线弧 $\overparen{OP}$ 与直线段 OP 所围成的平面图形的面积为 x^3，求该曲线弧的方程.

4. (**国民收入函数**) 对宏观经济进行研究，发现某地区的国民收入 y，国民储蓄 S 和投资 I 均是时间 t 的函数，且在任一时刻储蓄额 $S(t)$ 为国民收入 $y(t)$ 的 $\dfrac{1}{10}$，投资额 $I(t)$ 是国民收入增长率 $\dfrac{dy}{dt}$ 的 $\dfrac{1}{3}$. 已知当 $t = 0$ 时，国民收入为 5 亿元. 设在时刻 t 的储蓄额全部用于投资，求国民收入函数 $y(t)$.

5. (**车间 CO_2 浓度问题**) 某车间体积为 12000 立方米，开始时空气中含有 0.1% 的 CO_2，为了降低车间内空气中 CO_2 的含量，用一台风量为 2000 立方米/秒的鼓风机通入 CO_2 含量为 0.03% 的新鲜空气，同时以同样的风量将混合均匀的空气排出，问鼓风机开动 6 分钟后，车间内 CO_2 的百分比降低到多少？

6.(**鱼塘鱼数**)在某池塘内养鱼，一鱼塘最多能养鱼 1000 条；已知鱼塘内的鱼的数目 y 是时间 t 的函数，记作 $y = y(t)$，其变化率与鱼的数目 y 及 $1000 - y$ 的乘积成正比.若在鱼塘内放养鱼苗 100 条，经过三个月鱼塘有鱼 250 条，那么放养半年后，鱼塘内有多少条鱼？

7.(**降落伞下落速度**)设降落伞从跳伞塔下落后，所受空气阻力与速度成正比，并设降落伞离开跳伞塔时的速度为零，求降落伞下落速度与时间的函数关系式.

数学文化欣赏(五)
——简单的数学建模

现代社会的一个突出特点就是定量化、现代化的设计和控制,从大工程的战略计划、新产品的开发与制作,成本的结算、施工、验收、直到储存、运输、销售与维修等都必须十分精确地规定大小、方位、时间、速度、成本等数字指标.

比如,一名机械系的学生,要想成为一名优秀的工程技术人员,就应有意识地思考一系列与数学相关的问题,如加工工件原材料大小、形状的选取,材料切割方式的确定,加工工件参数的设计,将该工艺的优化,工件精度的确定,工艺流程的改良,成品外包装规格尺寸的选择,成品的摆放方式等,这里面都蕴含着丰富的数学知识。机械制造专业如此,其他专业也一样,数学不仅使现代社会发展的助推器,引领科技的竞争.

实际上,用数学的语言、方法去近似地刻画很多实际问题,这种刻画的数学表述就是一个数学模型.

一、数学建模的概念

简单地说,数学建模(mathematical model)就是对实际问题的一种数学表述.具体说,数学建模就是对于一个特定的对象为了一个特定的目标,根据特有的内在规律,作出一些必要的简化假设,运用适当的数学工具,得到一个数学结构,数学结构可以是数学公式,算法,表格,图示等,获得一个数学模型的过程叫**数学建模**(Mathematical Modeling).数学建模是一种数学的思考方法,是运用数学的语言和方法,通过抽象,简化建立能近似刻画并解决实际问题的一种强有力的数学手段.

数学现实问题和数学建模之间的关系可用下图来形象表示.

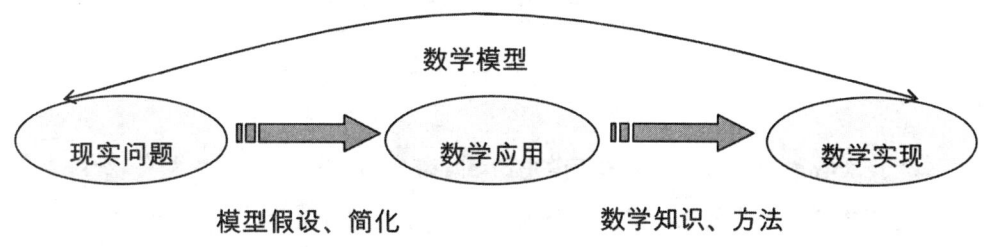

二、数学建模的一般步骤

第一步:建模准备.实际问题提出后,要先对问题的背景、数据来源、模型使用的场合等作全面的调查研究.

第二步:理想化假设.现实问题非常复杂,涉及面广,建模时要抓住主要矛盾,忽略次要矛盾,进行一些理想化假设,使问题更加集中、清晰、明确.

第三步:建立数学模型.根据假设,利用与问题有关的自然科学、社会科学以及数学的规律和定理,或借鉴已有的标准形式,建立起解决实际问题的框架——数学模型.

第四步,解模型.通过人工或计算机(借助一些软件)求出模型的解析解或数值解.

第五步,模型验证.把模型本身的解进行实际检验,或应用于实际场合再度使用验证.

第六步,模型的应用.把所有模型上升为理论,再指导实际应用。数学模型主要有解释、判断、预见三大功能.

三、经典数学模型

(一)经典数学模型1——万有引力定律

17世纪,牛顿发现了万有引力定律公式——$F=G\dfrac{Mm}{r^2}$,他是从苹果下落这个大家熟视无睹的自然现象中发现的,万有引力这一数学表达就是一个很好的数学模型.

(二)经典数学模型2——微积分基本公式

牛顿和莱布尼茨几乎同时发现了微积分基本公式,它是一个划时代的优秀数学模型,它掀开了数学史的新篇章.

牛顿-莱布尼茨公式

(三)经典数学模型3——趣味数学中的数学模型

树上有7只鸟,开枪打死一只,还剩几只?

当我们置身于现实世界中,应该考虑到以下情形.

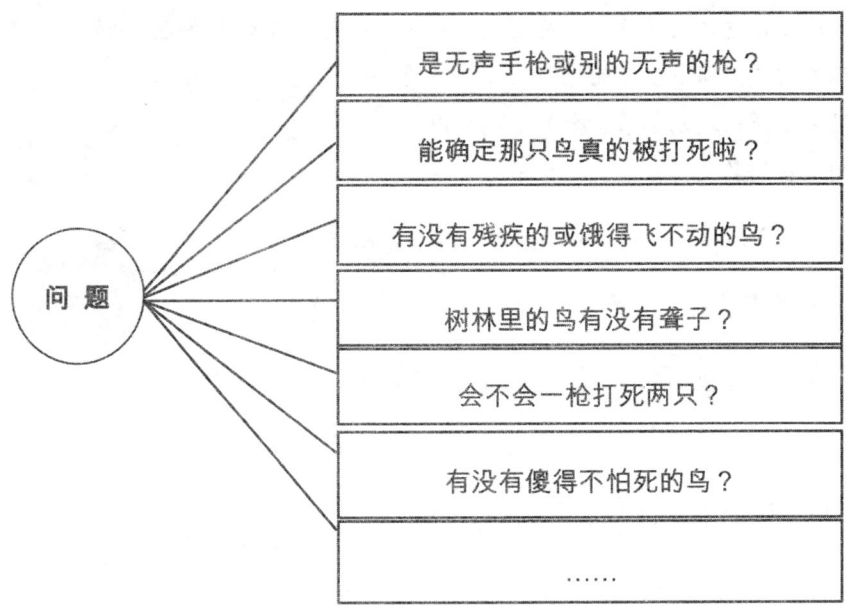

四、简单数学模型实例分析

案例1 （初等数学模型——如何节约装修材料）小张要装修一间长方形房屋的地板，通过比较，它决定选用以下规格的玻化砖：500mm×500mm，600mm×600mm 和 800mm×800mm，试建立选择玻化砖型号的模型，使浪费的地砖最少.若这件房屋的面积为 $4.2×3.6m^2$，问选择哪一种型号的地砖最好？

第一步：模型准备（弄清题意）

1.什么是玻化砖？

2.玻化砖如何安装？有哪些技术要求？

3.三种规格及型号的地砖大小分别是多少？

带着这些问题，我们要去查找资料，上网查询，或咨询专业人员，从而获知，玻化砖是一种硬度较大的瓷砖，在安装过程中一般要预留收缩缝.

三种型号的地砖分别表示边长为 0.5m，0.6m，0.8m 的正方形地砖.

4.题目的要求：浪费材料最少.

5.影响选择地砖的因素：房间大小和瓷砖大小.

第二步：模型假设和变量说明（抓住主要因素，去掉次要因素）

经过模型准备，初步理顺了问题的要求以及影响目标的各个因素.

1.假设房间地面为一个标准的长方形。（虽然建筑误差和测量误差可能导致测量数据与实际房屋尺寸有一些出入，但在最初分析时，我们可以讲问题理想化.

2.假设玻化砖均为标准的正方形，三种型号的边长分别为 0.5m，0.6m，0.8m.

3.不考虑玻化砖之间的缝隙、房屋尺寸的误差以及瓷砖尺寸的误差等等.

4.假设一间屋用同一型号的地砖.

5.假设一块地砖被切割后,余料不能再用.

6.设测得房间的长为 a 米,宽为 b 米.

7.设三种型号规格的地砖的边长分别为 $d_i(i=1,2,3)$.

第三步:模型的分析与建立

所用地砖的数量为:$\left[\dfrac{a}{d_i}\right]\cdot\left[\dfrac{b}{d_i}\right]$,其中 [ ] 表示去上整,如 $[5.3]=6$,

所用材料的面积为:$\left(\left[\dfrac{a}{d_i}\right]\cdot d_i\right)\cdot\left(\left[\dfrac{b}{d_i}\right]\cdot d_i\right)$,

浪费的面积为:$\left(\left[\dfrac{a}{d_i}\right]\cdot d_i\right)\cdot\left(\left[\dfrac{b}{d_i}\right]\cdot d_i\right)-ab$,

按题目的要求,求浪费的材料最少,即求 $\left(\left[\dfrac{a}{d_i}\right]\cdot d_i\right)\cdot\left(\left[\dfrac{b}{d_i}\right]\cdot d_i\right)-ab$ 的最小值,

简记为 $\min\left(\left[\dfrac{a}{d_i}\right]\cdot d_i\right)\cdot\left(\left[\dfrac{b}{d_i}\right]\cdot d_i\right)-ab$,这就是要建立的模型.

第四步:模型求解

当房间长为 4.2 米,宽为 3.6 米时,将三种型号的地砖代入以上模型,进行比较,显然,选用 600×600 型地砖浪费材料最少.

第五步:模型的分析与检验

实际装修中,工人师傅一般会在正式铺砖前进行预铺,以调节误差,使铺出的地砖整齐,美观,因此,建模时可以不考虑各种误差,我们所得结果与实际情况吻合,模型正确实用.

案例2 (微分模型——如何调度生产使得成本最低)某体育专业器材厂收到生产 8000 个跳水板的订单.公司目前拥 3 台生产跳水板的自动化设备,每台机器每小时可以生产 30 个跳水板,每台机器运转的折旧费是 160 元,每个跳水板的材料费为 20 元.生产过程中,需要一个操作人员全程管理这些设备,操作人员的劳务费为 30 元/h.

(1)请表示生产 8000 个跳水板的总费用.

(2)问公司购置几台这样的设备,可使成本最低?

第一步:模型假设与符号说明

1.假设公司有足够的钱购买设备.

2.假设购置的机器能够同时正常运转.

3.假设一个操作员能同时管理所有设备.

4.设公司完成这批订单的成本为 y 元,公司购置设备后共有 x 台设备,生产 8000 个跳水板共用了 h 小时.

第二步：模型的分析与建立

公司生产 8000 个跳水板的总费用为：

$$y（单位：元）= 材料费 + 机器运转的折旧费 + 操作人员的费用.$$

其中，材料费 = 每个跳水板的材料费 × 跳水板的个数 = 20 × 8000（元），

机器运转的折旧费 = 每台机器的折旧费 × 机器台数 = 160x（元），

操作人员的费用 = 劳务费 × 操作时间 = 30h（元），

因此，可建立总费用模型为：$y = 160x + 30h + 20 \times 8000$，其中 h，x 满足

$$30hx = 8000,$$

即

$$h = \frac{8000}{30x},$$

因此

$$y = 160x + \frac{8000}{x} + 160000.$$

第三步：模型求解

问题即抽象为求函数的最小值问题,对其求导,即 $y' = 160 - \frac{8000}{x^2}$.令 $y' = 0$，得唯一驻点 $x = \sqrt{50} \approx 7.071$.

由于数量只能是取整数,因此下面计算 $x = 7$ 和 $x = 8$ 时相应的总费用.

当 $x = 7$ 时，$y \approx 162262.86$ 元,当 $x = 8$ 时，$y = 162280$ 元.

因此购置 4 台这样的设备,可使成本最低,最低费用为 162262 元.

第四步：拓展思考

1.若已知每台机器每小时运转的折旧费是 60 元,则结论如何？

2.若每台设备各需要一人管理,结果又如何？

3.若租用一台设备的费用为 a 元/天,问公司该如何安排？

企业在扩大规模时,必须进行充分的市场调研和拖入产出分析,设备的添置、利润的计算、价格的确定等都离不开数学模型的建立于求解.

案例3 （微分方程模型——学生宿舍的规划模型）2010年底我校的一项统计数据显示看：我院在校学生以 $480e^{0.2x}$ 的速度递增，其中 $x=0$ 对应 2010 年.若学校目前有在校学生 4000 人，学生宿舍 600 间，每间最多可容纳 8 人.

(1)请预测 2015 年学校有多少学生？

(2)到 2015 年学校最多能容纳多少学生？若不能容纳，至少还需修建多少间宿舍？

第一步：模型假设与变量说明

1.假设今后 5 年学校的在校学生人数均按 $480e^{0.2x}$ 的速度递增，不会出现其他变故.

2.假设现有宿舍 5 年后还能正常使用.

3.设从 2010 年起的第 t 年我校在校学生为 $P(t)$.

第二步，模型的分析与建立

由题意可得 $P'(x) = \dfrac{dP}{dx} = 480e^{0.2x}$，利用微元法，在区间 $[x, x+dx]$ 上，可将学校在校生人数的增长率视为常数，增加的人数为 $dP = 480e^{0.2x}dx$，所以 2015 年底我校的在校学生人数为 $P = \int_0^6 480e^{0.2x}dx$.

第三步，模型求解

我们可以通过凑微分法计算，也可利用 MATLAB 进行计算.

通过计算，5 年后学校将有近 8246 名学生，而学校现有床位 4800 个，若仍按每间 8 人安排，则还缺少 600 间宿舍.

通过以上几个数学模型的分析，进一步明确了利用数学建模的思想能将实际问题简化成数学模型，从而通过对数学问题的解答来解决实际问题，因此要更好地解决实际生产生活中的问题，就必须要有扎实的数学知识作为基础，而导数、微积分等知识的应用尤为广泛，所以在今后的学习中一定要认认真真打好基础。

现实时间复杂多样，需要你充分发挥你的想象力，从不同的角度去思考问题，但若考虑的因素太多，则会毫无头绪，因此，抓住问题的关键，从复杂客观的现实世界进行合理的简化假设，从中抽象出数学问题，进而建立数学模型并求解.

第6章 行列式、矩阵与线性方程组

最早提出行列式概念的是日本数学家关孝和,他在1683年著的《解伏题之法》一书中提到了"解行列式问题的方法".1693年莱布尼茨提出了方程组的系数行列式为零的条件.1750年瑞士数学家克莱姆（G.Gramer, 1704-1752年）在其著作《线性代数分析导引》中最早阐述了行列式的定义和展开法则,并提出了一直沿用到今天的克拉姆法则.

矩阵的英文名是Matrix,是用来表示统计数据等方面的各种有关联的数据.1801年德国数学家高斯(F.Gauss, 1777-1855年)把一个线性变换的全部系数作为一个整体, 1844年德国数学家爱森斯坦(F.Eissenstein, 1777-1855年)讨论了"变换"(矩阵)及其乘积, 1850年英国数学家西尔维斯特(James Joseph Sylvester, 1814-1897年)首先使用了"矩阵"一词, 1858年被公认为矩阵论奠基人的英国数学家阿瑟·凯莱(A.Cayley, 1821-1895年)发表了《矩阵论的研究报告》论文,首先将矩阵作为一个独立的数学对象加以研究, 1854年法国数学家埃米尔特(C.Hermite, 1822-1901年)使用了"正交矩阵"一词, 1878年德国数学家弗洛贝尼乌斯(F.G.Frohenius, 1849-1917年)对矩阵的特征方程、特征根、矩阵的秩、正交矩阵等做了大量的研究,并给出了矩阵秩的概念,至此,矩阵的体系基本建立起来.

线性方程组的研究起源于中国古代,在《九章算术》中有对线性方程组详细的介绍和研究,公元263年刘徽撰写了《九章算术注》一书,创立了方程组的"互乘相消法",为《九章算术》中解方程组增加了新的内容.公元1247年,秦九韶在所著的《数书九章》中解方程组的"直除法"改进为"互乘法".莱布尼茨是首个在欧洲研究线性方程组的数学家, 1729年,迈克劳林首次利用行列式解出了含有2、3、4个未知量的线性方程组, 1750年,克莱姆用他创立的克莱姆法则解出了含有5个未知量5个方程的线性方程组, 1764年,法国数学家裴蜀(Bezout, 1730-1783年)研究了含有n个未知量n个方程的齐次线性方程组的求解问题，并给出了齐次线性方程组有非零解的条件。1867 年，道奇森 (Ddgson，1832-1898 年)发表了《行列式初等理论》一书，他证明了含有 n 个未知量 m 个方程的一般线性方程组有解的充要条件是系数矩阵和增广矩阵的秩相等.

随着科技的发展，线性方程组已广泛运用到生产生活的各个领域。

在自然科学、生产技术和现代管理中，很多的问题都可以直接或近似地表示成一些变量之间的线性关系，这其实可归结为解线性方程组. 本章主要介绍行列式、矩阵及线性方程组的有关内容.

6.1 行列式的概念

6.1.1 二阶、三阶行列式

一般地，我们利用"加减消元法"求解二元线性方程组 $\begin{cases} a_{11}x_1 + a_{12}x_2 = b_1 \\ a_{21}x_1 + a_{22}x_2 = b_2 \end{cases}$，且当 $a_{11}a_{22} - a_{12}a_{21} \neq 0$ 时，其唯一解为：

$$x_1 = \frac{b_1 a_{22} - b_2 a_{12}}{a_{11}a_{22} - a_{12}a_{21}}, \quad x_2 = \frac{a_{11} b_2 - a_{21} b_1}{a_{11}a_{22} - a_{12}a_{21}}. \tag{6-1}$$

为了上述解的书写方便，我们引入行列式的概念.

定义 6.1 记号 $\begin{vmatrix} a_{11} & a_{12} \\ a_{21} & a_{22} \end{vmatrix}$ 称为**二阶行列式**，它表示代数和 $a_{11}a_{22} - a_{12}a_{21}$，即

$$D = \begin{vmatrix} a_{11} & a_{12} \\ a_{21} & a_{22} \end{vmatrix} = a_{11}a_{22} - a_{12}a_{21}, \tag{6-2}$$

其中，数 $a_{ij}(i=1,2;\ j=1,\cdots 2)$ 称为这个**行列式的元素**，i 为行标，j 为列标.

把左上角到右下角的元素称为主(实)对角线,左下角到右上角的元素称为次(虚)对角线,则式(6-2)也可用**对角线法则**展开,实(主)对角线上两元素的乘积,减去次(虚)对角线上两元素的乘积.

因此,式(6-1)可简化为 $x_1 = \dfrac{\begin{vmatrix} b_1 & a_{12} \\ b_2 & a_{22} \end{vmatrix}}{\begin{vmatrix} a_{11} & a_{12} \\ a_{21} & a_{22} \end{vmatrix}}$,$x_2 = \dfrac{\begin{vmatrix} a_{11} & b_1 \\ a_{21} & b_2 \end{vmatrix}}{\begin{vmatrix} a_{11} & a_{12} \\ a_{21} & a_{22} \end{vmatrix}}$ ($\begin{vmatrix} a_{11} & a_{12} \\ a_{21} & a_{22} \end{vmatrix} \neq 0$).

例 6.1 计算 $\begin{vmatrix} 4 & -1 \\ 3 & 2 \end{vmatrix}$.

解 依据对角线法则,有 $\begin{vmatrix} 4 & -1 \\ 3 & 2 \end{vmatrix} = 4 \times 2 - (-1) \times 3 = 11$.

例 6.2 用行列式法解线性方程组 $\begin{cases} 2x_1 - x_2 = 3 \\ x_1 + 3x_2 = -2 \end{cases}$.

解 因为系数行列式 $\begin{vmatrix} 2 & -1 \\ 1 & 3 \end{vmatrix} = 6 + 1 = 7$,$\begin{vmatrix} 3 & -1 \\ -2 & 3 \end{vmatrix} = 9 - 2 = 7$,

$\begin{vmatrix} 2 & 3 \\ 1 & -2 \end{vmatrix} = -4 - 3 = -7$,

所以,有 $x_1 = \dfrac{7}{7} = 1$,$x_2 = \dfrac{-7}{7} = -1$.

同理,可由三元一次线性方程组的求解引进三阶行列式的概念.

定义 6.2 类似地,我们把 $\begin{vmatrix} a_{11} & a_{12} & a_{13} \\ a_{21} & a_{22} & a_{23} \\ a_{31} & a_{32} & a_{33} \end{vmatrix}$ 称为**三阶行列式**,它表示代数和

$a_{11}a_{22}a_{33} + a_{12}a_{23}a_{31} + a_{13}a_{21}a_{32} - a_{13}a_{22}a_{31} - a_{12}a_{21}a_{33} - a_{11}a_{23}a_{32}$,

即

$$D = \begin{vmatrix} a_{11} & a_{12} & a_{13} \\ a_{21} & a_{22} & a_{23} \\ a_{31} & a_{32} & a_{33} \end{vmatrix} = \begin{matrix} a_{11}a_{22}a_{33} + a_{12}a_{23}a_{31} + a_{13}a_{21}a_{32} \\ - a_{13}a_{22}a_{31} - a_{12}a_{21}a_{33} - a_{11}a_{23}a_{32} \end{matrix}, \quad (6\text{-}3)$$

式(6-3)也可用**对角线法则**计算(图6-1),其结果为各主(实)对角线上元素的乘积,前置符号为正,各次(虚)对角线上元素的乘积,前置符号为负,它们的代数和即为行列式的值.

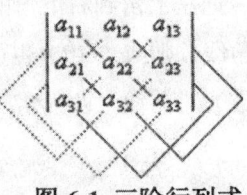

图 6-1 三阶行列式

注 对角线法则仅适用于二、三阶行列式.

例 6.3 计算三阶行列式 $\begin{vmatrix} 3 & 3 & -2 \\ 1 & 5 & 0 \\ -1 & 2 & 1 \end{vmatrix}$.

解 利用对角线法则,有

$$\begin{vmatrix} 3 & 3 & -2 \\ 1 & 5 & 0 \\ -1 & 2 & 1 \end{vmatrix} = 3 \times 5 \times 1 + 1 \times 2 \times (-2) + 3 \times 0 \times (-1) - (-2) \times 5 \times (-1) - 3 \times 1 \times 1 - 0 \times 2 \times 3 = -2$$

6.1.2 n 阶行列式

定义 6.3 由 n^2 个数 $a_{ij}(i, j = 1, 2, \cdots, n)$ 排成 n 行 n 列的数表

$D = \begin{vmatrix} a_{11} & a_{12} & \cdots & a_{1n} \\ a_{21} & a_{22} & \cdots & a_{2n} \\ \cdots & \cdots & & \cdots \\ a_{n1} & a_{n2} & \cdots & a_{nn} \end{vmatrix}$ 称为 n **阶行列式**,简记为 D_n 或 D.

三阶以上的行列式不能采用对角线法来计算,我们学习另一种方法——**"降阶"** 法.

定义 6.4 在 n 阶行列式 $D = |a_{ij}|$ 中划去元素 a_{ij} 所在行和列,余下元素按照原来次序不变而构成的 $(n-1)$ 阶行列式,称为元素 a_{ij} 的**余子式**,记为 M_{ij},记 $A_{ij} = (-1)^{i+j} M_{ij}$ 为元素 a_{ij} 的**代数余子式**.

定理 6.1 (拉普拉斯定理) n 阶行列式等于它的任意一行(列)的各个元素与其代数余子式的乘积之和.

根据上述定理,n 阶行列式可按行(列)展开,使其**"降阶"**,具体操作如下:

按第 i 行展开,$D_n = a_{i1}A_{i1} + a_{i2}A_{i2} + \cdots + a_{in}A_{in} (i = 1, 2, \cdots, n)$,

按第 j 列展开，$D_n = a_{1j}A_{1j} + a_{2j}A_{2j} + \cdots + a_{nj}A_{nj}(j=1, 2, \cdots, n)$，其中 $A_{ij} = (-1)^{i+j}M_{ij}$ 为元素 a_{ij} 的代数余子式，M_{ij} 为元素 a_{ij} 的余子式.

例 6.4 计算四阶行列式 $D = \begin{vmatrix} 1 & -1 & 1 & -2 \\ 2 & 0 & -1 & 4 \\ 3 & 2 & 1 & 0 \\ -1 & 2 & -1 & 2 \end{vmatrix}$.

分析 依据定理 6.1，我们选择含 0 元素较多的第二行或第三行展开.

解 将行列式 D 按第三行展开，得 $D = a_{31}A_{31} + a_{32}A_{32} + a_{33}A_{33} + a_{34}A_{34}$，

其中 $A_{31} = (-1)^{3+1}\begin{vmatrix} -1 & 1 & -2 \\ 0 & -1 & 4 \\ 2 & -1 & 2 \end{vmatrix} = 2$，$A_{32} = (-1)^{3+2}\begin{vmatrix} 1 & 1 & -2 \\ 2 & -1 & 4 \\ -1 & -1 & 2 \end{vmatrix} = 0$，

$A_{33} = (-1)^{3+3}\begin{vmatrix} 1 & -1 & -2 \\ 2 & 0 & 4 \\ -1 & 2 & 2 \end{vmatrix} = -8$，$A_{34} = (-1)^{3+4}\begin{vmatrix} 1 & -1 & 1 \\ 2 & 0 & -1 \\ -1 & 2 & -1 \end{vmatrix} = 3$，

所以 $D = 3 \times 2 + 2 \times 0 + 1 \times (-8) + 0 \times 3 = -2$.

上述方法即为求解高阶行列式值的"**降阶法**".

还有一种特殊的行列式——对角行列式.

定义 6.5 主对角线下（上）方的元素全为 0 的行列式，称为上（下）三角行列式，主对角线两侧的元素全为 0 的行列式，称为**对角行列式**.

由定理 6.1 可知，上述三种行列式的值均等于主对角线上所有元素的乘积.

习 题 6.1

1. 计算下列行列式.

(1) $\begin{vmatrix} 2 & 1 \\ -1 & 3 \end{vmatrix}$；

(2) $\begin{vmatrix} \sin x & \cos x \\ -\cos x & \sin x \end{vmatrix}$；

(3) $\begin{vmatrix} 1 & -3 & 7 \\ 3 & 4 & -2 \\ -1 & 2 & 5 \end{vmatrix}$;

(4) $\begin{vmatrix} 1 & 1 & 1 \\ a & b & c \\ b+c & c+a & a+b \end{vmatrix}$;

(5) $\begin{vmatrix} 3 & 0 & 1 & -2 \\ 5 & 2 & 7 & 8 \\ 4 & 0 & -1 & 0 \\ 6 & 0 & 6 & 0 \end{vmatrix}$;

(6) $\begin{vmatrix} 0 & 0 & 0 & a \\ 0 & 0 & b & 0 \\ 0 & c & 0 & 0 \\ d & 0 & 0 & 0 \end{vmatrix}$.

2. 已知四阶行列式 D 中，第三列元素依次为 $-1, 2, 0, 1$，它们的余子式依次为 $5, 3, -7, 4$，求行列式 D 的值.

3. 设行列式 $D = \begin{vmatrix} 1 & 2 & 2 & 4 \\ 1 & 0 & 0 & 2 \\ 3 & -1 & -4 & 0 \\ 1 & 2 & -1 & 5 \end{vmatrix}$，按 D 的第二行展开，计算行列式的值，并按其第四列展开，检验前后结果是否一致.

6.2 行列式的性质与计算

求阶数较高的行列式的值时，除了用降阶法外，还可以利用行列式的性质求解.

6.2.1 行列式的性质

定义 6.6 将行列式 D 的行与列互换后的行列式称为 D 的**转置行列式**，记为 D^T.

性质 6.1 行列式转置后的值不变，即 $D = D^T$.

例如，行列式 $D = \begin{vmatrix} 1 & 2 \\ 4 & 3 \end{vmatrix}$，其转置行列式 $D^T = \begin{vmatrix} 1 & 4 \\ 2 & 3 \end{vmatrix}$，显然有 $D^T = D = -5$.

性质 6.2 （行、列交换）将行列式的某两行（列）互换，行列式的值改变符号.

性质 6.3 （数乘运算）用数 k 乘以行列式的某一行（列）的所有元素，等于以该数乘此行列式.

例如，$\begin{vmatrix} 2\times 3 & 2\times(-1) & 2\times 4 \\ 0 & 1 & -2 \\ 3 & 1 & 3 \end{vmatrix} = 2\times \begin{vmatrix} 3 & -1 & 4 \\ 0 & 1 & -2 \\ 3 & 1 & 3 \end{vmatrix} = 2\times 9 = 18.$

推论1 若行列式的某两行（列）的元素对应成比例，则此行列式的值等于0.

例如，$\begin{vmatrix} 3 & 1 & 2 \\ 6 & 2 & 4 \\ 2 & 1 & 5 \end{vmatrix} = 2\times \begin{vmatrix} 3 & 1 & 2 \\ 3 & 1 & 2 \\ 2 & 1 & 5 \end{vmatrix} = 2\times 0 = 0.$

推论2 如果行列式中某一行（列）的所有元素全为0，则此行列式的值等于0.

性质6.4 （**加法运算**）若行列式的某一行（列）的各元素都是两项之和，则该行列式等于两个行列式之和，即这两个行列式分别以这两个数为所在的行（列）对应位置的元素，其他位置的元素与原行列式相同，这叫**拆分规则**，反之为**合并规则**.

例如，行列式 $\begin{vmatrix} a_1 & a_2 & a_3 & a_4 \\ 1+2 & 2+4 & 3-4 & 1-3 \\ b_1 & b_2 & b_3 & b_4 \\ c_1 & c_2 & c_3 & c_4 \end{vmatrix} = \begin{vmatrix} a_1 & a_2 & a_3 & a_4 \\ 1 & 2 & 3 & 1 \\ b_1 & b_2 & b_3 & b_4 \\ c_1 & c_2 & c_3 & c_4 \end{vmatrix} + \begin{vmatrix} a_1 & a_2 & a_3 & a_4 \\ 2 & 4 & -4 & -3 \\ b_1 & b_2 & b_3 & b_4 \\ c_1 & c_2 & c_3 & c_4 \end{vmatrix}.$

性质6.5 （**线性运算**）把行列式的某一行（列）的各元素施以**线性运算**，即各元素乘以同一个数，再加到另一行（列）对应的元素上去，行列式的值将不变.

利用以上各性质，我们可以得出"降阶法"的一般步骤：先选定某个非零元素为主元，通过变换，将主元所在的行（列）的其他元素变为0，再利用定理6.1，即可计算出行列式的值.下面我们以一个实例进行说明.

例6.5 计算行列式 $D = \begin{vmatrix} 3 & 1 & -1 & 2 \\ 5 & 1 & 3 & -4 \\ 2 & 0 & 1 & -1 \\ 1 & -5 & 3 & -3 \end{vmatrix}.$

解 我们采用"**降阶法**"求解，选定 $a_{33}=1$ 作为主元，将主元作好标记，做行列变换，用(1), (2), …表示列，用①, ②, …表示行，再利用拉普拉斯定理，将行列式降为三阶，即

$$D=\begin{vmatrix} 3 & 1 & -1 & 2 \\ 5 & 1 & 3 & -4 \\ 2 & 0 & [1] & -1 \\ 1 & -5 & 3 & -3 \end{vmatrix} \xrightarrow[(2)+(4)]{(-2)\times(3)+(1)} \begin{vmatrix} 5 & 1 & -1 & 1 \\ -1 & 1 & 3 & -1 \\ 0 & 0 & 1 & 0 \\ -5 & -5 & 3 & 0 \end{vmatrix} = 1\times(-1)^{3+3}\begin{vmatrix} 5 & 1 & 1 \\ -1 & 1 & -1 \\ -5 & -5 & 0 \end{vmatrix} = -10.$$

注 (1) 选取主元时，应选择主元选所在行或列中元素 0 较多，这样能简便运算；

(2) 行列式的降阶运算可以做行变换，也可做列变换；

6.2.2 克莱姆（Grammer）法则

定理 6.2 （克莱姆法则）设 n 元线性方程组

$$\begin{cases} a_{11}x_1 + a_{12}x_2 + \ldots + a_{1n}x_n = b_1 \\ a_{21}x_1 + a_{22}x_2 + \ldots + a_{2n}x_n = b_2 \\ \ldots\ldots \\ a_{n1}x_1 + a_{n2}x_2 + \ldots + a_{nn}x_n = b_n \end{cases}, \tag{6-4}$$

当其系数行列式 $D = \begin{vmatrix} a_{11} & a_{12} & \cdots & a_{1n} \\ a_{21} & a_{22} & \cdots & a_{2n} \\ \cdots & \cdots & & \cdots \\ a_{n1} & a_{n2} & \cdots & a_{nn} \end{vmatrix} \neq 0$，则方程组（6-4）有且仅有唯一解为

$$x_i = \frac{D_i}{D} \quad (i=1, 2, \cdots, n), \tag{6-5}$$

其中，行列式 D_i 是以方程组的常数项 $b_1, b_2, \cdots, b_n$ 替换系数行列式 D 中的第 i 列元素后所形成的 n 阶行列式，以上求解线性方程组的方法，就称为**克莱姆法则**.

若常数项均为零，则方程组 $\begin{cases} a_{11}x_1 + a_{12}x_2 + \ldots + a_{1n}x_n = 0 \\ a_{21}x_1 + a_{22}x_2 + \ldots + a_{2n}x_n = 0 \\ \ldots\ldots \\ a_{n1}x_1 + a_{n2}x_2 + \ldots + a_{nn}x_n = 0 \end{cases}$ 称为**齐次线性方程组**.

推论 若齐次线性方程组的系数行列式 $D \neq 0$，则它只有零解，即 $x_1 = x_2 = \cdots = x_n = 0$.

例 6.6 用克莱姆法则求解线性方程组 $\begin{cases} x_1 - x_2 + 2x_4 = -5 \\ 3x_1 + 2x_2 - x_3 - 2x_4 = 6 \\ 4x_1 + 3x_2 - x_3 - x_4 = 0 \\ 2x_1 - x_3 = 0 \end{cases}$.

解 该线性方程组的系数行列式为

$$D = \begin{vmatrix} 1 & -1 & 0 & 2 \\ 3 & 2 & [-1] & -2 \\ 4 & 3 & -1 & -1 \\ 2 & 0 & -1 & 0 \end{vmatrix} = \begin{vmatrix} 1 & -1 & 0 & 2 \\ 3 & 2 & -1 & -2 \\ 1 & 1 & 0 & 1 \\ -1 & -2 & 0 & 2 \end{vmatrix} = (-1) \times (-1)^{2+3} \begin{vmatrix} 1 & -1 & 2 \\ 1 & 1 & 1 \\ -1 & -2 & 2 \end{vmatrix} = 5,$$

同上方法,可求得 $D_1 = \begin{vmatrix} -5 & -1 & 0 & 2 \\ 6 & 2 & -1 & -2 \\ 0 & 3 & -1 & -1 \\ 0 & 0 & -1 & 0 \end{vmatrix} = 10$,$D_2 = \begin{vmatrix} 1 & -5 & 0 & 2 \\ 3 & 6 & -1 & -2 \\ 4 & 0 & -1 & -1 \\ 2 & 0 & -1 & 0 \end{vmatrix} = 15$,

$D_3 = \begin{vmatrix} 1 & -1 & -5 & 2 \\ 3 & 2 & 6 & -2 \\ 4 & 3 & 0 & -1 \\ 2 & 0 & 0 & 0 \end{vmatrix} = 20$,$D_4 = \begin{vmatrix} 1 & -1 & 0 & -5 \\ 3 & 2 & -1 & 6 \\ 4 & 3 & -1 & 0 \\ 2 & 0 & -1 & 0 \end{vmatrix} = -25$,

故原方程组的唯一解为

$$x_1 = \frac{D_1}{D} = \frac{10}{5} = 2,\quad x_2 = \frac{D_2}{D} = \frac{-15}{5} = -3,$$
$$x_3 = \frac{D_3}{D} = \frac{20}{5} = 4,\quad x_4 = \frac{D_4}{D} = \frac{-25}{5} = -5.$$

例 6.7 问 λ 为何值时,方程组 $\begin{cases} (1-\lambda)x_1 - 2x_2 = 0 \\ -3x_1 + (2-\lambda)x_2 = 0 \end{cases}$ 有非零解.

解 根据定理 6.2 的推论可知,齐次线性方程组有非零解,则其系数行列式 $D = 0$,

即 $\begin{vmatrix} 1-\lambda & -2 \\ -3 & 2-\lambda \end{vmatrix} = 0$,

解得 $\lambda = 4$ 或 $\lambda = -1$.

所以,当 $\lambda = 4$ 或 $\lambda = -1$ 时,原方程组有非零解.

注 克莱姆法则在应用时必须满足以下两个条件:

(1)线性方程组中,未知量的个数与方程的个数相等; (2)系数行列式 $D \neq 0$.

习题 6.2

1. 计算下列行列式.

(1) $\begin{vmatrix} 1 & 2 & 3 & 4 \\ 2 & 3 & 4 & 1 \\ 3 & 4 & 1 & 2 \\ 4 & 1 & 2 & 3 \end{vmatrix}$;

(2) $\begin{vmatrix} 1 & a & b & c+d \\ 1 & b & c & d+a \\ 1 & c & d & a+b \\ 1 & d & a & b+c \end{vmatrix}$;

(3) $\begin{vmatrix} 1 & 1 & 1 \\ a & b & c \\ b+c & c+a & a+b \end{vmatrix}$;

(4) $\begin{vmatrix} x & y & 0 & \cdots & 0 \\ 0 & x & y & \cdots & 0 \\ 0 & 0 & x & \cdots & 0 \\ \vdots & \vdots & \vdots & & \vdots \\ y & 0 & 0 & \cdots & x \end{vmatrix}$.

2. 用克莱姆法则求解下列线性方程组.

(1) $\begin{cases} x_1 + 2x_2 + x_3 = 3 \\ -2x_1 + 3x_2 - x_3 = -3 \\ x_1 - 4x_2 + 2x_3 = -5 \end{cases}$;

(2) $\begin{cases} x_1 + x_2 + x_3 - x_4 = 5 \\ 2x_1 + x_2 - 3x_3 - 14x_4 = -1 \\ -3x_1 + 2x_2 + x_3 - 5x_4 = 5 \\ 7x_1 - 4x_2 - 3x_3 + 2x_4 = -2 \end{cases}$

3. 问 λ 为何值时，方程组 $\begin{cases} (3-\lambda)x_1 + 4x_2 = 0 \\ 5x_1 + (2-\lambda)x_2 = 0 \end{cases}$ 有非零解.

6.3 矩阵的概念和运算

克莱姆法则是求解 n 阶线性方程组的重要方法，但它必须满足系数行列式 $D \neq 0$，且需计算 $(n+1)$ 个 n 阶行列式的值，计算量大. 同时，若系数行列式 $D = 0$，或未知量个数与方程数量不相等时，克莱姆法则就有了一定的局限，比如下面的"交通流量平衡"问题.

引例 6.1 （交通流量平衡问题）图 6-2 为某城市的局部交通网络图（单位：辆/小时），设所有道路边都不能停车，图中箭头标识了交通方向，标识数目为高峰期每小时进出道路网络的车辆数. 若进入每个交叉点的车辆数等于离开该点的车辆数，则交通流量平衡条件满足，交通不出现堵塞.

(1) 试建立图中交通流量的数学模型.

(2) 若控制 x_2 至多为 200 辆/小时，x_3 至多为 50 辆/小时，问这是可行的吗？并求出各支路上交通流量分别为多少时，此交通网络流量能达到平衡？

分析 如图，将四个结点依次记为 A、B、C、D，则要使交通量平衡，必须在每个结点处单位时间内流入的车量与流出的车量相等，于是，所求数学模型为：

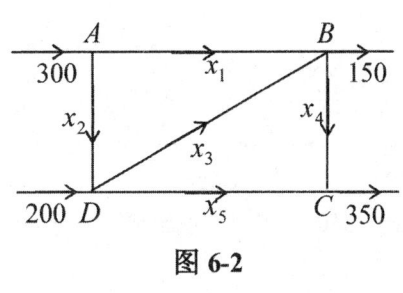

图 6-2

$$\begin{cases} x_1 + x_2 & = 300 \\ x_1 + x_3 - x_4 & = 150 \\ x_4 + x_5 & = 350 \\ -x_2 + x_3 + x_5 & = 200 \end{cases}$$

我们发现，上述数学模型即为一个线性方程组，它含有 5 个未知量，却只有 4 个方程，而要解决第(2)问提出的问题，则必须求出上述线性方程组的解，显然，该方程组利用消元法和克莱姆法则都无法求解. 本节开始我们学习一种更适用的方法——"矩阵法".

6.3.1 矩阵的概念

在实际问题中，我们经常会遇到两组变量，其中一组变量 y_1，y_2，$\cdots$，y_m 能用另外一组变量 x_1，x_2，$\cdots$，x_n 线性表示，即 $\begin{cases} y_1 = a_{11}x_1 + a_{12}x_2 + \cdots + a_{1n}x_n \\ y_2 = a_{21}x_1 + a_{22}x_2 + \cdots + a_{2n}x_2 \\ \vdots \\ y_m = a_{m1}x_1 + a_{m2}x_2 + \cdots + a_{mn}x_n \end{cases}$，其中，$a_{ij}(i = 1, 2, \cdots m; j = 1, 2, \cdots n)$ 为常数，我们把这种从变量 x_1，x_2，$\cdots$，x_n 到变量 y_1，y_2，$\cdots$，y_m 的变换叫做**线性变换**.

显然，这种变换只取决于变量 x_1，x_2，$\cdots$，x_n 的系数，把这些系数按照在变换中原来的顺序和位置不变排列成一个数表，即 $\begin{pmatrix} a_{11} & a_{12} & \cdots & a_{1n} \\ a_{21} & a_{22} & \cdots & a_{2n} \\ \vdots & \vdots & & \vdots \\ a_{m1} & a_{m2} & \cdots & a_{mn} \end{pmatrix}$，这样的数表应用非常广泛.

案例 6.1 （物资的调运方案）某一物资有长沙、南京 2 个产地，可销往广州、深圳、杭州，该物资的调运方案如下表 6-1 所示：

表 6-1

产量 销地 调运地	广州	深圳	杭州
长沙	23	11	25
南京	41	50	10

表中数据可简单写成一个 2 行 3 列的数表 $\begin{pmatrix} 23 & 11 & 25 \\ 41 & 50 & 10 \end{pmatrix}$，我们称为**物资调运矩阵**.

定义 6.7 （矩阵的概念）一般地，将 $m \times n$ 个数 $a_{ij}(i=1,2,\cdots,m；j=1,2,\cdots,n)$ 排成 m 行 n 列，并括以方括弧（或圆括弧）的矩形数表

$$\begin{pmatrix} a_{11} & a_{12} & \cdots & a_{1n} \\ a_{21} & a_{22} & \cdots & a_{2n} \\ \vdots & \vdots & & \vdots \\ a_{m1} & a_{m2} & \cdots & a_{mn} \end{pmatrix}, \tag{6-6}$$

我们称之为 m 行 n 列的**矩阵**，简称为 $m \times n$ 矩阵.

这个矩阵有 m 行，n 列，共 $m \times n$ 个元素，其中 a_{ij} 表示第 i 行、第 j 列的元素.

通常我们用大写黑体英文字母 **A**、**B**、**C**，…来表示矩阵，也可用 $\mathbf{A}_{m \times n}$ 或 $(a_{ij})_{m \times n}$ 表示.

注 矩阵一定要指明它的行数和列数.

引例 6.1 中，线性方程组的系数构成一个 4 行 5 列的矩阵 $\mathbf{A} = \begin{pmatrix} 1 & 1 & 0 & 0 & 0 \\ 1 & 0 & 1 & -1 & 0 \\ 0 & 0 & 0 & 1 & 1 \\ 0 & -1 & 1 & 0 & 1 \end{pmatrix}$.

我们还会经常遇到下列几种特殊矩阵.

所有元素均为零的 $m \times n$ 阶矩阵，称为**零矩阵**，记作 **O** 或 $\mathbf{O}_{m \times n}$.

只有一行的矩阵 $\mathbf{A}_{1 \times n} = (a_{11} \quad a_{12} \quad \cdots \quad a_{1n})$ 称为**行矩阵**.

只有一列的矩阵 $\mathbf{A}_{m \times 1} = \begin{pmatrix} a_{11} \\ a_{21} \\ \vdots \\ a_{m1} \end{pmatrix}$ 称为**列矩阵**.

$n \times n$ 矩阵称为 n **阶方阵**，记作 $\mathbf{A}_n$，从左上角到右下角的对角线称为方阵的主对角线，主对角线左下方（右上方）的元素全为零的方阵称为上（下）**三角形矩阵**，主对角线以外的元素均为零的方阵称为**对角矩阵**，主对角线上元素全为 1 的对角矩阵称**单位矩阵**，记作 **E**.

定义 6.8 （相等矩阵）若 $\mathbf{A} = (a_{ij})$ 与 $\mathbf{B} = (b_{ij})$ 是同型矩阵，即行数和列数对应相等，并且它们的对应位置上的元素也都相同，则称矩阵 **A** 与矩阵 **B** 相等，记作 **A=B**.

例 6.8 已知 $\mathbf{A} = \begin{pmatrix} a+b & 3 \\ 3 & a-b \end{pmatrix}$，$\mathbf{B} = \begin{pmatrix} 7 & 2c+d \\ c-d & 3 \end{pmatrix}$，且 **A=B**，求 a，b，c，d.

解 根据矩阵相等的定义，矩阵相等即对应位置的元素都对应相等，即得
$$a+b=7, \quad 3=2c+d, \quad 3=c-d, \quad a-b=3,$$
联立解得 $\quad a=5, \quad b=2, \quad c=2, \quad d=-1.$

6.3.2 矩阵的运算

1. 矩阵的线性运算

定义 6.9 （矩阵的加法）设矩阵 $\mathbf{A} = (a_{ij})_{m \times n}$ 和 $\mathbf{B} = (b_{ij})_{m \times n}$，则称 $(a_{ij} + b_{ij})_{m \times n}$ 为矩阵 **A** 与 **B** 的**和矩阵**，记作 **A+B**，即
$$\mathbf{A+B} = (a_{ij} + b_{ij})_{m \times n}, \quad (i=1,2,\cdots,m; \ j=1,2,\cdots,n).$$

定义 6.10 （矩阵的数乘）设矩阵 $\mathbf{A} = (a_{ij})_{m \times n}$，则称 $k\mathbf{A} = (ka_{ij})_{m \times n}$ 为 **A** 的**数乘矩阵**.

矩阵的加（减）法与数乘两种运算统称为**矩阵的线性运算**.

可以验证，设 **A**、**B**、**C** 都是 $m \times n$ 阶矩阵，k 为常数，则线性运算满足以下规律：

(1) 交换律 　　　　　　**A+B=B+A**

(2) 结合律 　　　　　　**(A+B)+C=A+(B+C)**

(3) 分配律 $\quad k(\mathbf{A}+\mathbf{B}) = k\mathbf{B} + k\mathbf{A}$

$(k+l)\mathbf{A} = k\mathbf{A} + l\mathbf{B}$

(4) 数乘运算的结合律 $\quad k(l\mathbf{A}) = (kl)\mathbf{A}$

案例 6.2 （机床的数量）某机床厂 1 月份生产各种产品的台数如下表 6-2 所示，经技术创新后，3 月份这些产品的台数为 1 月份的 1.2 倍，求 3 月份生产这些产品的台数.

表 6-2

车床	铣床	磨床
200	160	80

解 用矩阵 $\mathbf{A} = \begin{pmatrix} 200 \\ 160 \\ 80 \end{pmatrix}$ 表示 1 月份的产量矩阵，则 3 月份的产量可用矩阵 $\mathbf{B}$ 表示，

$$\mathbf{B} = 1.2\mathbf{A} = 1.2 \times \begin{pmatrix} 200 \\ 160 \\ 80 \end{pmatrix} = \begin{pmatrix} 240 \\ 192 \\ 96 \end{pmatrix}.$$

例 6.9 设矩阵 $\mathbf{A} = \begin{pmatrix} 2 & 1 & 0 & -1 \\ 1 & 3 & 2 & 0 \\ 2 & -1 & 4 & 1 \end{pmatrix}$, $\mathbf{B} = \begin{pmatrix} 1 & 3 & 1 & 0 \\ 3 & 1 & 5 & -2 \\ 6 & 2 & 0 & 7 \end{pmatrix}$，求 $2\mathbf{A}+3\mathbf{B}$.

解 由矩阵的线性运算法则，有

$$2\mathbf{A}+3\mathbf{B} = 2 \times \begin{pmatrix} 2 & 1 & 0 & -1 \\ 1 & 3 & 2 & 0 \\ 2 & -1 & 4 & 1 \end{pmatrix} + 3 \times \begin{pmatrix} 1 & 3 & 1 & 0 \\ 3 & 1 & 5 & -2 \\ 6 & 2 & 0 & 7 \end{pmatrix}$$

$$= \begin{pmatrix} 4 & 2 & 0 & -2 \\ 2 & 6 & 4 & 0 \\ 4 & -2 & 8 & 2 \end{pmatrix} + \begin{pmatrix} 3 & 9 & 3 & 0 \\ 9 & 3 & 15 & -6 \\ 18 & 6 & 0 & 21 \end{pmatrix} = \begin{pmatrix} 7 & 11 & 3 & -2 \\ 11 & 9 & 19 & -6 \\ 22 & 4 & 8 & 23 \end{pmatrix}.$$

2. 矩阵的乘法运算

定义 6.11 （矩阵的乘法）设矩阵 $\mathbf{A} = (a_{ij})_{m \times s}$ 的列数与矩阵 $\mathbf{B} = (b_{ij})_{s \times n}$ 的行数相等，则矩阵 $\mathbf{C} = (c_{ij})_{m \times n}$ 称为矩阵 $\mathbf{A}$ 与矩阵 $\mathbf{B}$ 的乘积，其中

$$c_{ij} = a_{i1}b_{1j} + a_{i2}b_{2j} + \cdots + a_{is}b_{sj} = \sum_{k=1}^{s} a_{ik}b_{kj} \, (i=1,2,\cdots,m; \ j=1,2,\cdots,n),$$

表示 **A** 的第 i 行元素与 **B** 的第 j 列（"左行右列"）对应的元素相乘后相加，记作 **C=AB**.

例如，将矩阵 **A** 的第 3 行元素分别乘以 **B** 的第 5 列元素，相加即可得到矩阵 **AB** 的第 3 行第 5 列位置上的元素 c_{35}.

注意 （1）左边矩阵 **A** 的列数等于右边矩阵 **B** 的行数时，两矩阵才能进行乘法运算.
（2）矩阵 **C** 的行数等于 **A** 的行数，**C** 的列数等于 **B** 的列数.

例 6.10 矩阵 $\mathbf{A} = \begin{pmatrix} 1 & 2 \\ 0 & -1 \\ 2 & 4 \end{pmatrix}$，矩阵 $\mathbf{B} = \begin{pmatrix} 1 & 3 \\ -2 & 4 \end{pmatrix}$，$\mathbf{C} = \begin{pmatrix} 2 & 1 & -1 & 3 \\ 5 & 1 & 3 & 2 \end{pmatrix}$，求矩阵 **AB** 和 **ABC**.

解 根据矩阵的乘法，有

$$\mathbf{AB} = \begin{pmatrix} 1 & 2 \\ 0 & -1 \\ 2 & 4 \end{pmatrix}_{3\times 2} \times \begin{pmatrix} 1 & 3 \\ -2 & 4 \end{pmatrix}_{2\times 2}$$

$$= \begin{pmatrix} 1\times 1 + 2\times(-2) & 1\times 3 + 2\times 4 \\ 0\times 1 + (-1)\times(-2) & 0\times 3 + (-1)\times 4 \\ 2\times 1 + 4\times(-2) & 2\times 3 + 4\times 4 \end{pmatrix} = \begin{pmatrix} -3 & 11 \\ 2 & -4 \\ -6 & 22 \end{pmatrix}_{3\times 2},$$

因此 $\mathbf{ABC} = \begin{pmatrix} -3 & 11 \\ 2 & -4 \\ -6 & 22 \end{pmatrix}_{3\times 2} \times \begin{pmatrix} 2 & 1 & -1 & 3 \\ 5 & 1 & 3 & 2 \end{pmatrix}_{2\times 4} = \begin{pmatrix} 49 & 8 & 36 & 13 \\ -11 & -2 & -14 & -2 \\ 98 & 16 & 72 & 26 \end{pmatrix}_{3\times 4}.$

思考 请你通过计算，判断 **AB** 与 **BA** 相等吗？

矩阵乘法运算还满足如下运算规律.

(1) 结合律　　　　　(**AB**)**C**=**A**(**BC**)

(2) 分配律　　　　　**A**(**B+C**)=**AB**+**AC**

　　　　　　　　　(**B+C**)**A**=**BA**+**CA**

　　　　　　　　　$k(\mathbf{AB}) = (k\mathbf{A})\mathbf{B} = \mathbf{A}(k\mathbf{B})$

(3) **AE**=**EA**=**A**

(4) 若 **A** 是一个 n 阶方阵，则 $\underbrace{\mathbf{A} \cdot \mathbf{A} \cdots \mathbf{A}}_{n\text{个}}$ 称为 **A** 的 n 次幂，记作 $\mathbf{A}^k$，且有

$$A^k A^m = A^{k+m}, \quad (A^m)^k = A^{km}.$$

例 6.11 试用矩阵表示三元线性方程组 $\begin{cases} x_1 + 2x_2 + 3x_3 = 2 \\ 2x_1 + 2x_2 + x_3 = 1 \\ 3x_1 + 4x_2 + 3x_3 = 2 \end{cases}$.

解 根据矩阵的乘法,等式左端矩阵 $\begin{pmatrix} x_1 + 2x_2 + 3x_3 \\ 2x_1 + 2x_2 + x_3 \\ 3x_1 + 4x_2 + 3x_3 \end{pmatrix} = \begin{pmatrix} 1 & 2 & 3 \\ 2 & 2 & 1 \\ 3 & 4 & 3 \end{pmatrix} \begin{pmatrix} x_1 \\ x_2 \\ x_3 \end{pmatrix}$,再根据矩阵相等的概念,原线性方程组可用矩阵表示为 $\begin{pmatrix} 1 & 2 & 3 \\ 2 & 2 & 1 \\ 3 & 4 & 3 \end{pmatrix} \begin{pmatrix} x_1 \\ x_2 \\ x_3 \end{pmatrix} = \begin{pmatrix} 2 \\ 1 \\ 2 \end{pmatrix}$.

一般地,n 元线性方程组 $\begin{cases} a_{11}x_1 + a_{12}x_2 + \ldots + a_{1n}x_n = b_1 \\ a_{21}x_1 + a_{22}x_2 + \ldots + a_{2n}x_n = b_2 \\ \ldots \ldots \\ a_{m1}x_1 + a_{m2}x_2 + \ldots + a_{mn}x_n = b_m \end{cases}$ 也可表示为矩阵形式,即

$$\begin{pmatrix} a_{11} & a_{12} & \cdots & a_{1n} \\ a_{21} & a_{22} & \cdots & a_{2n} \\ \vdots & \vdots & & \vdots \\ a_{m1} & a_{m2} & \cdots & a_{mn} \end{pmatrix} \begin{pmatrix} x_1 \\ x_2 \\ \vdots \\ x_n \end{pmatrix} = \begin{pmatrix} b_1 \\ b_2 \\ \vdots \\ b_n \end{pmatrix},$$

简记为 **AX=B**,等式左边为**系数矩阵 A** 与**未知量列矩阵 X** 的乘积,右边为**常数列矩阵 B**.

3. 矩阵的转置运算

定义 6.12 (矩阵的转置)若把 $m \times n$ 阶矩阵 **A** 的行与列互换,得到的 $n \times m$ 阶矩阵,称为矩阵 **A** 的**转置矩阵**,记作 A^T 或 A'.

例 6.12 已知 $A = \begin{pmatrix} 2 & 3 & 0 \\ -1 & 5 & 4 \end{pmatrix}$,$B = \begin{pmatrix} -1 & 0 \\ 2 & 3 \\ 5 & 1 \end{pmatrix}$,求 $3A^T - 2B$.

解 由矩阵的转置和矩阵的线性运算可知,

$$3A^T - 2B = 3 \times \begin{pmatrix} 2 & -1 \\ 3 & 5 \\ 0 & 4 \end{pmatrix} - 2 \begin{pmatrix} -1 & 0 \\ 2 & 3 \\ 5 & 1 \end{pmatrix} = \begin{pmatrix} 8 & -3 \\ 5 & 9 \\ -10 & 10 \end{pmatrix}.$$

案例 6.3 （产品的总收益）某商场电子柜台 2015 年 5 月的部分产品销售量见下表 6-3 所示，求销售这几种产品的总收益．

表 6-3

产品	价量	单价/元	销量/个
点读机		1200	80
U 盘		360	100
MP5		800	200

分析 若用矩阵 $P = \begin{pmatrix} 1200 \\ 360 \\ 800 \end{pmatrix}$ 表示产品的单价，用矩阵 $Q = \begin{pmatrix} 80 \\ 100 \\ 200 \end{pmatrix}$ 表示产品的销量，则 P 与矩阵 Q 不能相乘，但其转置却能与矩阵 Q 相乘，即 P^TQ，它表示产品的收益．

解 产品的销售收益为

$$R = P^T Q = \begin{pmatrix} 1200 & 360 & 800 \end{pmatrix} \begin{pmatrix} 80 \\ 100 \\ 200 \end{pmatrix}$$

$$= 1200 \times 80 + 360 \times 100 + 800 \times 200 = 292000.$$

4. 逆矩阵

定义 6.13 对于 n 阶方阵 A，若存在 n 阶方阵 B，使得 AB=BA=E，（E 为 n 阶单位矩阵），则称矩阵 A 为**可逆矩阵**，简称矩阵 A **可逆**，而 B 称为 A 的**逆矩阵**，记作 A^{-1}，即 $B = A^{-1}$．

例如，矩阵 $A = \begin{pmatrix} 1 & -1 \\ 3 & -2 \end{pmatrix}$ 和 $B = \begin{pmatrix} -2 & 1 \\ -3 & 1 \end{pmatrix}$，因为 $AB = BA = \begin{pmatrix} 1 & 0 \\ 0 & 1 \end{pmatrix}$，所以 A 和 B 是互逆的矩阵．

性质 6.6 若矩阵 A 可逆，则其逆矩阵 A^{-1} 唯一．

性质 6.7 若矩阵 **A** 可逆，则 $\mathbf{A}^{-1}$ 也可逆，且 $(\mathbf{A}^{-1})^{-1}=\mathbf{A}$.

性质 6.8 若矩阵 **A** 可逆，则 $\mathbf{A}^T$ 也可逆，且 $(\mathbf{A}^T)^{-1}=(\mathbf{A}^{-1})^T$.

性质 6.9 两个同阶可逆矩阵的乘积仍然是可逆的，且 $(\mathbf{AB})^{-1}=\mathbf{B}^{-1}\mathbf{A}^{-1}$.

在实际生活中，逆矩阵的运用非常广泛，怎样求逆矩阵，我们在第 6.4 节中将会学习．

习 题 6.3

1．判断题．

(1) n 阶方阵是可以求值的．(   )

(2) 用同一组数组成的两个矩阵是相等的．(   )

(3) 两个行数、列数分别相等的矩阵是相等的．(   )

2．填空题．

(1) 若 **A** 是一个 $m \times n$ 阶矩阵，则 **A** 有_____行_____列．

(2) 若矩阵 **A** 既是上三角形矩阵，又是下三角形矩阵，则 **A** 是一个_____．

(3) 三阶单位矩阵 $\mathbf{E}_3 =$ _____．

(4) 设矩阵 $\mathbf{A} = \begin{pmatrix} 3 & a & 0 \\ 0 & -4 & 2 \end{pmatrix}$, $\mathbf{B} = \begin{pmatrix} b & 1 & c \\ 0 & d & 2 \end{pmatrix}$，当 **A=B** 时，则 $a =$ _____, $b =$ _____, $c =$ _____, $d =$ _____.

(5) 若 **C** 是一个 4×3 阶矩阵，**D** 是一个 3×5 阶矩阵，则 **CD** 是_____阶矩阵，且第 2 行第 3 列的元素为_____．

(6) 若矩阵满足 $\mathbf{A} = \mathbf{A}^T$，则 **A** 是_____阵，它的元素 $a_{ij} =$ _____．

3．已知 $\mathbf{A} = \begin{pmatrix} 2x-y & 0 \\ -3 & 2 \end{pmatrix}$, $\mathbf{B} = \begin{pmatrix} 1 & 0 \\ -3 & x+y \end{pmatrix}$，且 **A=B**，求 x, y.

4．已知矩阵 $\mathbf{A} = \begin{pmatrix} 3 & 2 & 4 \\ 0 & 1 & 6 \\ 4 & 7 & 2 \end{pmatrix}$, $\mathbf{B} = \begin{pmatrix} 5 & -5 & 6 \\ -7 & 6 & 0 \\ 1 & 0 & 3 \end{pmatrix}$，求 **3A+2B** 与 **2A-3B**.

5.计算下列各矩阵的乘积.

(1) $\begin{pmatrix} 1 & 0 \\ 0 & 1 \end{pmatrix}\begin{pmatrix} 3 & 2 \\ 5 & 6 \end{pmatrix}$;

(2) $\begin{pmatrix} -1 & 2 \\ 3 & 4 \end{pmatrix}\begin{pmatrix} -1 & 3 \\ 2 & 5 \end{pmatrix}$;

(3) $\begin{pmatrix} 2 & 3 & -1 \\ 3 & 1 & 4 \end{pmatrix}\begin{pmatrix} 2 & 5 & 0 & -2 \\ 4 & 0 & -1 & 1 \\ 1 & 3 & 2 & 0 \end{pmatrix}$;

(4) $\begin{pmatrix} 1 & 0 & 5 \end{pmatrix}\begin{pmatrix} 3 \\ 2 \\ 7 \end{pmatrix}$.

6.某公司投资 80 万元建设 A、B、C 三个项目,希望能从中收益 6 万元,其中项目 A 的收益率为 6%,项目 B 的收益率为 12%,项目 C 的收益率为 10%,则在 A、B、C 三个项目上有多少种投资方式?请你根据已知条件列出线性方程组,并用矩阵表示.

6.4 矩阵的初等变换

矩阵的初等变换是求逆矩阵的重要方法,接下来我们就来讨论矩阵的初等变换.

6.4.1 矩阵的初等变换

引例 6.2 (浓度问题)工业生产中某道工序需要浓度为 86% 的硫酸溶液 100g,现有两种硫酸溶液,浓度分别为 90%、70%,问两种浓度的硫酸溶液各取多少克才能满足要求?

解 设浓度为 90%、70% 的硫酸溶液各取 $x_1 g$、$x_2 g$,则

$$\begin{cases} x_1 + x_2 = 100 & (1) \\ 0.9x_1 + 0.7x_2 = 86 & (2) \end{cases},$$

通过加减消元,可得原方程组的解为 $x_1 = 80$,$x_2 = 20$.

实际上,利用加减消元法解方程组时,经常会用到三种同解变换,即

(1)互换变形:交换方程组中某两个方程的位置;

(2)倍乘变形:用一个非零常数 k 乘以某一个方程;

(3)倍加变形:将一个方程的倍数加到另一个方程上.

以上三个运算都不会改变方程组的解,我们称这三种运算为**方程组的初等变换**.

类似于上述三种同解变换,矩阵的初等变换也有如下三种.

定义 6.14 对矩阵施行以下三种变换,我们统称为矩阵的**初等行变换**.

(1) **换行变换**:对换矩阵的两行,记为 $r_i \leftrightarrow r_j$,表示矩阵的第 i 行和第 j 行互换;

(2) **倍乘变换**:以非零数乘矩阵的某一行,常用 $kr_i(k \neq 0)$ 表示数 k 乘以矩阵的第 i 行;

(3) **消去变换**:将矩阵某一行所有元素的 k 倍 $(k \neq 0)$ 加到另一行对应的元素上去,记为 $kr_i + r_j$,表示第 i 行的 k 倍加到第 j 行.

若将定义中实施的"行变换"变成"列变换",可得到矩阵的三种**初等列变换**,并分别记为 (1) $c_i \leftrightarrow c_j$;(2) $kc_i(k \neq 0)$;(3) $kc_i + c_j$.

初等行变换和初等列变换统称为**初等变换**.

注意 (1) 初等变换过程中,会改变矩阵的元素,因此使用"→"连接.

(2) 若变换步骤较多,可采用"**选取主元**"法,在选取主元时,尽量选取主元所在行或列中元素 0 含有较多者,这样就能简便运算,同时主元用方括号标记.

(3) 矩阵的初等变换可反复进行,最后可将矩阵化为单位矩阵.

例 6.13 利用矩阵的初等行变换把矩阵 $A = \begin{pmatrix} 2 & 1 & 0 \\ 1 & 0 & 1 \\ -3 & 2 & -5 \end{pmatrix}$ 化为三阶单位矩阵 E.

解 $A = \begin{pmatrix} 2 & 1 & 0 \\ 1 & 0 & 1 \\ -3 & 2 & -5 \end{pmatrix} \xrightarrow{r_1 \leftrightarrow r_2} \begin{pmatrix} [1] & 0 & 1 \\ 2 & 1 & 0 \\ -3 & 2 & -5 \end{pmatrix} \xrightarrow[3r_1+r_3]{-2r_1+r_2} \begin{pmatrix} 1 & 0 & 1 \\ 0 & [1] & -2 \\ 0 & 2 & -2 \end{pmatrix}$

$\xrightarrow{-2r_2+r_3} \begin{pmatrix} 1 & 0 & 1 \\ 0 & 1 & -2 \\ 0 & 0 & [2] \end{pmatrix} \xrightarrow{\frac{1}{2}r_3} \begin{pmatrix} 1 & 0 & 1 \\ 0 & 1 & -2 \\ 0 & 0 & [1] \end{pmatrix} \xrightarrow[2r_3+r_2]{-r_3+r_1} \begin{pmatrix} 1 & 0 & 0 \\ 0 & 1 & 0 \\ 0 & 0 & 1 \end{pmatrix}$.

6.4.2 矩阵的秩

观察矩阵 $\begin{pmatrix} 1 & 2 & 4 \\ 0 & 3 & 2 \\ 0 & 0 & 2 \end{pmatrix}$, $\begin{pmatrix} 2 & 3 & 1 & 4 \\ 0 & -1 & 2 & 6 \\ 0 & 0 & 0 & 1 \end{pmatrix}$, $\begin{pmatrix} 0 & 3 & 1 & 0 \\ 0 & 0 & 2 & -3 \\ 0 & 0 & 0 & 0 \end{pmatrix}$, 发现它们的共同点是：

每行的第一个非零元素所在的列中，此元素下方的元素均为零. 这样的矩阵我们称为阶梯形矩形.

定义 6.15（阶梯形矩阵）若矩阵每一行的第一个非零元素所在的列中，此元素下方的所有元素均为零，我们称这样的矩阵为**阶梯形矩阵**.

定理 6.3 任意一个非零矩阵经过若干次初等行变换后都可以化为阶梯形矩阵.

例 6.14 将矩阵 $\mathbf{A}=\begin{pmatrix} 1 & -1 & 2 \\ 3 & 2 & 1 \\ 1 & 0 & 2 \end{pmatrix}$ 化为阶梯形矩阵.

解 选取 a_{11} 为主元，并对原矩阵进行初等行变换，

$$\begin{pmatrix} [1] & -1 & 2 \\ 3 & 2 & 1 \\ 1 & 0 & 2 \end{pmatrix} \xrightarrow[-r_1+r_3]{-3r_1+r_2} \begin{pmatrix} 1 & -1 & 2 \\ 0 & 5 & -5 \\ 0 & 1 & 0 \end{pmatrix} \xrightarrow{\frac{1}{5}r_2} \begin{pmatrix} 1 & -1 & 2 \\ 0 & [1] & -1 \\ 0 & 1 & 0 \end{pmatrix}$$

$$\xrightarrow[-r_2+r_3]{r_2+r_1} \begin{pmatrix} 1 & 0 & 1 \\ 0 & 1 & -1 \\ 0 & 0 & [1] \end{pmatrix} \xrightarrow{\substack{-r_3+r_1 \\ r_3+r_2}} \begin{pmatrix} 1 & 0 & 0 \\ 0 & 1 & 0 \\ 0 & 0 & 1 \end{pmatrix}.$$

定义 6.16（矩阵的秩）矩阵 $\mathbf{A}$ 化为阶梯形矩阵后，其中非零行的行数，称为矩阵 $\mathbf{A}$ 的**秩**，记作 $r(\mathbf{A})$.

例如，矩阵 $\mathbf{A}=\begin{pmatrix} 1 & 2 & 4 \\ 0 & 3 & 2 \\ 0 & -2 & 1 \end{pmatrix}$ 的秩为3，矩阵 $\mathbf{B}=\begin{pmatrix} 0 & 3 & 1 & 0 \\ 0 & 0 & 2 & -3 \\ 0 & 0 & 0 & 0 \end{pmatrix}$ 的秩为2.

例 6.15 设矩阵 $\mathbf{A}=\begin{pmatrix} 1 & 2 & 3 \\ 3 & 2 & 1 \\ 3 & 4 & 3 \end{pmatrix}$, $\mathbf{B}=\begin{pmatrix} 2 & -1 & 4 & 1 \\ 1 & 1 & 5 & 5 \\ -1 & 1 & -1 & 1 \\ 3 & -3 & 3 & -3 \end{pmatrix}$, 求矩阵的秩 $r(\mathbf{A})$ 和 $r(\mathbf{B})$.

分析 求矩阵的秩,可采用初等行变换,将矩阵化为阶梯形矩阵的思路.

解 对于矩阵 $\mathbf{A}$ 我们选定 a_{11} 为主元,即

$$\mathbf{A}=\begin{pmatrix} [1] & 2 & 3 \\ 3 & 2 & 1 \\ 3 & 4 & 3 \end{pmatrix} \xrightarrow[(-3)\times r_1+r_3]{(-3)\times r_1+r_2} \begin{pmatrix} 1 & 2 & 3 \\ 0 & -4 & -8 \\ 0 & [-2] & -6 \end{pmatrix} \xrightarrow[-\frac{1}{2}\times r_3]{-\frac{1}{4}r_3} \begin{pmatrix} 1 & 2 & 3 \\ 0 & [1] & 2 \\ 0 & 1 & 3 \end{pmatrix} \xrightarrow{-r_2+r_3} \begin{pmatrix} 1 & 2 & 3 \\ 0 & 1 & 2 \\ 0 & 0 & 1 \end{pmatrix},$$

由上式可知,$r(\mathbf{A})=3$.

而对于矩阵 $\mathbf{B}$ 我们则选定 a_{31} 为主元,即

$$\mathbf{B}=\begin{pmatrix} 2 & -1 & 4 & 1 \\ 1 & 1 & 5 & 5 \\ [-1] & 1 & -1 & 1 \\ 3 & -3 & 3 & -3 \end{pmatrix} \xrightarrow[3r_3+r_4]{\substack{2r_3+r_1 \\ r_3+r_2}} \begin{pmatrix} 0 & [1] & 2 & 3 \\ 0 & 2 & 4 & 6 \\ -1 & 1 & -1 & 1 \\ 0 & 0 & 0 & 0 \end{pmatrix}$$

$$\xrightarrow[-r_1+r_3]{-2r_1+r_2} \begin{pmatrix} 0 & 1 & 2 & 3 \\ 0 & 0 & 0 & 0 \\ -1 & 0 & -3 & -2 \\ 0 & 0 & 0 & 0 \end{pmatrix} \xrightarrow[r_1\leftrightarrow r_2]{r_1\leftrightarrow r_3} \begin{pmatrix} -1 & 0 & -3 & -2 \\ 0 & 1 & 2 & 3 \\ 0 & 0 & 0 & 0 \\ 0 & 0 & 0 & 0 \end{pmatrix},$$

因此,$r(\mathbf{B})=2$.

从上例可以看出,在矩阵的初等行变换过程中,不会改变矩阵的秩,且**矩阵的秩等于它的阶梯型矩阵的非零行的行数**,即有

$$\mathbf{A} \xrightarrow{\text{初等行变换}} \mathbf{B} \text{(阶梯形矩阵)}, \quad r(\mathbf{A})=r(\mathbf{B})=r.$$

零矩阵的秩为 0,即 $r(\mathbf{O})=0$.

若 n 阶方阵的秩为 n,则称该矩阵为**满秩矩阵**.

定理 6.4 n 阶方阵 $\mathbf{A}$ 可逆的充要条件是矩阵的秩 $r(\mathbf{A})=n$,即为满秩矩阵.

6.4.3 用初等行变换求逆矩阵

用"**初等行变换**"求逆矩阵的基本步骤是：将方阵 **A** 和同阶的单位阵 **E**，写成一个长方矩阵 (**A**|**E**)，对其实施矩阵的"初等行变换"，将竖线左边的 **A** 化为单位阵，竖线右边的 **E** 则变成了的 **A** 逆矩阵 A^{-1}，即

$$(A|E) \to (E|A^{-1}). \quad (6\text{-}7)$$

式（6-7）即为运用矩阵的初等行变换求逆矩阵，该方法是由德国数学家高斯首先提出的，因此也称之为**高斯求逆法**.

例 6.16 判断矩阵 $A = \begin{pmatrix} 1 & 1 & 2 \\ 2 & 1 & -1 \\ 1 & -2 & 1 \end{pmatrix}$ 是否可逆，若可逆，则请你利用初等行变换求其逆矩阵.

分析 根据定理 6.4，要判断 n 阶方阵 **A** 是否可逆，只需判断其秩是否等于阶数 n，若可逆，则可采用上述高斯求逆法，进行矩阵的初等行变换，求出逆矩阵.

解 写出长方矩阵 (**A**|**E**)，选定 a_{11} 为主元，则

$$(A|E) = \begin{pmatrix} [1] & 1 & 2 & | & 1 & 0 & 0 \\ 2 & 1 & -1 & | & 0 & 1 & 0 \\ 1 & -2 & 1 & | & 0 & 0 & 1 \end{pmatrix} \xrightarrow[-r_1+r_3]{-2r_1+r_2} \begin{pmatrix} 1 & 1 & 2 & | & 1 & 0 & 0 \\ 0 & -1 & -5 & | & -2 & 1 & 0 \\ 0 & -3 & -1 & | & -1 & 0 & 1 \end{pmatrix}$$

$$\xrightarrow{-r_2} \begin{pmatrix} 1 & 1 & 2 & | & 1 & 0 & 0 \\ 0 & [1] & 5 & | & 2 & -1 & 0 \\ 0 & -3 & -1 & | & -1 & 0 & 1 \end{pmatrix} \xrightarrow[-r_2+r_1]{3r_2+r_3} \begin{pmatrix} 1 & 0 & -3 & | & -1 & 0 & 0 \\ 0 & 1 & 5 & | & 2 & -1 & 0 \\ 0 & 0 & 14 & | & 5 & -3 & 1 \end{pmatrix}$$

$$\xrightarrow{\frac{r_3}{14}} \begin{pmatrix} 1 & 0 & -3 & | & -1 & 0 & 0 \\ 0 & 1 & 5 & | & 2 & -1 & 0 \\ 0 & 0 & [1] & | & \frac{5}{14} & -\frac{3}{14} & \frac{1}{14} \end{pmatrix} \xrightarrow[-2r_3+r_1]{3r_3+r_1} \begin{pmatrix} 1 & 0 & 0 & | & \frac{1}{14} & \frac{5}{14} & \frac{3}{14} \\ 0 & 1 & 0 & | & \frac{3}{14} & \frac{1}{14} & -\frac{5}{14} \\ 0 & 0 & 1 & | & \frac{5}{14} & -\frac{3}{14} & \frac{1}{14} \end{pmatrix},$$

可知，$r(\mathbf{A})=3$，原矩阵 $\mathbf{A}$ 可逆，且其逆矩阵为 $\mathbf{A}^{-1}=\begin{pmatrix} \frac{1}{14} & \frac{5}{14} & \frac{3}{14} \\ \frac{3}{14} & \frac{1}{14} & -\frac{5}{14} \\ \frac{5}{14} & -\frac{3}{14} & \frac{1}{14} \end{pmatrix}$.

6.4.4 逆矩阵法求解线性方程组

结合矩阵乘法和逆矩阵概念，在求解线性方程组 $\mathbf{AX}=\mathbf{B}$ 时，若系数矩阵的逆矩阵 $\mathbf{A}^{-1}$ 存在，则用 $\mathbf{A}^{-1}$ 左乘该方程，得到 $\mathbf{A}^{-1}\mathbf{AX}=\mathbf{A}^{-1}\mathbf{B}$，而 $\mathbf{A}^{-1}\mathbf{A}=\mathbf{E}$，$\mathbf{EA}=\mathbf{A}$，因此有

$$\boxed{\mathbf{X}=\mathbf{A}^{-1}\mathbf{B},} \tag{6-8}$$

上式即为线性方程组 $\mathbf{AX}=\mathbf{B}$ 的解.

例 6.17 用逆矩阵法求解线性方程组 $\begin{cases} x_1 - x_2 + x_3 = -2 \\ -x_1 + 2x_2 + 4x_3 = 0 \\ 3x_1 - x_2 + 5x_3 = 5 \end{cases}$.

解 该方程组的系数矩阵为 $\mathbf{A}=\begin{pmatrix} 1 & -1 & 1 \\ -1 & 2 & 4 \\ 3 & -1 & 5 \end{pmatrix}$，常数列矩阵为 $\mathbf{B}=\begin{pmatrix} -2 \\ 0 \\ 5 \end{pmatrix}$，而

$$(\mathbf{A}|\mathbf{E}) = \begin{pmatrix} [1] & -1 & 1 & | & 1 & 0 & 0 \\ -1 & 2 & 4 & | & 0 & 1 & 0 \\ 3 & -1 & 5 & | & 0 & 0 & 1 \end{pmatrix} \xrightarrow[-3r_1+r_3]{r_1+r_2} \begin{pmatrix} 1 & -1 & 1 & | & 1 & 0 & 0 \\ 0 & [1] & 5 & | & 1 & 1 & 0 \\ 0 & 2 & 2 & | & -3 & 0 & 1 \end{pmatrix}$$

$$\xrightarrow[-2r_2+r_3]{r_2+r_1} \begin{pmatrix} 1 & 0 & 6 & | & 2 & 0 & 0 \\ 0 & 1 & 5 & | & 1 & 1 & 0 \\ 0 & 0 & -8 & | & -5 & -2 & 1 \end{pmatrix} \xrightarrow{-\frac{1}{8}r_3} \begin{pmatrix} 1 & 0 & 6 & | & 2 & 0 & 0 \\ 0 & 1 & 5 & | & 1 & 1 & 0 \\ 0 & 0 & [1] & | & \frac{5}{8} & -\frac{1}{4} & -\frac{1}{8} \end{pmatrix}$$

$$\xrightarrow[-6r_3+r_1]{-5r_3+r_2} \begin{pmatrix} 1 & 0 & 0 & -\frac{7}{4} & -\frac{1}{2} & \frac{3}{4} \\ 0 & 1 & 0 & -\frac{17}{8} & -\frac{1}{4} & \frac{5}{8} \\ 0 & 0 & 1 & \frac{5}{8} & \frac{1}{4} & -\frac{1}{8} \end{pmatrix},$$

即得 $A^{-1} = \begin{pmatrix} -\frac{7}{4} & -\frac{1}{2} & \frac{3}{4} \\ -\frac{17}{8} & -\frac{1}{4} & \frac{5}{8} \\ \frac{5}{8} & \frac{1}{4} & -\frac{1}{8} \end{pmatrix}$, 于是有 $X = A^{-1}B = \begin{pmatrix} -\frac{7}{4} & -\frac{1}{2} & \frac{3}{4} \\ -\frac{17}{8} & -\frac{1}{4} & \frac{5}{8} \\ \frac{5}{8} & \frac{1}{4} & -\frac{1}{8} \end{pmatrix} \times \begin{pmatrix} -2 \\ 0 \\ 5 \end{pmatrix} = \begin{pmatrix} \frac{29}{4} \\ \frac{59}{8} \\ -\frac{15}{8} \end{pmatrix}.$

因此，原线性方程组的解为 $X = \begin{pmatrix} \frac{29}{4} & \frac{59}{8} & -\frac{15}{8} \end{pmatrix}^T$.

逆矩阵在实际生活中用途非常广泛，下面我们就来看两个实例.

案例 6.4 （矩阵加密法）在军事通讯中，常将字符（信号）与数字对应，即

$$\begin{matrix} a & b & c & d & \cdots & x & y & z \\ 1 & 2 & 3 & 4 & \cdots & 24 & 25 & 26 \end{matrix},$$

例如，信息 $(y\ e)$ 对应信号矩阵 $(25\ 5)$，但按这种方式传输信号，很容易被敌人破译，因此必须采取加密措施，通常用一个约定的加密矩阵 A 乘以原信号矩阵 B，将矩阵 $C = AB$（加密）作为信号传送，收到信号的一方将信号还原（破译）为 $B = A^{-1}C$. 若敌方不知道加密矩阵，则很难破译. 现假设收到的信号 $C = \begin{pmatrix} -5 \\ 19 \\ 42 \end{pmatrix}$，加密矩阵是 $A = \begin{pmatrix} -1 & 0 & 1 \\ 0 & 1 & 1 \\ 1 & 1 & 1 \end{pmatrix}$，求原信号 B?

解 根据 $B = A^{-1}C$，我们先利用矩阵的初等行变换求逆矩阵 A^{-1}.

$$(A|E) = \begin{pmatrix} -1 & 0 & 1 & 1 & 0 & 0 \\ 0 & 1 & 1 & 0 & 1 & 0 \\ 1 & 1 & 1 & 0 & 0 & 1 \end{pmatrix} \xrightarrow{-r_1} \begin{pmatrix} [1] & 0 & -1 & -1 & 0 & 0 \\ 0 & 1 & 1 & 0 & 1 & 0 \\ 1 & 1 & 1 & 0 & 0 & 1 \end{pmatrix}$$

$$\xrightarrow{-r_1+r_3}\begin{pmatrix}1 & 0 & -1 & -1 & 0 & 0\\ 0 & [1] & 1 & 0 & 1 & 0\\ 0 & 1 & 2 & 1 & 0 & 1\end{pmatrix}\xrightarrow{-r_2+r_3}\begin{pmatrix}1 & 0 & -1 & -1 & 0 & 0\\ 0 & 1 & 1 & 0 & 1 & 0\\ 0 & 0 & [1] & 1 & -1 & 1\end{pmatrix}$$

$$\xrightarrow[-r_2+r_3]{r_3+r_1}\begin{pmatrix}1 & 0 & 0 & 0 & -1 & 1\\ 0 & 1 & 0 & -1 & 2 & -1\\ 0 & 0 & 1 & 1 & -1 & 1\end{pmatrix},$$

即 $\mathbf{A}^{-1}=\begin{pmatrix}0 & -1 & 1\\ -1 & 2 & -1\\ 1 & -1 & 1\end{pmatrix}$,因此,$\mathbf{B}=\mathbf{A}^{-1}\mathbf{C}=\begin{pmatrix}0 & -1 & 1\\ -1 & 2 & -1\\ 1 & -1 & 1\end{pmatrix}\times\begin{pmatrix}-5\\ 1\\ 18\end{pmatrix}=\begin{pmatrix}23\\ 1\\ 18\end{pmatrix}$,原信号为 war.

习题 6.4

1. 用初等变换求逆矩阵.

(1) $\begin{pmatrix}2 & 5\\ 1 & -1\end{pmatrix}$;

(2) $\begin{pmatrix}1 & 0 & 1\\ -1 & 1 & 1\\ -2 & -1 & 1\end{pmatrix}$.

2. 解矩阵方程.

(1) $\mathbf{X}\begin{pmatrix}2 & 5\\ 1 & 3\end{pmatrix}=\begin{pmatrix}4 & -6\\ 2 & 1\end{pmatrix}$;

(2) $\begin{pmatrix}-2 & 0 & 1\\ 3 & 1 & -4\\ 1 & 5 & 2\end{pmatrix}\mathbf{X}=\begin{pmatrix}1 & 4\\ 2 & -1\\ 3 & 0\end{pmatrix}$.

3. 求矩阵 $\begin{pmatrix}1 & -2 & 3 & 5\\ 0 & 1 & 2 & 1\\ 1 & -1 & 5 & 6\end{pmatrix}$ 的秩.

4. 解线性方程组 $\begin{cases}x_2+2x_3=1\\ x_1+x_2+4x_3=0\\ 2x_1+x_2=-1\end{cases}$.

5.（**矩阵密码法**）如案例 6.5 的矩阵加密法来编制密码，设加密矩阵为
$A = \begin{pmatrix} 1 & 1 & -1 \\ 1 & 0 & -1 \\ 0 & 1 & 1 \end{pmatrix}$，若收到的信号矩阵为 $(9 \quad -6 \quad 35)^T$，试破译该密码.

6.（**投资问题**）某人用 60 万元投资 A，B 两个项目，其中项目 A 的收益率为 7%，项目 B 的收益率为 12%，最终总收益为 5.6 万元，问他在 A，B 两个项目上各投资了多少万元？

7.（**缉毒船的速度**）一艘载有毒品的船以 63 海里/小时的速度离开港口，由于得到举报，24 分钟后一缉毒船以 75 海里/小时的速度从港口出发追赶毒品走私船，问当缉毒船追上载有毒品的船时，它们各行驶了多长时间？

6.5 矩阵化技术的应用

低阶线性方程组一般有两个途径求解，一是加减消元法，二是逆矩阵法，高阶线性方程组是否也可以采用上述方法求解呢？本节我们就来探讨一般线性方程组的解法.

6.5.1 线性方程组的消元法

定义 6.17 对于任意一个含有 n 个未知量、m 个方程的线性方程组

$$\begin{cases} a_{11}x_1 + a_{12}x_2 + \ldots + a_{1n}x_n = b_1 \\ a_{21}x_1 + a_{22}x_2 + \ldots + a_{2n}x_n = b_2 \\ \ldots \ldots \\ a_{m1}x_1 + a_{m2}x_2 + \ldots + a_{mn}x_n = b_m \end{cases}, \tag{6-9}$$

当常数项 b_1，b_2，$\cdots$，b_n 不全为零时，我们称方程组（6-9）为**非齐次线性方程组**；当常数项 b_1，b_2，$\cdots$，b_n 全为零时，则称之为**齐次线性方程组**.

定义 6.18 将方程组（6-9）的系数矩阵和常数列矩阵一起构成的矩阵称为**增广矩阵**，

记作 $\widetilde{A}$，即 $\widetilde{A} = \begin{pmatrix} a_{11} & a_{12} & \cdots & a_{1n} & b_1 \\ a_{21} & a_{22} & \cdots & a_{2n} & b_2 \\ \vdots & \vdots & & \vdots & \vdots \\ a_{m1} & a_{m2} & \cdots & a_{mn} & b_m \end{pmatrix}$.

下面我们将线性方程组的加减消元过程和线性方程组增广矩阵的变换过程加以对照，以便能找到求解线性方程组的一般方法.

例 6.18 解二元线性方程组 $\begin{cases} x_1 + 2x_2 = 8 \\ 2x_1 - 3x_2 = -5 \end{cases}$.

解 线性方程组的加减消元过程和增广矩阵的初等变换过程可列表对照如下.

表 6-4

线性方程组的加减消元过程	线性方程组的增广矩阵初等行变换过程
$\begin{cases} x_1 + 2x_2 = 8 \quad (1) \\ 2x_1 - 3x_2 = -5 \quad (2) \end{cases}$	$\widetilde{A} = \begin{pmatrix} 1 & 2 & 8 \\ 2 & -3 & -5 \end{pmatrix}$
$\xrightarrow{-2 \times (1)+(2)} \begin{cases} x_1 + 2x_2 = 8 \quad (1) \\ -7x_2 = -21 \quad (2) \end{cases}$	$\xrightarrow{-2i_1+i_2} \begin{pmatrix} 1 & 2 & 8 \\ 0 & -7 & -21 \end{pmatrix}$
$\xrightarrow{-\frac{1}{7} \times (2)} \begin{cases} x_1 + 2x_2 = 8 \quad (1) \\ x_2 = 3 \quad (2) \end{cases}$	$\xrightarrow{-\frac{1}{7}i_2} \begin{pmatrix} 1 & 2 & 8 \\ 0 & 1 & 3 \end{pmatrix}$
$\xrightarrow{-2 \times (2)+(1)} \begin{cases} x_1 = 2 \\ x_2 = 3 \end{cases}$	$\xrightarrow{-2i_2+i_1} \begin{pmatrix} 1 & 0 & 2 \\ 0 & 1 & 3 \end{pmatrix}$

从上表可知，用加减消元法得到原方程组的同解方程组 $\begin{cases} x_1 = 2 \\ x_2 = 3 \end{cases}$，而增广矩阵实施初等行变换后得到的是矩阵 $\begin{pmatrix} 1 & 0 & 2 \\ 0 & 1 & 3 \end{pmatrix}$，该矩阵的特点是：前两列是一个阶梯形矩阵，后一列是常数列，我们称之为**行简化矩阵**.

其实，矩阵 $\begin{pmatrix} 1 & 0 & 2 \\ 0 & 1 & 3 \end{pmatrix}$ 即为方程组 $\begin{cases} x_1 = 2 \\ x_2 = 3 \end{cases}$，说明两种方法的本质是一样的.

定义 6.19 将线性方程组的增广矩阵实施初等行变换，将其化为行简化矩阵，从而得到方程组的解，这种解方程组的方法叫做**消元法**，又叫**高斯消元法**.

高斯消元法解线性方程组的基本步骤为：

(1) 写出线性方程组的增广矩阵 $\widetilde{\mathbf{A}}$；

(2) 对 $\widetilde{\mathbf{A}}$ 实施一系列的初等行变换，并最终将其简化为阶梯形矩阵 $\mathbf{B}$；

(3) 由矩阵 $\mathbf{B}$ 写出原方程组的相应解.

例 6.19 求解线性方程组 $\begin{cases} 2x_2 - x_3 = 1 \\ 2x_1 + 2x_2 + 3x_3 = 5 \\ x_1 + 2x_2 + 2x_3 = 4 \end{cases}$.

解 利用"高斯消元法"对该线性方程组的增广矩阵作初等行变换，过程如下：

$$\widetilde{\mathbf{A}} = \begin{pmatrix} 0 & 2 & -1 & 1 \\ 2 & 2 & 3 & 5 \\ 1 & 2 & 2 & 4 \end{pmatrix} \xrightarrow{r_1 \leftrightarrow r_3} \begin{pmatrix} [1] & 2 & 2 & 4 \\ 2 & 2 & 3 & 5 \\ 0 & 2 & -1 & 1 \end{pmatrix} \xrightarrow{-2r_1 + r_2} \begin{pmatrix} 1 & 2 & 2 & 4 \\ 0 & -2 & -1 & -3 \\ 0 & 2 & -1 & 1 \end{pmatrix}$$

$$\xrightarrow{-r_2} \begin{pmatrix} 1 & 2 & 2 & 4 \\ 0 & 2 & 1 & 3 \\ 0 & 2 & -1 & 1 \end{pmatrix} \xrightarrow{\substack{-r_2 + r_1 \\ -r_2 + r_3}} \begin{pmatrix} 1 & 0 & 1 & 1 \\ 0 & 2 & 1 & 3 \\ 0 & 0 & -2 & -2 \end{pmatrix} \xrightarrow{-\frac{1}{2}r_3} \begin{pmatrix} 1 & 0 & 1 & 1 \\ 0 & 2 & 1 & 3 \\ 0 & 0 & 1 & 1 \end{pmatrix}$$

$$\xrightarrow{\substack{-r_3 + r_1 \\ -r_3 + r_2}} \begin{pmatrix} 1 & 0 & 0 & 0 \\ 0 & 2 & 0 & 2 \\ 0 & 0 & 1 & 1 \end{pmatrix} \xrightarrow{\frac{1}{2}r_2} \begin{pmatrix} 1 & 0 & 0 & 0 \\ 0 & 1 & 0 & 1 \\ 0 & 0 & 1 & 1 \end{pmatrix},$$

故原方程组的同解方程组为 $\begin{cases} x_1 = 0 \\ x_2 = 1 \\ x_3 = 1 \end{cases}$，即为原线性方程组的解.

下面我们来解决引例 6.2 提出的交通流量平衡问题.

解 将已知条件抽象成线性方程组 $\begin{cases} x_1 + x_2 = 300 \\ x_1 + x_3 - x_4 = 150 \\ -x_2 + x_3 + x_5 = 200 \\ x_4 + x_5 = 350 \end{cases}$, （6-10）

对其增广矩阵作行初等变换，即

$$\tilde{A} = \begin{pmatrix} [1] & 1 & 0 & 0 & 0 & 300 \\ 1 & 0 & 1 & -1 & 0 & 150 \\ 0 & -1 & 1 & 0 & 1 & 200 \\ 0 & 0 & 0 & 1 & 1 & 350 \end{pmatrix} \xrightarrow{-r_1+r_2} \begin{pmatrix} 1 & 1 & 0 & 0 & 0 & 300 \\ 0 & [-1] & 1 & -1 & 0 & -150 \\ 0 & -1 & 1 & 0 & 1 & 200 \\ 0 & 0 & 0 & 1 & 1 & 350 \end{pmatrix}$$

$$\xrightarrow{-r_2+r_3} \begin{pmatrix} 1 & 1 & 0 & 0 & 0 & 300 \\ 0 & -1 & 1 & -1 & 0 & -150 \\ 0 & 0 & 0 & [1] & 1 & 350 \\ 0 & 0 & 0 & 1 & 1 & 350 \end{pmatrix} \xrightarrow[-r_3+r_4]{-r_2} \begin{pmatrix} 1 & 1 & 0 & 0 & 0 & 300 \\ 0 & 1 & -1 & 0 & -1 & -200 \\ 0 & 0 & 0 & 1 & 1 & 350 \\ 0 & 0 & 0 & 0 & 0 & 0 \end{pmatrix},$$

因此,原线性方程组等价于方程组 $\begin{cases} x_1 + x_2 = 300 \\ x_2 - x_3 - x_5 = -200 \\ x_4 + x_5 = 350 \end{cases}$,此方程组的解不唯一.

若将 x_2, x_3 看作自由未知量,且设 $c_1 = x_2$, $c_2 = x_3$,则上述线性方程组可化为

$$\begin{cases} x_1 = 300 - c_1 \\ x_2 = c_1 \\ x_3 = c_2 \\ x_4 = 150 - c_1 + c_2 \\ x_5 = 200 + c_1 - c_2 \end{cases}, (其中 c_1, c_2 可取任意非负常数) \quad \textbf{(6-11)}$$

将第(2)问的已知条件 $x_2 = 200$, $x_3 = 50$ 代入上式,从而得方程组(6-13)的解为

$$x_1 = 100, \quad x_2 = 200, \quad x_3 = 50, \quad x_4 = 0, \quad x_5 = 350, \quad \textbf{(6-12)}$$

因为每一个值都为非负数,且其他线路没有上限控制,因此是可行的.

式(6-11)中的未知量 x_2, x_3 称为**自由未知量**,用自由未知量表示其他未知量的表达式,我们称为方程组(6-10)的**一般解**,而当自由未知量 x_2, x_3 取定一组解(如 $x_2 = 200$,$x_3 = 50$)时,即得方程组的一个**特解**,如式(6-12).

注 自由量的选取不是唯一的.

6.5.2 线性方程组解的判定

定理6.5 线性方程组(6-9)的系数矩阵和增广矩阵分别为

$$A = \begin{pmatrix} a_{11} & a_{12} & \cdots & a_{1n} \\ a_{21} & a_{22} & \cdots & a_{2n} \\ \cdots & \cdots & & \cdots \\ a_{m1} & a_{m2} & \cdots & a_{mn} \end{pmatrix}, \quad \tilde{A} = \begin{pmatrix} a_{11} & a_{12} & \cdots & a_{1n} & b_1 \\ a_{21} & a_{22} & \cdots & a_{2n} & b_2 \\ \vdots & \vdots & & \vdots & \vdots \\ a_{m1} & a_{m2} & \cdots & a_{mn} & b_m \end{pmatrix},$$

若该线性方程组有解,则其系数矩阵 **A** 的秩与其增广矩阵 $\widetilde{\mathbf{A}}$ 的秩相等,反之亦成立,且有

(1) 若 $r(\mathbf{A})=r(\widetilde{\mathbf{A}})=n$,则方程组有唯一解,其中 n 是未知量的个数;

(2) 若 $r(\mathbf{A})=r(\widetilde{\mathbf{A}})<n$,则方程组有无穷多组解;

(3) 若 $r(\mathbf{A})\neq r(\widetilde{\mathbf{A}})$,则方程组无解.

例 6.20 问 a 为何值时,线性方程组 $\begin{cases} x_1+x_2+x_3=a \\ ax_1+x_2+x_3=1 \\ x_1+x_2+ax_3=1 \end{cases}$ 有解,并求其解.

解 对该线性方程组的增广矩阵施以初等行变换,即

$$\widetilde{\mathbf{A}}=\begin{pmatrix} [1] & 1 & 1 & a \\ a & 1 & 1 & 1 \\ 1 & 1 & a & 1 \end{pmatrix} \xrightarrow[-r_1+r_3]{-ar_1+r_2} \begin{pmatrix} 1 & 1 & 1 & a \\ 0 & 1-a & 1-a & 1-a^2 \\ 0 & 0 & a-1 & 1-a \end{pmatrix}.$$

当 $a\neq 1$ 时,$r(\mathbf{A})=r(\widetilde{\mathbf{A}})=3$,原方程组同解于方程组 $\begin{cases} x_1+x_2+x_3=a \\ x_2+x_3=1+a \\ x_3=-1 \end{cases}$,此时原方程组的解为 $\begin{cases} x_1=1 \\ x_2=a+2 \\ x_3=-1 \end{cases}$;

当 $a=1$ 时,$r(\mathbf{A})=r(\widetilde{\mathbf{A}})=1<3$,方程组有无穷多解,且为 $\begin{cases} x_1=1-c_1-c_2 \\ x_2=c_1 \\ x_3=c_2 \end{cases}$,其中 c_1、c_2 为任意常数.

案例 6.5(配方配料问题)某企业生产 A、B、C 三种玩具,每种玩具需要甲、乙、丙三种零件的个数分别为 2,1,2 和 1,1,1 以及 3,2,1 个,现有零件甲 7700 个,零件乙 5200 个,零件丙 4700 个,问 A、B、C 三种玩具各生产多少时,能使零件充分利用?

解 设 A、B、C 三种玩具的产量分别为 x、y、z 个,且满足线性方程组

$$\begin{cases} 2x+y+3z=7700 \\ x+y+2z=5200 \\ 2x+y+z=4700 \end{cases}.$$

利用高斯消元法对其增广矩阵施以初等行变换，即

$$\widetilde{A} = \begin{pmatrix} 2 & 1 & 3 & 7700 \\ 1 & 1 & 2 & 5200 \\ 2 & 1 & 1 & 4700 \end{pmatrix} \xrightarrow{r_1 \leftrightarrow r_2} \begin{pmatrix} [1] & 1 & 2 & 5200 \\ 2 & 1 & 3 & 7700 \\ 2 & 1 & 1 & 4700 \end{pmatrix}$$

$$\xrightarrow[-2r_1+r_3]{-2r_1+r_2} \begin{pmatrix} 1 & 1 & 2 & 5200 \\ 0 & -1 & -1 & -2700 \\ 0 & -1 & -3 & -5700 \end{pmatrix} \xrightarrow[-r_3]{-r_2} \begin{pmatrix} 1 & 1 & 2 & 5200 \\ 0 & [1] & 1 & 2700 \\ 0 & 1 & 3 & 5700 \end{pmatrix}$$

$$\xrightarrow[-r_2+r_3]{-r_2+r_1} \begin{pmatrix} 1 & 0 & 1 & 2500 \\ 0 & 1 & 1 & 2700 \\ 0 & 0 & 2 & 3000 \end{pmatrix} \xrightarrow{\frac{1}{2}r_3} \begin{pmatrix} 1 & 0 & 1 & 2500 \\ 0 & 1 & 1 & 2700 \\ 0 & 0 & [1] & 1500 \end{pmatrix} \xrightarrow[-r_3+r_2]{-r_3+r_1} \begin{pmatrix} 1 & 0 & 0 & 1000 \\ 0 & 1 & 0 & 1200 \\ 0 & 0 & 1 & 1500 \end{pmatrix},$$

从以上矩阵可以得出，$r(A) = r(\widetilde{A}) = 3$，该方程组有唯一解为 $\begin{cases} x = 1000 \\ y = 1200 \\ z = 1500 \end{cases}$.

即玩具 A、B、C 产量分别为 1000，1200 和 1500 个时，可使所有零件充分利用.

案例 6.6 （平板的稳态温度分布问题）在热传导研究中，一个重要问题是确定一块平板的稳态温度分布.如图 6-3 表示的一块平板的温度分布图，根据相关定律，只要测定一块矩形平板四周的温度就可以确定平板上各点的温度，若图中的平板代表一条金属梁的截面，已知四周 8 个节点处的温度（单位℃），求中间 4 个点处的温度 T_1，T_2，T_3，T_4.

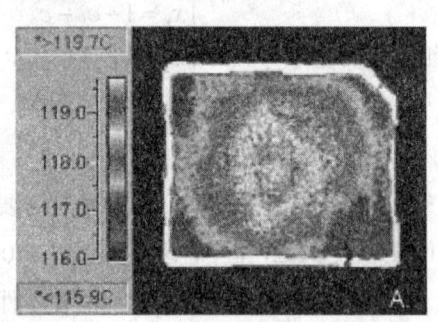

图 6-3 一块平板的温度分布图

解 假设忽略垂直于该截面方向上的热传导，并且每个节点的温度等于与它相邻的四个节点温度的平均值，则根据已知条件，可列出下面的线性方程组：

$$T_1 = \frac{1}{4}(90+100+T_2+T_3), \quad T_2 = \frac{1}{4}(80+60+T_1+T_4),$$

$$T_3 = \frac{1}{4}(80+60+T_1+T_4), \quad T_4 = \frac{1}{4}(50+50+T_2+T_3),$$

整理得：
$$\begin{cases} 4T_1 - T_2 - T_3 = 190 \\ T_1 - 4T_2 + T_4 = -140 \\ T_1 - 4T_3 + T_4 = -140 \\ T_2 + T_3 - 4T_4 = -100 \end{cases},$$

利用高斯消元法对其增广矩阵施以初等行变换，即

$$\widetilde{A} \xrightarrow{r_1 \leftrightarrow r_2} \begin{pmatrix} [1] & -4 & 0 & 1 & -140 \\ 4 & -1 & -1 & 0 & 190 \\ 1 & 0 & -4 & 1 & -140 \\ 0 & 1 & 1 & -4 & -100 \end{pmatrix} \xrightarrow[-r_1+r_3]{-4r_1+r_2} \begin{pmatrix} 1 & -4 & 0 & 1 & -140 \\ 0 & 15 & -1 & -4 & 750 \\ 0 & 4 & -4 & 0 & 0 \\ 0 & 1 & 1 & -4 & -100 \end{pmatrix}$$

$$\xrightarrow{\cdots\cdots} \begin{pmatrix} 1 & 0 & 0 & 0 & \frac{995}{12} \\ 0 & 1 & 0 & 0 & \frac{425}{6} \\ 0 & 0 & 1 & 0 & \frac{425}{6} \\ 0 & 1 & 0 & 0 & \frac{725}{12} \end{pmatrix},$$

从上述矩阵可得到该线性方程组的解为：

$$T_1 = \frac{995}{12} \approx 82.9167, \quad T_2 = \frac{425}{6} \approx 70.8333,$$

$$T_3 = \frac{425}{6} \approx 70.8333, \quad T_4 = \frac{725}{12} \approx 60.4167.$$

6.5.3 齐次线性方程组的解

齐次线性方程组 $\begin{cases} a_{11}x_1 + a_{12}x_2 + \cdots + a_{1n}x_n = 0 \\ a_{21}x_1 + a_{22}x_2 + \cdots + a_{2m}x_n = 0 \\ \cdots \\ a_{m1}x_1 + a_{m2}x_2 + \cdots + a_{mn}x_n = 0 \end{cases}$，其系数矩阵 **A** 的秩与其增广矩阵

$\widetilde{\mathbf{A}}$ 的秩总相等，因此，齐次线性方程组总有解，且当 $r(\mathbf{A}) = r(\widetilde{\mathbf{A}}) = n$ 时，方程组只有零解．

定理 6.6 齐次线性方程组有非零解的充要条件是 $r(\mathbf{A}) < n$.

例 6.21 求解线性方程组 $\begin{cases} x_1 + x_2 + x_3 = a + b + c \\ ax_1 + bx_2 + cx_3 = a^2 + b^2 + c^2 \\ bcx_1 + cax_2 + abx_3 = 3abc \end{cases}$，（其中 a、b、c 互不相等）.

解 该方程组可化为 $\begin{cases} (x_1 - a) + (x_2 - b) + (x_3 - c) = 0 \\ a(x_1 - a) + b(x_2 - b) + c(x_3 - c) = 0 \\ bc(x_1 - a) + ca(x_2 - b) + ab(x_3 - c) = 0 \end{cases}$.

若令 $y_1 = x_1 - a$，$y_2 = x_2 - b$，$y_3 = x_3 - c$，则此方程组可转化为齐次线性方程组，即

$$\begin{cases} y_1 + y_2 + y_3 = 0 \\ ay_1 + by_2 + cy_3 = 0 \\ bcy_1 + cay_2 + aby_3 = 0 \end{cases},$$

对其系数矩阵实行初等行变换，即

$$\mathbf{A} = \begin{pmatrix} 1 & 1 & 1 \\ a & b & c \\ bc & ca & ab \end{pmatrix} \xrightarrow[-bcr_1 + r_3]{-ar_1 + r_2} \begin{pmatrix} 1 & 1 & 1 \\ 0 & b-a & c-a \\ 0 & c(a-b) & b(a-c) \end{pmatrix}$$

$$\xrightarrow{cr_2 + r_3} \begin{pmatrix} 1 & 1 & 1 \\ 0 & b-a & c-a \\ 0 & 0 & (b-c)(a-c) \end{pmatrix},$$

由于 a、b、c 是互不相等的数，则 $r(\mathbf{A}) = 3$，由定理 6.6 可知，上述齐次线性方程组只有零解，于是该方程组有唯一的解为

$$x_1 = a, \quad x_2 = b, \quad x_3 = c.$$

案例 6.7 （工资分配问题）一个木工，一个电工，一个油漆工，三个人相互统一彼此装修他们自己的房子. 在装修之前，他们达成如下协议：

(1) 每人工作 10 天（包括在自己家的日子）；

(2) 每人的日工资一般的市价在 60-80 元之间，且均为整数；

(3) 每人的日工资数应使得每人的总收入和总支出相等.

下表 6-5 为他们协商后制定出来的工作天数分配方案.

表 6-5

	木工	电工	油漆工
在木工家工作天数	2	1	6
在电工家工作天数	4	5	1
在油漆工家工作天数	4	4	3

试确定木工、电工、油漆工的日工资数.

分析 根据协议, 每人的总支出与总收入是相等的, 因此我们只需分别考虑木工、电工和油漆工的总收入和总支出.

解 假设每人每天工作时间长度相同. 无论谁在谁家干活都按正常情况工作, 既不偷懒, 也不加班. 此时, 设木工、电工、油漆工的日工资分别为 p_1 元、p_2 元、p_3 元, 则根据各自的收支平衡, 有下表 6-6.

表 6-6

	木工	电工	油漆工	各家应付工资
在木工家工作天数	$2p_1$	p_2	$6p_3$	$2p_1 + p_2 + 6p_3$
在电工家工作天数	$4p_1$	$5p_2$	x_3	$4p_1 + 5p_2 + p_3$
在油漆工家工作天数	$4p_1$	$4p_2$	$3p_3$	$4p_1 + 4p_2 + 3p_3$
各人应得收入	$10p_1$	$10p_2$	$10p_3$	

将各自的收支平衡方程列出, 并联立得线性方程组 $\begin{cases} 2p_1 + p_2 + 6p_3 = 10p_1 \\ 4p_1 + 5p_2 + p_3 = 10p_2 \\ 4p_1 + 4p_2 + 3p_3 = 10p_3 \end{cases}$, 整理

后可得齐次线性方程组 $\begin{cases} -82p_1 + p_2 + 6p_3 = 0 \\ 4p_1 - 5p_2 + p_3 = 0 \\ 4p_1 + 4p_2 - 7p_3 = 0 \end{cases}$, 将其系数矩阵 $\mathbf{A} = \begin{pmatrix} -8 & 1 & 6 \\ 4 & 5 & 1 \\ 4 & 4 & -7 \end{pmatrix}$ 化为阶

梯形矩阵, 由此可得与其同解的齐次方程组

$$\begin{cases} p_1 - \dfrac{31}{36}p_2 = 0 \\ 2p_2 - \dfrac{8}{9}p_3 = 0 \end{cases}.$$

因此，方程的通解可表示为 $\begin{pmatrix} p_1 \\ p_2 \\ p_3 \end{pmatrix} = k \begin{pmatrix} \dfrac{31}{36} & \dfrac{8}{9} & 1 \end{pmatrix}^T$，其中，$k$ 是任意实数.

为了确定满足"日工资在60～80元之间，且均为整数"的条件，我们选择 $k=72$，则

$$p_1 = 62, \quad p_2 = 64, \quad p_3 = 72,$$

即木工、电工及油漆工每人的日工资分别为62元、64元、72元.

习题 6.5

1. 解下列线性方程组.

(1) $\begin{cases} x_1 - 2x_2 + 3x_3 = 4 \\ 2x_1 + x_2 - 3x_3 = 5 \\ -x_1 + 2x_2 + 2x_3 = 6 \\ 3x_1 - 3x_2 + 2x_3 = 7 \end{cases}$ ；

(2) $\begin{cases} 2x_1 - 5x_2 + 2x_3 = -3 \\ x_1 + 2x_2 - x_3 = 3 \\ -2x_1 + 14x_2 - 6x_3 = 12 \end{cases}$.

2. 判断线性方程组 $\begin{cases} x_1 + x_2 + 2x_3 + 3x_4 = 1 \\ x_2 + x_3 - 4x_4 = 1 \\ x_1 + 2x_2 + 3x_3 - x_4 = 4 \\ 2x_1 + 3x_2 - x_3 - x_4 = -6 \end{cases}$ 的解的情况.

3. 当 a，b 为何值时，方程组 $\begin{cases} x_1 + 2x_3 = -1 \\ -x_1 + x_2 - 3x_3 = 2 \\ 2x_1 - x_2 + ax_3 = b \end{cases}$ 无解？有唯一解？有无穷多解？

4. 若线性方程组 $\begin{cases} (m-6)x_1 + 2x_2 - 2x_3 = 0 \\ 2x_1 + (m-3)x_2 - 4x_3 = 0 \\ -2x_1 - 4x_2 + (m-3)x_3 = 0 \end{cases}$ 有非零解，试确定 m 的值，并求其解.

5.求解齐次线性方程组 $\begin{cases} x_1 - x_2 + 5x_3 - x_4 = 0 \\ x_1 + x_2 - 2x_3 + 3x_4 = 0 \\ 3x_1 - x_2 + 8x_3 + x_4 = 0 \\ x_1 + 3x_2 - 9x_3 + 7x_4 = 0 \end{cases}$ 的解.

6.一种佐料由四种原料 A、B、C、D 混合而成. 这种佐料现有两种规格, 这两种规格的佐料中, 四种原料的比例分别为 $2:3:1:1$ 和 $1:2:1:2$. 现在需要四种原料的比例为 $4:7:3:5$ 的第三种规格的佐料. 问:第三种规格的佐料能否由前两种规格的佐料按一定比例配制而成?

复习题六

一、单选题

1. 线性方程组 $\begin{cases} x_1 + x_2 = 1 \\ x_3 + x_4 = 0 \end{cases}$ 的解的情况是（　　）.

   A.无解　　　　　B.只有零解　　　　C.有唯一非零解　　　D.有无穷多解

2. 若线性方程组的增广矩阵为 $\widetilde{\mathbf{A}} = \begin{pmatrix} 1 & \lambda & 2 \\ 2 & 1 & 4 \end{pmatrix}$，则当 $\lambda = ($　　$)$ 时，线性方程组有无穷多解.

   A.1　　　　　　B.4　　　　　　　C.2　　　　　　　D.$\dfrac{1}{2}$

3. 如果 $D = \begin{vmatrix} a_{11} & a_{12} & a_{13} \\ a_{21} & a_{22} & a_{23} \\ a_{31} & a_{32} & a_{33} \end{vmatrix} = M \neq 0$，则 $D_1 = \begin{vmatrix} 2a_{11} & 2a_{12} & 2a_{13} \\ 2a_{21} & 2a_{22} & 2a_{23} \\ 2a_{31} & 2a_{32} & 2a_{33} \end{vmatrix} = ($　　$)$.

   A.M　　　　　B.$-M$　　　　　C.$2M$　　　　　D.$8M$

4. 如果方程组 $\begin{cases} 3x_1 + kx_2 - x_3 = 0 \\ 4x_2 + x_3 = 0 \\ kx_1 - 5x_2 - x_3 = 0 \end{cases}$ 有非零解，则（　　）.

   A.$k = 0$　　　B.$k = -1$　　　C.$k = 1$　　　D.$k = -1$ 或 $k = -3$

5. 已知矩阵 $\mathbf{A} = \begin{pmatrix} 1 & -3 & 4 \\ 1 & 1 & -2 \end{pmatrix}$，矩阵 $\mathbf{B} = \begin{pmatrix} 1 & 3 \\ 0 & 4 \\ 2 & -1 \end{pmatrix}$，则 $\mathbf{AB}$ 是（　　）矩阵.

   A.3 行 2 列　　B.3 行 3 列　　　C.2 行 2 列　　　D.2 行 3 列

二、判断题

1. $\begin{vmatrix} -2 & 1 & 0.3 \\ 0 & 0 & 0 \\ 3 & -4 & 3 \end{vmatrix} = 0.$ 　　　　　　　　　　　　　　　　（　　）

2. 所有的零矩阵都相等. 　　　　　　　　　　　　　　　　　　　　（　　）

3. 矩阵 $\begin{pmatrix} ka & kb \\ kc & kd \end{pmatrix} = k\begin{pmatrix} a & b \\ c & d \end{pmatrix}$. ( )

4. 若矩阵 AC=BC，且 C≠0，则 A=B. ( )

5. 设 A 是 4 阶可逆矩阵，若 $r(A)=3$，则 A 化为阶梯形矩阵后有一个零行. ( )

三、填空题

1. 行列式 $\begin{vmatrix} \sin^2 x & 0 \\ 1 & \cos^2 x \end{vmatrix} = $ _____.

2. 设矩阵 $A = \begin{pmatrix} 1 & 0 & 4 & 5 \\ 0 & -2 & 1 & 0 \\ 3 & 1 & 5 & -2 \end{pmatrix}$，则 A 中元素 $a_{32} = $ _____.

3. 行列式 $\begin{vmatrix} 2 & 1 & 1 \\ 3 & -1 & 0 \\ 4 & -4 & 3 \end{vmatrix}$ 中的元素 (-4) 的代数余子式的值为 _____.

4. 线性方程组 AX=B 的增广矩阵的秩 $r(\widetilde{A})=4$，系数矩阵的秩 $r(A)=3$，则该方程组的解的情况为 _____.

5. 设 $A = \begin{pmatrix} 1 & 0 & 2 \\ a & 0 & b \\ 2 & 3 & -1 \end{pmatrix}$，当 $a=$ ____, $b=$ ____ 时，$A^T=A$.

6. 设矩阵 $A = \begin{pmatrix} 1 & 3 & -1 \\ 2 & 1 & 1 \end{pmatrix}$，$B = \begin{pmatrix} 2 & 1 \\ 1 & -3 \\ 4 & -1 \end{pmatrix}$，则 $(A+B^T)^T=$ ____, $(AB)^T=$ ____.

7. 设矩阵 $A = \begin{pmatrix} 2 & 6 & 0 \\ -5 & -1 & 3 \\ 1 & 2 & -1 \end{pmatrix}$, $B = \begin{pmatrix} -3 & 1 \\ 1 & 4 \\ 4 & 0 \end{pmatrix}$，则矩阵 AB 第3行第1列元素的值为 ____.

8. 若线性方程组 AX=B 的增广矩阵化成阶梯形矩阵后为
$\widetilde{A} \to \begin{pmatrix} 1 & 2 & 0 & 1 & 0 \\ 0 & 5 & 1 & -1 & 1 \\ 0 & 0 & 0 & 0 & d+2 \end{pmatrix}$，则当 $d=$ _____ 时，方程组 AX=B 有无穷多解.

四、解答题

1. 计算行列式

(1) $\begin{vmatrix} \log_a b & 1 \\ 1 & \log_b a \end{vmatrix}$;

(2) $\begin{vmatrix} 1 & 0 & -3 \\ 2 & 1 & 4 \\ -5 & 2 & -1 \end{vmatrix}$;

(3) $\begin{vmatrix} 3 & 1 & -1 & 2 \\ -5 & 1 & 3 & -4 \\ 2 & 0 & 1 & -1 \\ 1 & -5 & 3 & -3 \end{vmatrix}$;

(4) $\begin{vmatrix} 1 & 2 & 3 & 4 & 5 \\ 2 & 1 & 2 & 3 & 4 \\ 3 & 2 & 1 & 2 & 3 \\ 4 & 3 & 2 & 1 & 2 \\ 5 & 4 & 3 & 2 & 1 \end{vmatrix}$.

2. 计算

(1) $\begin{pmatrix} 3 & 4 & -2 \\ 1 & -1 & 5 \end{pmatrix} + 2\begin{pmatrix} 0 & 1 & 3 \\ 9 & 4 & -2 \end{pmatrix}$;

(2) $\begin{pmatrix} 2 \\ 1 \\ -1 \\ 4 \end{pmatrix}(-2 \quad 0 \quad 1)$;

(3) 求矩阵 $\mathbf{A} = \begin{pmatrix} 1 & 0 & 0 & 0 \\ 2 & 2 & 0 & 0 \\ 3 & 3 & 3 & 0 \\ 4 & 4 & 4 & 4 \\ 5 & 8 & 9 & 12 \end{pmatrix}$ 的秩;

(4) 求矩阵 $\mathbf{A} = \begin{pmatrix} 0 & 1 & 2 \\ 1 & 1 & 4 \\ -2 & -1 & 0 \end{pmatrix}$ 的逆矩阵.

3. (网络参数矩阵问题) 已知两个网络的参数矩阵为

$$\mathbf{A} = \begin{pmatrix} 1 & 0 & 3 & 1 \\ 2 & 1 & 0 & 2 \end{pmatrix}, \quad \mathbf{B} = \begin{pmatrix} 4 & 1 & 2 \\ 1 & 1 & 1 \\ 2 & 2 & 4 \\ 1 & 1 & 5 \end{pmatrix},$$

试求链式连接的参数矩阵 **AB**,问 **BA** 是否存在?

4. (电价矩阵问题) 某地为避开高峰期用电,实行分时段计费,鼓励夜间用电,若该地白天(*AM* 8:00 - *PM* 11:00)与夜间(*PM* 11:00 — *AM* 8:00)的电价矩阵为 **P**,甲乙两户人家某月的用电量矩阵为

$$\mathbf{A} = \begin{pmatrix} 120 & 150 \\ 132 & 174 \end{pmatrix} \begin{matrix} 甲 \\ 乙 \end{matrix}$$

白天 夜间

所交电费矩阵为 $B = (90.29 \quad 101.41)$，试求电价矩阵 P.

5.(机器的生产时间问题)某工厂生产甲、乙两种产品，计划元月份的产量分别为 100，120 件，若将产量用矩阵可以表示为 $A = (100 \quad 120)$，已知每种产品都需要经过三台机器加工，每台机器上所费时间(小时)用矩阵表示为

$$A = \begin{pmatrix} 1.5 & 2 & 1 \\ 4 & 3 & 1.5 \end{pmatrix},$$

求元月份每台机器的使用时间.

6.(利润计算)设甲、乙两个公司生产 Ⅰ、Ⅱ、Ⅲ 三种型号的计算机，其月产量（单位：台）为：

公司	Ⅰ	Ⅱ	Ⅲ
甲	30	20	25
乙	18	15	24

生产这三种型号的计算机每台的利润（单位：万元/台）为：0.3，0.5，0.7. 试用矩阵计算两家公司的月利润.

7.当 λ 为何值时，方程组 $\begin{cases} \lambda x_1 + x_2 + x_3 = 1 \\ x_1 + \lambda x_2 + x_3 = \lambda \\ x_1 + x_2 + \lambda x_3 = \lambda^2 \end{cases}$ (1)有唯一解；(2)无解；(3)有无穷多解.

8.(新产品的开发)某食品厂准备用原材料 A_1、A_2、A_3、A_4、A_5 开发一种含脂肪 3%，碳水化合物 12.5%，蛋白质 15% 的新产品 2000 kg，若原料含脂肪、碳水化合物和蛋白质的百分比如下表所示：

	A_1	A_2	A_3	A_4	A_5
脂肪(%)	2	2	4	6	8
碳水化合物(%)	10	15	5	25	5
蛋白质(%)	20	10	30	5	15

问开发这种新产品有否可能？如果可能，那么有多少种配方可供选择？

数学文化欣赏(六)

——线性代数在经济学中的应用

线性代数在生产生活中的应用非常广泛,除了我们前面内容中所列举的交通网络流量分析、配方配料问题外,在很多经济问题中都要用到线性代数的知识来分析,下面我们举几个简单的案例,以加深同学们对线性代数基本概念、理论和方法的理解,同时能培养数学建模的意识.

一、产出投入问题

在研究多个经济部门之间的投入产出关系时,经济学家 W.Leontief 提出了投入产出模型,为经济学研究提供了强有力的手段,他也因此而获得了1973年的诺贝尔经济学奖.

某地有一座煤矿,一个发电厂和一条铁路.经成本核算,每生产价值1元钱的煤需消耗0.3元的电;为了把这1元钱的煤运出去需花费0.2元的运费;每生产1元的电需0.6元的煤作燃料;为了运行电厂的辅助设备需消耗本身0.1元的电,还需要花费0.1元的运费;作为铁路局,每提供1元运费的运输需消耗0.5元的煤,辅助设备要消耗0.1元的电.现在一周内,煤矿接到外地6万元煤的订货,电厂也有10万元电的外地需求,而外界对该地铁路没有需求,问:煤矿和电厂各生产多少才能满足需求?

解 假设不考虑价格变动等其他因素.设煤矿、电厂、铁路分别产出 x 元、y 元和 z 元刚好满足需求,则根据已知条件,可列表如下:

表1

		产出(1元)			产出	消耗	订单
		煤	电	运			
消耗	煤	0	0.6	0.5	x	$0.6y+0.5z$	60000
	电	0.3	0.1	0.1	y	$0.3x+0.1y+0.1z$	100000
	运	0.2	0.1	0	z	$0.2x+0.1y$	0

根据题目需求，应该有

$$\begin{cases} x-(0.6y+0.5z)=60000 \\ y-(0.3x+0.1y+0.1z)=100000 \\ z-(0.2x+0.1y)=0 \end{cases},$$

整理得如下线性方程组

$$\begin{cases} x-0.6y-0.5z=60000 \\ 3x-9y+z=-1000000 \\ 2x+y-10z=0 \end{cases},$$

我们可以利用克莱姆法则，或利用增广矩阵的初等行变换，也可以使用第八章将要学习的 Matlab 软件来进行求解，均可求得解为

$$x=1.9966\times 10^5, \quad y=1.8415\times 10^5.$$

即煤矿要生产 1.9966×10^5 元的煤，电厂要生产 1.8415×10^5 元的电恰好能满足需求.

在上述模型中，若令矩阵 $\mathbf{X}=\begin{pmatrix} x \\ y \\ z \end{pmatrix}$，$\mathbf{A}=\begin{pmatrix} 0 & 0.6 & 0.5 \\ 0.3 & 0.1 & 0.1 \\ 0.2 & 0.1 & 0 \end{pmatrix}$，$\mathbf{B}=\begin{pmatrix} 60000 \\ 100000 \\ 0 \end{pmatrix}$，则称 $\mathbf{X}$ 为总产值列向量，$\mathbf{A}$ 为消耗系数矩阵，$\mathbf{B}$ 称为最终产品向量，且有

$$\mathbf{AX}=\mathbf{B},$$

即

$$\mathbf{AX}=\begin{pmatrix} 0 & 0.6 & 0.5 \\ 0.3 & 0.1 & 0.1 \\ 0.2 & 0.1 & 0 \end{pmatrix}\begin{pmatrix} x \\ y \\ z \end{pmatrix}=\begin{pmatrix} 0.6y+0.5z \\ 0.3x+0.1y+0.2z \\ 0.2x+0.1y \end{pmatrix},$$

根据需求，应该有

$$\mathbf{X}-\mathbf{AX}=\mathbf{B},$$

即

$$(\mathbf{E}-\mathbf{A})\mathbf{X}=\mathbf{B},$$

故

$$\mathbf{X}=(\mathbf{E}-\mathbf{A})^{-1}\mathbf{B}.$$

二、金融公司支付资金的流动问题

金融公司的投资问题、营销问题等很多方面都会涉及到线性方程组的知识.

已知，甲、乙、丙为不同行业的三家上市公司，为了规避市场风险，他们决定交叉控股.甲公司掌握乙公司25%的股份，掌握丙公司20%的股份；乙公司掌握甲公司30%的股份，掌握丙公司10%的股份；丙公司掌握甲公司20%的股份，掌握乙公司30%的股份.现设甲、乙、丙三家公司的营业收入分别为12亿元、10亿元、8亿元，每家公司的联合收入是其净收入加上在其他公司股份按比例提成收入，试确定各公司的联合收入及实际收入.

解 设甲、乙、丙三家公司的联合收入分别为 R_1，R_2，R_3，则甲公司的收入方程为

$$R_1 = 12 + 0.25R_2 + 0.2R_3,$$

同理，乙公司和丙公司的收入方程分别为

$$R_2 = 10 + 0.3R_1 + 0.1R_3, \quad R_3 = 8 + 0.2R_1 + 0.3R_2,$$

由此便得到线性方程组

$$\begin{cases} R_1 = 12 + 0.25R_2 + 0.2R_3 \\ R_2 = 10 + 0.3R_1 + 0.1R_3 \\ R_3 = 8 + 0.2R_1 + 0.3R_2 \end{cases},$$

整理得

$$\begin{cases} R_1 - 0.25R_2 - 0.2R_3 = 12 \\ -0.3R_1 + R_2 - 0.1R_3 = 10 \\ -0.2R_1 - 0.3R_2 + R_3 = 8 \end{cases},$$

解上述方程的方法很多，我们可以利用克莱姆法则求得.

其系数行列式为

$$D = \begin{vmatrix} 1 & -0.25 & -0.2 \\ -0.3 & 1 & -0.1 \\ -0.2 & -0.3 & 1 \end{vmatrix} = 0.832 \neq 0,$$

说明此方程组有唯一解，而

$$D_1 = \begin{vmatrix} 12 & -0.25 & 12 \\ 10 & 1 & 10 \\ 8 & -0.3 & 8 \end{vmatrix} = 16.54, \quad D_2 = \begin{vmatrix} 1 & 12 & -0.2 \\ -0.3 & 10 & -0.1 \\ -0.2 & 8 & 1 \end{vmatrix} = 14.72,$$

$$D_3 = \begin{vmatrix} 1 & -0.25 & 12 \\ -0.3 & 1 & 10 \\ -0.2 & -0.3 & 8 \end{vmatrix} = 14.38,$$

因此有

$$R_1 = \frac{D_1}{D} \approx 19.8798, \quad R_2 = \frac{D_2}{D} \approx 17.6923, \quad R_3 = \frac{D_3}{D} \approx 17.2837.$$

以上是三个公司各自的联合收入,因为三家公司出去被别的公司控股的比例外,实际对本公司的控股比例分别为 50%,45%,70%,所以他们的实际收入分别为 $0.5x_1$,$0.45x_2$,$0.7x_3$,即:

甲公司的联合收入为 19.88 亿元,实际收入为 9.94 亿元;

乙公司的联合收入为 17.69 亿元,实际收入为 7.96 亿元;

丙公司的联合收入为 17.28 亿元,实际收入为 12.10 亿元.

三、平衡价格问题

为了协调多个相互依存的行业的平衡发展,有关部门需要根据每个行业的产出在各个行业中的分配情况确定每个行业产品的指导价格,使得每个行业的投入与产出都大致相等.

若一个经济系统由煤炭、电力、钢铁行业组成,每个行业的产出在各行业中的分配如下表 2 所示:

表 2

产出分配			购买者
煤炭	电力	钢铁	
0	0.4	0.6	煤炭
0.6	0.1	0.2	电力
0.4	0.5	0.2	钢铁

其中,表格中每一列的元素表示占该行业总产出的比例,求使得每个行业的投入与产出都相等的平衡价格.

解 假设不考虑这个系统与外界的联系,即不受外界因素的干扰.把煤炭、电力、钢铁行业每年总产出的价格分别用 x_1,x_2 和 x_3 表示,则根据已知条件,有

$$\begin{cases} x_1 = 0.4x_2 + 0.6x_3 \\ x_2 = 0.6x_1 + 0.1x_2 + 0.2x_3, \\ x_3 = 0.4x_1 + 0.5x_2 + 0.2x_3 \end{cases}$$

整理为

$$\begin{cases} x_1 - 0.4x_2 - 0.6x_3 = 0 \\ -0.6x_1 + 0.9x_2 - 0.2x_3 = 0 \\ -0.4x_1 - 0.5x_2 + 0.8x_3 = 0 \end{cases},$$

这是一个齐次线性方程组,且系数矩阵为

$$\mathbf{A} = \begin{pmatrix} 1 & -0.4 & -0.6 \\ -0.6 & 0.9 & -0.2 \\ -0.4 & -0.5 & 0.8 \end{pmatrix} \rightarrow \cdots \rightarrow \begin{pmatrix} 1 & 0 & -0.9394 \\ 0 & 1 & -0.8485 \\ 0 & 0 & 0 \end{pmatrix},$$

同解于方程组

$$\begin{cases} x_1 = 0.9394x_3 \\ x_2 = 0.8485x_3 \end{cases}.$$

设自由变量 $x_3 = 1$ 亿元,则煤炭、电力、钢铁行业每年总产出的价格分别 0.9394 亿元,0.8485 亿元,1 亿元时,能使每个行业的投入与产出都相等,这就是平衡价格.

还有很多领域需要用到线性代数的有关知识,如工程中平衡结构的梁受力问题、化学方程式的配平问题、显示器色彩制式转换问题、选举问题等,有兴趣的同学可以到网络上查找相关资料.

☆★☆ 第7章 MATLAB 软件的使用 ☆★☆

第 7 章　MATLAB 软件的使用

随着计算机技术的日益发达，计算机数学运算软件（如 MATLAB、Mathematics，Maple，SPSS）广泛使用，复杂的数值计算和推导问题都可以通过以上软件准确无误的解决．本章我们将重点学习 MATLAB 系统软件，并利用该软件进行函数极限、导数和积分的计算，函数图像的描绘，并求解微分方程和线性方程组．

7.1　MATLAB 基础知识

MATLAB 的含义是 MaTrix 和 LABoratory（矩阵实验室），是美国 MathWorks 公司于 1982 年推出的一套高性能的数值计算和可视化数学软件，是目前世界上最流行的科学与工程计算软件系统，具有非常强大的运算功能，除数学计算和分析外，还被广泛应用于自动化控制、数字信号处理、数理统计等领域．该软件操作简单，在系统环境下，只需简单地列出所求问题的数学表达式，其结果便会以数值或图形方式显示出来．

7.1.1　MATLAB 的启动与界面

和 Windows 的一般程序一样，MATLAB 也有常见的两种启动方法．

法一 单击"开始"按钮,选择"程序"菜单项,打开"MATLAB"菜单下的"MATLAB"程序,就可启动 MATLAB 系统.

法二 快捷方式,即双击电脑桌面上的 MATLAB 图标,即可启动 MATLAB.

启动 MATLAB 后,我们将可以看到其界面由以下几部分组成.

命令窗口(The Command Window):在 MATLAB 窗口的右边,保留了 MATLAB 中的交互式操作功能,在命令窗口中,用户可以在命令行提示符(>>)后输入一系列的命令,按下回车键后,MATLAB 会执行所输入的命令,并在命令后显示出计算结果.

命令历史窗口(The Command History Window):记录用户在命令窗口已执行过的命令,其顺序是最早的命令排在最下面,最后的命令排在最上面,双击这些命令可使它再次执行.

工作空间窗口(The Workspace Window):是 MATLAB 的变量管理中心,可以显示变量的名称、大小、类别等信息,同时不同的图标表示矩阵、字符数组、结构及符号等变量类型.

当前路径窗口(The Current Directory Window):提供了当前路径下文件的操作,可对文件进行打开、新建和运行等操作.

菜单栏:包含 File,Edit,View,Web,Window 和 Help 六项.

工具栏:提供了一系列命令按钮,使用命令按钮可使操作更快捷、更方便.

7.1.2 基本数学运算

1. 运算符

基本运算符:数字或矩阵进行乘方或四则运算时用算术运算符,有+(加)、-(减)、*(乘)、/(除)、^(乘方)等符号.

关系运算符:<(小于)、>(大于)、<=(小于等于)、>=(大于等于).

逻辑运算符:&(与)、|(或)、~(非).

2. 常量与常见函数

常量有:pi(圆周率π)、inf(无穷大)、j(基本虚数单位).

常见数学函数有以下几类.

三角函数:$\sin$,$\cos$,$\tan$,$\cot$,$\sec$,$\csc$;

反三角函数:$a\sin$,$a\cos$,$a\tan$,$a\cot$,$a\sec$,$a\csc$;

表 7.1 其他常用函数

abs	数值的绝对值与复数的幅值	sqrt	求平方根
log	以 e 为底数的自然对数	log10	以 10 为底数的对数
exp	以 e 为底的指数函数	fix	朝零方向取整
round	朝最近的方向取整	floor	朝负无穷大取整
ceil	朝正无穷大取整	rem	求作除法后的剩余数
conj	复数的共轭值	mod	模数（带符号的除法余数）

例 7.1 请你利用 MATLAB 计算 $\dfrac{12+2\times(7-4)}{3^2}$ 的值.

解 我们只需先启动 MATLAB，然后用键盘在 MATLAB 命令窗口中输入

>> $(12+2*(7-4))/3\hat{}\,2$

输入完成后，按【Enter】键，将显示以下结果：

　　ans =2

7.2　一元函数微积分的计算

本节主要介绍利用 MATLAB 软件系统进行一元函数微积分的运算.

7.2.1　函数的极限计算

在 MATLAB 软件系统中对函数进行极限运算的函数是 **limit**. 极限运算的格式如下表.

表 7.2　极限运算格式

数学运算	MATLAB 命令
$\lim\limits_{x \to 0} f(x)$	Limit(f)
$\lim\limits_{x \to a} f(x)$	Limit(f, x, a,)
$\lim\limits_{x \to a^-} f(x)$	Limit(f, x, a, 'left')
$\lim\limits_{x \to a^+} f(x)$	Limit(f, x, a, 'right')

例 7.2 请利用 MATLAB 软件求下列函数的极限值.

(1) $\lim\limits_{x \to 0} \dfrac{\sin x}{x}$；

(2) $\lim\limits_{x \to 0^+} \dfrac{1}{x}$；

(3) $\lim\limits_{x \to \infty}(\sqrt{x^2 + 5x} - x)$；

(4) $\lim\limits_{x \to \infty}\left(1 + \dfrac{2t}{x}\right)^{3x}$.

解　在 Command Window 窗口中分别输入下述命令，并按 Enter 键确认，即可得到 ans（答案）.

(1) >>syms x　　　　　（定义符号变量）

　　>>limit(sin(x)/x, x, 0)

　　■　ans =1

(2) >>syms x

　　>>limit(1/x, x, 0,'right')

　　■　ans =inf　　　　　　　　　（inf 表示正无穷大，-inf 表示负无穷大）

(3) >>syms x

　　>>limit(sqrt(x^2+5*x)-x, x, inf)

　　■　ans =5/2

(4) >>syms x

　　>>limit(1+2*t/x)^(3*x), x, inf)

　　■　ans =exp(6*1)

7.2.2 求导数运算

在 MATLAB 软件系统中实现函数导数和微分运算的函数是 diff，求任意阶的导数和微分用如下格式：

diff（函数, 自变量，阶数），或 diff(f, x, n).

如 diff(f, x)，表示对函数 f 求关于变量 x 的一阶导数，而 diff(f, x, 2)则表示对函数 f 求关于变量 x 的二阶导数.

例 7.3 求下列函数的一阶导数.

(1) $y = (1 + x^2)^3$; (2) $y = \sin^n x$.

解 在窗口中分别输入下述命令，并按 Enter 键确认.

(1) >>syms x y   （对变量 x 和 y 的说明）
　　>>y=(1+x^2)^3   （对函数 y 的定义）
　　>>diff(y, x)   （y 对变量 x 求一阶导数）
　　■ ans =6*(1+x^2)^2*x

(2) >>syms x n
　　>> diff(sin(x)^n)
　　■ ans = sin(x)^n*cos(x)/sin(x)

例 7.4 设函数 $y = e^{-t} \cos t$ ，求 $\dfrac{d^2 y}{dt^2}$.

解 在窗口中分别输入下述命令，并按 Enter 键确认.

>>syms t y   （对变量 x 和 y 的说明）
>>y=exp(-t)*cos(t)   （对函数 y 的定义）
>>diff(y, t, 2)   （y 对变量 x 求二阶导数）
　■ ans =2*exp(-t)*sin(t)

若函数为隐函数，同样可通过 diff 指令来完成求导过程. 首先，我们进行具体推导.
首先我们可以把隐函数方程整理为

$$f(x, y) = 0,$$

左右两端同时对 x 求导，即

$$f_x' + f_y' \cdot y' = 0,$$

整理，得

$$y' = -\frac{f'_x}{f'_y},$$

这个公式可利用 MATLAB 的命令来完成,其格式为

-diff(函数,自变量),或**-diff(f, y)**.

例 7.5 求由方程 $y\sin x + \ln y = 1$ 所确定的隐函数的导数 y'.

解 在窗口中分别输入下述命令,并按 Enter 键确认.

\>>syms x y

\>>f=y*sin(x)+log(y)-1

\>>-diff(f, x)/diff(f, y)

■ ans =-y*cos(x)/(sin(x)+1/y).

7.2.3 求积分运算

求函数积分的命令是 int,格式如下:

int(f, x)　　　对 f 关于变量 x 求不定积分;

int(f, x, a, b)　　对 f 关于变量 x 从 a 到 b 求定积分.

例 7.6 求不定积分 $\int (x^2 - 5x + 2)dx$.

解 在窗口中分别输入下述命令,并按 Enter 键确认.

\>>syms x

\>> int(x^2-5*x+2, x)

■ ans =1/3*x^3-5/2*x^2+2*x

例 7.7 求下列函数的定积分.

(1) $\int_0^1 \frac{1}{\sqrt{x}}dx$;　　　　　　(2) $\int_0^\pi \sqrt{\sin x - \sin^3 x}\,dx$.

解 (1)在命令窗口输入下列命令,并按 Enter 键确认.

\>>syms x

\>> int(1/sqrt(x), 0, 1)

■ ans =2

(2) \>> syms x

\>> f=(sin(x)-sin(x)^3)^(1/2)

\>> int(f, x, 0, pi)

■ ans =4/3

7.2.4 求解微分方程

在 MATLAB 软件系统中，用大写字母 D 表示微分方程中未知函数的导数，如 D2、D3…分别表示二阶、三阶…导数，而 Dny 则表示 y 的 n 阶导数. 求微分方程的命令是 dsolve，调用格式为

$$\text{Dsolve}('eq','cond1','cond2',\cdots,'v'),$$

其中，eq 表示微分方程，cond1，cond2，…表示初始条件，v 表示积分变量.

例 7.8 求下列微分方程的通解.

(1) $y' = x + y$； (2) $y'' - 4y' + 13y = 0$.

解 在命令窗口输入下列命令，并按 Enter 键确认.

(1) >>dsolve('Dy=x+y','x')

■ ans =-x-1+exp(x)*C1

(2) >>dsolve('d2y-4*Dy+13*y=0','x')

■ ans =exp(2*x) *(C1*sin(3*x)+C2*exp(2*x)*cos(3*x)

例 7.9 求微分方程 $y'' + 4y' + 29y = 0$ 在初始条件 $y(0) = 0$，$y'(0) = 15$ 下的特解.

解 在命令窗口输入下列命令，并按 Enter 键确认.

>>dsolve('D2y+4*Dy+29*y=0','y(0)=0','Dy(0)=15','x')

■ ans =3*exp(-2*x)* sin(5*x)

习 题 7.2

1. 求下列极限值.

(1) $\lim\limits_{x \to 1} \dfrac{x+2}{x^2 - 3x + 1}$； (2) $\lim\limits_{x \to 0} \dfrac{1}{x}$；

(3) $\lim\limits_{x\to\infty}\left(\dfrac{x-1}{x+1}\right)^x$；

(4) $\lim\limits_{x\to 1}\dfrac{x^2+2x-3}{x-1}$.

(5) $\lim\limits_{x\to 0}\dfrac{\cos x-1}{x}$.

2.求下列函数的一阶导数.

(1) $y=\ln(2x)\cdot\sin 3x$；

(2) $y=x^x$；

3.求下列函数的二阶导数.

(1) $y=e^{-t}\cos t$；

(2) $y=2x^2+\ln x$.

4.求由方程 $xy-e^x-e^y=0$ 所确定隐函数的导数.

5.求下列不定积分的值.

(1) $\int x\cos x dx$；

(2) $\int \dfrac{dx}{x\sqrt{x^2+1}}$.

6.求下列定积分的值.

(1) $\int_2^{\sin t} 4xt dt$；

(2) $\int_0^4 \dfrac{1}{1+\sqrt{x}}dx$.

7.求下列微分方程的通解或特解.

(1) $y'+y=e^{-x}$；

(2) $y''-y=\sin^2 x$；

(3) $y''-y=4xe^x$，$y|_{x=0}=0$，$y'|_{x=0}=1$.

8.求微分方程 $(1+e^x)yy'=e^x$ 满足初始条件 $y(1)=1$ 的特解.

7.3 行列式、矩阵运算及线性方程组求解

本节主要介绍利用 MATLAB 软件系统进行行列式的计算、矩阵的运算和线性方程组的求解.

7.3.1 行列式计算

一个方阵可对应一个行列式,在 MATLAB 中,我们用 det(A)求方阵 **A** 所对应的行列式的值.

例 7.10 求下列行列式的值.

(1) $\begin{vmatrix} 2 & -1 & -2 \\ 4 & 3 & 1 \\ 0 & 5 & 1 \end{vmatrix}$; (2) $\begin{vmatrix} 1 & a & a^2 \\ 1 & b & b^2 \\ 1 & c & c^2 \end{vmatrix}$.

解 在命令窗口输入下列命令,并按 Enter 键确认.

(1)>>D=[2 -1 -2;4 3 1;0 5 1]

  D =

    2   -1   -2

    4   3   1

    0   5   1

  >>Det(D)

    ■ ans =-40

(2)>>syms a b c   用 sym 命令将数值矩阵转换为符号矩阵.

  >>A=[1 a a^2;1 b b^2;1 c c^2]

  A =

[1, a, a^2]

[1, b, b^2]

[1, c, c^2]

>>Det(A)

    ■ ans =b*c^2-b^2*c+a^2*c+a*b^2-a^2*b

>>simple(ans)

    ■ ans =-(-c+b)*(a-c)*(a-b)

>>simple(ans)

    ■ ans =(c-b)*(a-c)*(a-b)

7.3.2 矩阵运算

在 MATLAB 软件系统中,矩阵的加、减、乘运算使用的符号分别是"+"、"-"、"*",

求逆矩阵的命令是:"inv(A)",求矩阵的秩的命令是:"rank(A)".

例 7.11 若矩阵 $\mathbf{A} = \begin{pmatrix} 1 & 0 & 3 \\ -3 & 4 & 5 \\ 6 & 3 & -2 \end{pmatrix}$, $\mathbf{B} = \begin{pmatrix} 2 & 1 & -2 \\ 0 & 2 & 1 \\ -1 & 2 & 2 \end{pmatrix}$, 求 **A+B**、**A-B**、**AB**.

解 在命令窗口输入下列命令,并按 Enter 键确认.

\>\>A=[1 0 3;-3 4 5;6 3 -2];

\>\>B=[2 1 -2;0 2 1;-1 2 2];

\>\>A+B

  ■ ans =

    3 1 -6

    -3 6 6

    5 5 0

\>\>A-B

  ■ ans =

    -1 -1 5

    -3 2 4

    7 1 -4

\>\>A*B

  ■ ans =

    -1 7 4

    -11 15 20

    14 8 -13

例 7.12 若矩阵 $\mathbf{A} = \begin{pmatrix} 1 & 0 & -1 \\ 2 & 1 & 0 \\ 3 & 2 & -1 \end{pmatrix}$, 求 **A** 的逆矩阵和 **A** 的秩.

解 在命令窗口输入下列命令,并按 Enter 键确认.

\>\>A=sym(A)   用 sym 命令将数值矩阵 **A** 转换为符号矩阵.

\>\>A=

[1 0 -1]

[2 1 0]

[3 2 -1]

```
>>inv(A)
    ans =
[ 1/2,    1,    -1/2]
[  -1,   -1,       1]
[-1/2,    1,    -1/2]
>>rank(A)
    ans =
     3
```

7.3.3 线性方程组求解

解线性方程组在工程实践中应用非常广泛，但运算一般都比较复杂，而用 MatLAB 能简化运算的过程，通常用命令"X=A\B"来求解形如"**AX=B**"的线性方程组.

例 7.13 解线性方程组 $\begin{cases} 2x_1 + x_2 + 3x_3 = 4 \\ x_1 + x_2 + x_3 = 1 \\ -x_1 + 2x_2 + x_3 = -2 \end{cases}$.

解 在命令窗口输入下列命令，并按 Enter 键确认.

```
>>A=[2 1 3;1 1 1;-1 2 1];
>>A1=[2 1 3 4;1 1 1 1;-1 2 1 -2];
>>rank(A)
    ans =
     3
>>rank(A1)
    ans =
     3
% 因为 rank(A)=rank(A1)=3，所以原方程组有唯一解.
>>B=[4;1;-2];
>>X=A\B
X=
     1
    -1
     1
```

由此就得到原方程组有唯一解：$x_1=1$，$x_2=-1$，$x_3=1$.

例 7.14 解线性方程组 $\begin{cases} 2x_1-x_2+3x_3=1 \\ 4x_1-2x_2+5x_3=2 \\ 2x_1-x_2+4x_3=0 \end{cases}$.

解 在命令窗口输入下列命令，并按 Enter 键确认.
\>\>A=[2 -1 3;4 -2 5;2 -1 4];
\>\>A1=[2 -1 3 1;4 -2 5 2;2 -1 4 0];
\>\>rank(A)
  ■ ans =
    2
\>\>rank(A1)
  ■ ans =
    3
% 因为 rank(A)≠rank(A1)，所以原方程组无解.

习 题 7.3

1. 已知矩阵 $\mathbf{A}=\begin{pmatrix} 3 & 2 & 4 \\ 0 & 1 & -1 \\ 4 & 0 & 2 \end{pmatrix}$，$\mathbf{B}=\begin{pmatrix} 5 & 2 & 6 \\ -1 & 1 & 0 \\ 1 & 0 & 3 \end{pmatrix}$，求 **AB**.

2. 求矩阵 $\mathbf{A}=\begin{pmatrix} 1 & 2 & -3 \\ 0 & 1 & 2 \\ 0 & 0 & 1 \end{pmatrix}$ 的逆矩阵.

3. 求矩阵 $\mathbf{A}=\begin{pmatrix} 1 & -2 & 3 & 5 \\ 0 & 1 & 2 & 1 \\ 1 & -1 & 5 & 6 \end{pmatrix}$ 的秩.

4.求解线性方程组 $\begin{cases} x_1 + 2x_2 - 3x_3 = 13 \\ 2x_1 + 3x_2 + x_3 = 4 \\ 3x_1 - x_2 + 2x_3 = -1 \\ x_1 - x_2 + 3x_3 = -8 \end{cases}$.

5.求解线性方程组 $\begin{cases} 2x_1 - x_2 + 3x_3 = 1 \\ x_1 + x_3 = 3 \\ 2x_1 + x_2 + x_3 = 11 \end{cases}$.

习题参考答案

习题 1.1

1. (1) 奇; (2) 偶; (3) 偶; (4) 偶.

2. $f(1) = 0$, $f(\frac{\pi}{4}) = \frac{\sqrt{2}}{2}$, $f(\pi) = 0$.

3. $f(x) = x^2 - 3x$.

4. (1) $x \geq \frac{1}{2}$ 且 $x \neq 2$; (2) $x \leq -1$ 或 $x \geq 3$.

5. $y = e^{2\sqrt{x}}$.

6. (1) $y = u^3$, $u = e^v$, $v = 2x + 5$;   (2) $y = \arccos u$, $u = v^4$, $v = e^x - 1$;

   (3) $y = \lg u$, $u = \cos v$, $v = \sqrt{x+3}$;   (4) $y = \sqrt{u}$, $u = 1 + v$, $v = t^2$, $t = \tan x$.

习题 1.2

1. 黑皮的正五边形有 12 块, 白皮正六边形有 20 块.

2. $s = \frac{1}{300}v^2$ $(v > 0)$.

3. $y = 324x + \frac{40000}{x} - 2000, 0 < x \leq 20$.

4. $y = \dfrac{ab}{n}(c-x), x \in [0, c]$.

5. (1) $y = 200(x+43) \ (0 \le x \le 6, x \in Z)$； (2) 三种.

6. 细杆中心的位置函数为 $\begin{cases} x = \left(2a\cos\theta - \dfrac{l}{2}\right)\sin\theta, \\ y = a - \left(2a\cos\theta - \dfrac{l}{2}\right)\cos\theta \end{cases} \left(0 < \theta < \dfrac{\pi}{2}\right)$.

7. $y = 6 + 4\sin 5t$，6，$6 + 2\sqrt{2}$.

习题 1.3

1. 不需要.

2. $\lim\limits_{x \to 1} f(x) = 1$ 和 $\lim\limits_{x \to 0} f(x) = -1$.

3. 不存在.

习题 1.4

1. (1) × (2) √ (3) × (4) × (5) ×

2. (1) 0   (2) 0   (3) 3   (4) $\dfrac{1}{e}$

3. (1) $k = \dfrac{1}{30}$；(2) $\lim\limits_{t \to +\infty} 10^4 \times 2^{\frac{1}{30}t} = +\infty$，当时间无限增大时，容器中的细菌个数也无限增大.

4. $\lim\limits_{x \to \infty} \dfrac{C(x)}{x} = \lim\limits_{x \to \infty} \dfrac{300}{x} + \lim\limits_{x \to \infty} \sqrt{\dfrac{1}{x^2} + 1} = 0 + 1 = 1$

5. (1) 因为当温度计的玻璃接触到火焰时，就会发生爆炸，所以 $f(0)$ 不存在； (2) 因为当 $x \to 0$ 时，$f(x)$ 无限接近于火焰的温度，所以 $\lim\limits_{x \to 0} f(x)$ 可表示火焰的温度； (3) $a = 20$，$b = 380$，故 $f(x) = 20 + 380e^{-x}$.

6. $P = 200$ 万元.

习题 1.5

2. (1) 0 (2) 0

3. 连续

4. $a = 3$

5. 不连续

复习题一

一、1. D 2. B 3. C 4. D 5. D

二、1. × 2. √ 3. × 4. × 5. √

三、1. 7 2. $[-1,2) \cup (2,3)$ 3. 3 4. $y = \ln u$，$u = \arctan v$，$v = x^2 - 1$

5. 0 6. $\dfrac{2}{5}$ 7. $\dfrac{1}{2}$ 8. $x = 3$ 9. $k = 6$ 10. 2

四、1. $a = 1$，$b = -6$ 2. $(-\infty, -1) \cup (-1, 3)$ 3. $R = \dfrac{8}{\pi + 8}$

4. $y(10) = \dfrac{45000}{1 + a \cdot e^{-45000 \cdot 0k}}$，45000.

习题 2.1

1. (1) $\theta'(t_0) = \lim\limits_{t \to t_0} \dfrac{\theta(t) - \theta(t_0)}{t - t_0}$； (2) $T'(t) = \lim\limits_{\Delta t \to 0} \dfrac{T(t + \Delta t) - T(t)}{\Delta t}$

2. $v(t) = 3t^2$，$v(4) = 48 m/s$.

3. (1) $f'(x_0)$；(2) $2f'(x_0)$；(3) $-f'(x_0)$.

4. 切线方程为 $y - \dfrac{1}{2} = -\dfrac{\sqrt{3}}{2}\left(x - \dfrac{\pi}{3}\right)$，法线方程为 $y - \dfrac{1}{2} = \dfrac{2\sqrt{3}}{3}\left(x - \dfrac{\pi}{3}\right)$.

5. 在点 $x = 0$ 处连续，但不可导.

6. (1) $17 m/s$；(2) $t = 5s$.

7. $P = 8$ 瓦特.

习题 2.2

1. (1) $3x^2 - \sin x$； (2) $2x\ln x + x$； (3) $y = \cos 2x$； (4) $y = \dfrac{-2x-1}{(3+x+x^2)^2}$.

2. (1) $18(3x-1)^5$； (2) $\dfrac{3}{1+3x}$； (3) $-\dfrac{x}{\sqrt{1-x^2}}$； (4) $\dfrac{\cos\ln x}{x}$.

3. $f'(1) = \dfrac{29.4}{\ln 28}$，$f'(7) = \dfrac{4.2}{\ln 28}$，$f'(28) = \dfrac{1.05}{\ln 28}$，混凝土抗压强度的增长速度越来越慢.

4. (1) $\dfrac{dy}{dt} = -\dfrac{\pi}{4}\sin\dfrac{\pi}{6}t$，代表水位的增长速度；(2) $t=0$ 时，$\dfrac{dy}{dt} = 0$，水位增长速度为 0.

5. 电压的变化率为 -0.7，电压关于可变电阻 R 的变化率的变化速度为 0.014.

6. $144\pi\ m^3/\min$.

7. 约 -148.2（单位：元/年）.

习题 2.3

1. (1) $\dfrac{y^2 - y\sin x}{1 - xy}$； (2) $\dfrac{y^2 - e^x}{\cos y - 2xy}$.

2. (1) $y(\ln x + 1)$； (2) $y\left(\dfrac{\ln x}{2\sqrt{x}} + \dfrac{1}{\sqrt{x}}\right)$.

3. $y' = (\sin x)^x (\ln\sin x + x\cot x)$

4. (1) $\dfrac{3t^2 + 1}{2t}$； (2) $-2\cot\theta$

5. $\dfrac{dy}{dx} = (3t+2)(1+t)$

6. $y - \dfrac{\sqrt{2}}{2} = -(x - \dfrac{\sqrt{2}}{2})$

7. $\theta = \arctan\left(\dfrac{v_0\sin\alpha - gt}{v_0\cos\alpha}\right)$

习题 2.4

1. (1) $3x^2$，(2) $-\sin x$，(3) $\ln x + C$，(4) $-\dfrac{1}{x} + C$，(5) $2\sin x$，$\sin 2x$.

2. (1) $(-\dfrac{1}{x^2} + \dfrac{1}{\sqrt{x}})dx$，(2) $\dfrac{\sin x - x\cos x}{\sin^2 x}dx$，(3) $(\sin 2x - 2x\cos x)dx$，

   (4) $\dfrac{3^{\ln x}\ln 3}{x}dx$，(5) $(2xe^{2x} + 2x^2 e^{2x})dx$，(6) $(\dfrac{1}{2}\cot\dfrac{x}{2})dx$.

3. $dy = -\dfrac{y^2}{xy+1}dx$.

4. (1) 0.79；(2) 0.485.

5. $\dfrac{8f}{3l}\Delta f$.

6. (1) $i(t) = 3t^2 + 1$；(2) $i(2) = 13$；(3) $t = 3$.

7. 约 $311.49\,cm^2$.

8. 0.03.

9. 摆长缩短 $0.01\,cm$，钟摆周期也缩短约 $0.0002\,s$，钟每天大约快 $0.0002×24×60×60=17.28\,s$.

复习题二

一、(1) C (2) C (3) D (4) B (5) D (6) A

二、(1) ± 1；(2) $y' = 3x^2 + 3^x\ln 3$；(3) kae^{-kt_0}，$-k^2 ae^{-kt_0}$；

   (4) $\dfrac{1}{3}e^{3x} + C$，$\dfrac{1}{5}\sin 5x + C$，$2\sqrt{x} + C$；(5) $\dfrac{1}{4}$；(6) $-\sin 1 - 1$；

   (7) 0；(8) 12；(9) $a = 3, b = 1$；(10) $-\dfrac{1}{t}$.

三、1. $y' = \dfrac{y}{2}(\dfrac{3}{3x-2} + \dfrac{2}{5-2x} - \dfrac{1}{x-1})$ 2. $x - y - 1 = 0$

3. $dy = -(\tan x + \dfrac{2x}{x^2-1})dx$

4. $dy = \dfrac{e^{x+y} - \dfrac{1}{\sqrt{1-x^2}}}{1-e^{x+y}}dx$.

5. 1.025.   6. 0.897g.   7. $\dfrac{1250}{121\pi}(m/h)$.   8. 100(弧度$/h$).

9. $\delta_\alpha = 0.00056$(弧度)，$\dfrac{\delta_\alpha}{\alpha} = 0.58\%$.   10. $\dfrac{8}{3}(m/s)$.

习题 3.1

1. $\dfrac{1}{\ln 2} - 1$.

2. (1) ×，$\lim\limits_{x \to 1}\dfrac{x^3-1}{2x} = \dfrac{0}{2} = 0$；

   (2) ×，$\lim\limits_{x \to \infty}\dfrac{e^x - e^{-x}}{e^x + e^{-x}} = \lim\limits_{x \to \infty}\dfrac{e^{2x}-1}{e^{2x}+1} = \lim\limits_{x \to \infty}\dfrac{2e^{2x}}{2e^{2x}} = 1$；

   (3) ×，$\lim\limits_{x \to \infty}\dfrac{x + \cos x}{x} = \lim\limits_{x \to \infty}(1+\dfrac{\cos x}{x}) = 1 + \lim\limits_{x \to \infty}\dfrac{\cos x}{x} = 1 + 0 = 1$；

3. (1) 1； (2) 1； (3) $-\dfrac{1}{2}$； (4) 0； (5) 1； (6) 0； (7) 1； (8) 0.

4. 5,000,000 人

习题 3.2

1. (1) ×   (2) ×   (3) √   (4) ×   (5) ×

2. 单调增区间为 $(-\infty, 0)$ 和 $(2, +\infty)$，单调减区间为 $(0,1)$ 和 $(1,2)$

3. 极小值为 $1 - \ln 9$.

5. $a = -\dfrac{3}{2}, b = \dfrac{9}{2}$

6. $\dfrac{dQ}{dt} > 0$，$\dfrac{d^2Q}{dt^2} < 0$.

7. (1) 水平渐近线 $y = 1$，垂直渐近线 $x = 1$；(2) 水平渐近线 $y = 1$，垂直渐近线 $x = 0$；

   (3) 无水平渐近线，垂直渐近线 $x = 1$；(4) 水平渐近线 $y = 1$，垂直渐近线 $x = 2$.

9. $L_1'(t) > 0$，$L_2'(t) > 0$，而 $L_1''(t) < 0$，$L_2''(t) > 0$，因此第二种方案更优.

习题 3.3

1. 最大值为 201，最小值为 -49.

2. 当 P 点距离炼油厂的距离为 7.764 公里时管道铺设费用最低.

3. 当横梁截面底宽为 $x = \dfrac{d}{\sqrt{3}}$，梁高 $h = \dfrac{\sqrt{2}d}{\sqrt{3}}$ 时，横梁的承载能力最大.

5. 24400 个.

6. 3 m/s.

习题 3.4

1. (1) $ds = \sqrt{1 + (9x^2 + 2)^2}\, dx$；   (2) $ds = \sqrt{1 + (\cos x + \dfrac{3}{2}\sin 2x)^2}\, dx$.

2. (1) $k = 0$，$R = \infty$；   (2) $k = \dfrac{2\sqrt{5}}{25}$，$R = \dfrac{5\sqrt{5}}{2}$；

    (3) $k = \dfrac{\sqrt{2}}{2}$，$R = \sqrt{2}$；   (4) $k = \dfrac{2\sqrt{3}}{9}$，$R = \dfrac{3\sqrt{3}}{2}$.

3. 45400 牛顿

4. $k\big|_{x=0} \approx \dfrac{pl}{EI}$，$k\big|_{x=\frac{l}{2}} \approx \dfrac{pl}{2EI}$，$k\big|_{x=l} = 0$

复习题三

一、1. D   2. A   3. B   4. A   5. C   6. B

二、1. ×   2. ×   3. √   4. ×   5. ×

三、1. 0；   2. 0；   3. 2；   4. -1；   5. R；   6. 2；

7. $a = -\dfrac{2}{3}$，$b = -\dfrac{1}{6}$； 8. 18，6.

9. 凹区间为 $(-\infty, \dfrac{1}{2})$，凸区间为 $(\dfrac{1}{2}, +\infty)$，拐点是 $(\dfrac{1}{2}, \dfrac{7}{2})$.

10. $k = \dfrac{6}{[4+5\sin^2\theta]^{\frac{3}{2}}}$，$R = \dfrac{1}{6}[4+5\sin^2\theta]^{\frac{3}{2}}$

四、1. (1) 0； (2) 1； (3) 1； (4) 0； (5) e^2； (6) 1.

2. $P' = \dfrac{-196t}{(t^2+1)^2} < 0$，所以血压是单调减少的. 3. $a = 1$，$b = -6$，$c = 9$，$d = 2$

4. $\dfrac{10}{3}$. 6. 1246 牛顿. 7. $y = -\dfrac{1}{32}x^5 + \dfrac{1}{8}x^4 - \dfrac{1}{8}x^3 + \dfrac{1}{4}x^2$

习题 4.1

1. (4) $\displaystyle\int 4x^3 dx = x^4 + C$.

2. B

3. (1) $\dfrac{1}{4}x^4 + C$，$\dfrac{1}{4}x^4 + C$； (2) $\ln x + C$，$\ln x + C$.

4. 是，$\ln x + C$

5. (1) $\dfrac{1}{4}x^4 + \dfrac{1}{x} + 5x + C$； (2) $\dfrac{2}{7}x^{\frac{7}{2}} + C$； (3) $-e^{-x} + C$； (4) $\dfrac{1}{2}\sin 2x + C$；

   (5) $x - 2\arctan x + C$； (6) $-\dfrac{1}{2}\sin x + \dfrac{1}{2}x + C$.

6. (1) $y = \dfrac{1}{8}x^2 + C$； (2) $y = \dfrac{1}{8}x^2 + 2$

7. $s(t) = \dfrac{2}{3}t^3 + t + \dfrac{4}{3}$.

8. $y(t) = \dfrac{2}{3}kt^{\frac{3}{2}} + C$.

249

习题 4.2

1. (1) $\dfrac{1}{a}$;　　(2) $\dfrac{1}{4}$;　　(3) $\dfrac{1}{2}$;　　(4) $-\dfrac{1}{5}$;　　(5) $-\dfrac{2}{3}$;　　(6) $-\dfrac{1}{2}$.

2. (1) $u=\ln x,\ dv=d(\dfrac{1}{2}x^2)$;　(2) $u=x^2,\ dv=d(\sin x)$;　(3) $u=x^2,\ dv=d(-e^{-x})$.

3. (1) $\dfrac{1}{18}(3x+4)^6+C$;　　　(2) $\dfrac{1}{2}\sin(2x+6)+C$;　　　(3) $\dfrac{1}{42}(3x^2-5)^7+C$;

　　(4) $\ln\left|\dfrac{x}{x+1}\right|+C$;　　　(5) $\sin x-\dfrac{1}{3}\sin^3 x+C$;　　　(6) $\cos\dfrac{1}{x}+C$;

　　(7) $x-\dfrac{3}{4}(x-3)^{\frac{4}{3}}+\dfrac{3}{5}(x-3)^{\frac{5}{3}}+C$;　(8) $\dfrac{3}{2}\sqrt[3]{(x+2)^2}-3\sqrt[3]{x+2}+3\ln|1+\sqrt[3]{x+2}|+C$.

4. (1) $2\arctan\sqrt{x}+C$;　　　(2) $-\dfrac{1}{2(x^2+1)}+C$.

5. (1) $\dfrac{1}{3}x\sin 3x+\dfrac{1}{9}\cos 3x+C$;　(2) $\dfrac{1}{2}xe^{2x}-\dfrac{1}{4}e^{2x}+C$;　(3) $\dfrac{1}{2}x^2(\ln x-\dfrac{1}{2})+C$;

　　(4) $-2\sqrt{x}\cos\sqrt{x}+2\sin\sqrt{x}+C$;　(5) $x\ln(x^2+1)-2x+2\arctan x+C$;

　　(6) $\dfrac{1}{2}x^2\ln(x-1)-\dfrac{1}{4}x^2-\dfrac{1}{2}x-\dfrac{1}{2}\ln(x-1)+C$.

6. 总收入函数 $R=\sqrt{100x+1}-1$，需求函数 $x=\dfrac{100-2p}{p^2}$.

习题 4.3

2. (1) ×　　(2) ×　　(3) √　　(4) ×　　(5) √

3. (1) $\displaystyle\int_{-1}^{2}|x^3|dx$;　　(2) $\displaystyle\int_{-\pi}^{\frac{\pi}{4}}|\cos x|dx$.　　4. (1) 负；(2) 正.

5. $\dfrac{13}{6}$.　　　6. $\displaystyle\int_{0}^{t}(v_0+at)dt$.　　　7. $W=\displaystyle\int_{a}^{b}r(t)dt$.

习题 4.4

1. (1) $\dfrac{7}{3}$;   (2) 1;   (3) $\dfrac{3}{2}$;   (4) $\dfrac{29}{6}$;   (5) e^2-3;   (6) 1;   (7) $\dfrac{\pi}{4}-\dfrac{2}{3}$;   (8) $\dfrac{\pi}{2}$.

2. (1) $\dfrac{1}{2}e^3(e^2-1)$;   (2) $\ln(e+1)-\ln 2$;   (3) $-e^{-\frac{1}{2}}+1$;   (4) $7+\ln 2$.

3. (1) π;   (2) $\dfrac{1}{4}(e^2-1)$;   (3) $-e^\pi$;   (4) $\dfrac{2}{5}(1+\ln 2)$.

4. 13.

5. 约 499.

6. $T=\int_0^6 320e^{0.05t}dt=\dfrac{320}{0.05}e^{0.05t}\Big|_0^5=6400(e^{0.25}-1)\approx 1817.76$（亿桶）.

7. 总废气量为 10.6941 万吨.

习题 4.5

1. (1) 8;   (2) $\dfrac{a}{2}[2\pi\sqrt{1+4\pi^2}+\ln(2\pi+\sqrt{1+4\pi^2})]$.

2. (1) $\dfrac{9}{4}$;   (2) $2\sqrt{2}-2$.

3. 19.77m.

4. $\dfrac{\pi}{16}$.

5. $kq\left(\dfrac{1}{a}-\dfrac{1}{b}\right)$.

6. $1.25(J)$.

7. $2\pi R^3$.

8. $\dfrac{\pi k}{2}R^4$.

9. $\dfrac{(4\sqrt{2}-2)\rho a^2 b}{3}$.

10. $\dfrac{U_m I_m}{2\omega}\sin^2 60\omega$.

复习题四

一、1. C   2. D   3. D   4. D   5. C   6. C   7. B   8. C

二、1. 所有原函数；   2. $\frac{x}{1+x^2}+C$, $\frac{x}{1+x^2}$；   3. $-\sin 2x$；   4. $y=\sin x$；

5. (1) $x+C$；   (2) $-\frac{3}{x}+C$；   (3) e^x+C；

(4) $\frac{1}{2}\ln|x|+C$；   (5) $2\arctan x+C$；   (6) $\frac{1}{2}\sin 2x+C$.

6. 1   7. $\frac{1}{3}$ 8. 2   9. $\frac{2\pi}{5}$ 10. -1

三、1. $\frac{1}{3}x^3-\frac{3}{2}x^2+2x+C$；   2. e^x+x^2+C；   3. $\frac{1}{2}x^2+2x-\frac{3}{x}+C$；

4. $\frac{1}{20}(5x-2)^4+C$；   5. $e^{x^2}+C$；   6. $\ln|\ln x|+C$；

7. $\frac{1}{2}\arcsin\frac{2}{3}x+C$；   8. $\frac{1}{2}(\tan x+x)+C$；   9. $\frac{1}{2}\ln(x^2+1)+C$；   10. $\frac{1}{3}x^3 e^{x^3}-\frac{1}{3}e^{x^3}+C$.

四、2. $\frac{125}{96}$ 3. $A(t)=\frac{5}{t}$, $A(5)=1cm^2$.   4. $Q(t)=0.002(t^2+1)^{\frac{3}{2}}-0.002$.

5. 125π.   6. $F=\int_0^6 9.8\times 10^3 (-\frac{1}{3}x^2+6x)dx \approx 8.23\times 10^5 N$.   7. $\sqrt{2}$.

8. $\frac{4}{3}\pi r^4$ 9. $\overline{P}=\frac{U_m^2}{2R}$.   10. $\overline{U}=\frac{1}{T}\int_{\frac{\pi}{2\omega}}^{\frac{\pi}{\omega}} U_m\cos\omega t dt=\frac{U_m}{\pi}$.

习题 5.1

1. (1) 是   (2) 不是   (3) 是   (4) 不是

2. (1) 1   (2) 3   (3) 2   (4) 2

3. $\frac{dP}{dT}=k\frac{P}{T^2}$ (k 为比例系数).

4. $y'=-\frac{1}{x^2}$

5. (1) $y = \dfrac{1}{6}x^3 + \dfrac{1}{2}x^2 + C_1 x + C_2$;   (2) $y = 2\ln|x| + 1$.

6. $y = \dfrac{1}{4}(e^{2x} - e^{-2x})$.

习题 5.2

1. (1) $\ln|y| = -\dfrac{1}{2}x^2 + C$;   (2) $e^{-y} = -e^x + C$;   (3) $y = \dfrac{1}{2}\sin 2x + C$;

(4) $\dfrac{1}{y} = -2x^2 + C$;   (5) $\ln|1+y| = -\ln|1-x| + C$;   (6) $\ln\left|\dfrac{y+1}{y-1}\right| = \ln\left|\dfrac{x-1}{x+1}\right| + C$.

2. (1) $y = e^{\tan\frac{x}{2}}$;   (2) $y + \ln|y| = \dfrac{3}{2} - \dfrac{1}{2}e^{-x}$.

3. $y = \dfrac{1}{3}x^2$.

4. 设 $\dfrac{dV(t)}{dt} = -kS(t)$, 得 $V(t) = \dfrac{\pi}{6}(12 - 3t)^2)$, $t \in [0,4]$.

5. 经过 $670.6(h)$.

习题 5.3

1. (1) $y = e^{x^2}(\sin x + C)$;   (2) $y^2(Ce^{-2x} - x + \dfrac{1}{2}) = 1$;   (3) $y = Cx - \dfrac{1}{2}x^3$;

(4) $y = \dfrac{1}{2}(xe^x - \dfrac{1}{2}e^x + Ce^{-x})$;

2. $y = \dfrac{1}{x}\left[\dfrac{1}{2}(\ln x)^2 + C\right]$, $y = \dfrac{1}{2x}\left[(\ln x)^2 + 1\right]$.

3. 辛追夫人死亡时间约为公元前 168 年.

5. $I = e^{-5t} + \sqrt{2}\sin(5t - \dfrac{\pi}{4})$.

6.（1）$k = 4.5 \times 10^6 \, kg/h$； （2）机场跑道$1500m$的长度能保障飞机安全着陆.

复习题五

一、1. A   2. B   3. C   4. C   5. D

二、1. $y = Ce^x - 1$.   2. $y = \cos x + \frac{1}{2}C_1 x^2 + C_2 x + C_3$.

3. $y = \frac{1}{2}e^x + \frac{3}{2}e^{-x}$.   4. $y = 2(e^x - x - 1)$.   5. $y = xe^{Cx}$.

三、1.（1）$x = \frac{y^3}{2} + Cy$；   (2) $y = e^{-x^2}(\frac{1}{2}x^2 + C)$；

(3) $(x^2 + 3)\sin y = 2$；   (4) $y = \frac{1}{4}e^{2x} + \cos x + C_1 + C_2$.

2. $y = \cos 3x - \frac{1}{3}\sin 3x$.   3. $y = -6x^2 + 7x$ $(0 \le x \le \frac{7}{6})$.   4. $y = 5e^{\frac{3}{10}t}$.

5. 车间内CO_2的量为$x|_{t=6} = 0.03 + 0.07e^{-1} \approx 0.056$，即其百分比降低到$0.056\%$.

6. 方程特解为 $\frac{y}{y-1000} = -\frac{1}{9}e^{\frac{\ln 3}{3}t}$，当$t = 6$时，$y = \frac{500(3\sqrt{3}-1)}{13} \approx 161$条.

7. $v = \frac{mg}{k}(1 - e^{-\frac{k}{m}t})$，$t$越大时越接近于匀速.

习题 6.1

1.（1）7；   (2) 1；   (3) 133；   (4) 0；   (5) -120；   (6) $abcd$.
2. -15.
3. 36.

习题 6.2

1.（1）160；   (2) 0；   (3) 0；   (4) $x^n + (-1)^{n+1}y^n$.

2. (1) $x_1 = 3$，$x_2 = 1$，$x_3 = -2$． (2) $x_1 = 1$，$x_2 = -2$，$x_3 = 5$，$x_4 = -1$．

3. $\lambda = -2$ 或 $\lambda = 7$．

习题 6.3

1. (1) ×   (2) ×   (3) ×

2. (1) m，n；   (2) 对角矩阵；   (3) $\begin{pmatrix} 1 & 0 & 0 \\ 0 & 1 & 0 \\ 0 & 0 & 1 \end{pmatrix}$； (4) $a=1, b=3, c=0, d=-4$；

(5) 4×5，$\mathbf{C}_{2j} \times \mathbf{D}_{i3}(i,j=1,2,3)$；   (6) n 阶方阵，a_{ji}．

3. $x = 1, y = 1$

4. $\begin{pmatrix} 19 & -4 & 24 \\ -14 & 15 & 18 \\ 14 & 21 & 12 \end{pmatrix}$，$\begin{pmatrix} -9 & 19 & -10 \\ 21 & -16 & 12 \\ 5 & 14 & -5 \end{pmatrix}$．

5. (1) $\begin{pmatrix} 3 & 2 \\ 5 & 6 \end{pmatrix}$ (2) $\begin{pmatrix} 5 & 7 \\ 5 & 29 \end{pmatrix}$ (3) $\begin{pmatrix} 15 & 7 & -5 & -1 \\ 4 & 27 & 7 & -5 \end{pmatrix}$ (4) (38)

6. 公司在三个项目上分别投资 x_1、x_2、x_3 万元，则有线性方程组

$\begin{cases} x_1 + x_2 + x_3 = 80 \\ 0.06x_1 + 0.12x_2 + 0.1x_3 = 6 \end{cases}$，用矩阵表示为 $\begin{pmatrix} 1 & 1 & 1 \\ 0.06 & 0.12 & 0.1 \end{pmatrix} \begin{pmatrix} x_1 \\ x_2 \\ x_3 \end{pmatrix} = \begin{pmatrix} 80 \\ 6 \end{pmatrix}$．

习题 6.4

1. (1) $\begin{pmatrix} \frac{1}{7} & \frac{5}{7} \\ \frac{1}{7} & -\frac{2}{7} \end{pmatrix}$；   (2) $\begin{pmatrix} 2 & -1 & -1 \\ 3 & -1 & -2 \\ -1 & 1 & 1 \end{pmatrix}$．

2. (1) $\begin{pmatrix} 18 & -32 \\ 5 & -8 \end{pmatrix}$; (2) $\begin{pmatrix} -\dfrac{29}{30} & -\dfrac{83}{30} \\ \dfrac{7}{6} & \dfrac{7}{6} \\ -\dfrac{14}{15} & -\dfrac{23}{15} \end{pmatrix}$.

3. 2.

4. $\begin{cases} x_1 = 1 \\ x_2 = 3 \\ x_3 = -1 \end{cases}$.

5. 原信号矩阵为 $\begin{pmatrix} 14 & 15 & 20 \end{pmatrix}^T$，意为 "not".

6. 32 万元、28 万元.

7. 载有毒品的船和缉毒船各行驶了 2.5 小时和 2.1 小时.

习题 6.5

1. (1) $x_1 = 4$，$x_2 = 3$，$x_3 = 2$；　　　(2) $x_1 = 1$，$x_2 = 1$，$x_3 = 0$.

2. 无解.

3. 当 $a = 5$，$b \neq -3$ 时，无解；当 $a = 5$，$b = -3$ 时，无穷多解；当 $a \neq 5$ 时，唯一解.

4. $m = 7$.

5. 无穷个解：$x_1 = -\dfrac{3}{2}c_1 - c_2$，$x_2 = \dfrac{7}{2}c_1 - 2c_2$，$x_3 = c_1$，$x_4 = c_2$，其中 c_1，c_2 为任意常数.

6. 第三种规格的佐料能由前两种规格的佐料按 7:12 的比例配制而成.

复习题六

一、1.D　2.D　3.D　4.D　5.C　　　　二、1.√　2.×　3.×　4.×　5.√

三、1. $\dfrac{1}{4}\sin^2 2x$　　　2. 1　　　3. 3　　　4. 无解　　　5. 0，3

6. $\begin{pmatrix} 3 & 3 \\ 4 & -2 \\ 3 & 0 \end{pmatrix}$, $\begin{pmatrix} 1 & 9 \\ -7 & -2 \end{pmatrix}$.   7. -5   8. -2

四、1. (1) 0;   (2) -36;   (3) 40;   (4) 48.

2. (1) $\begin{pmatrix} 3 & 6 & 4 \\ 19 & 7 & 1 \end{pmatrix}$;   (2) $\begin{pmatrix} -4 & 2 & 2 \\ -2 & 0 & 1 \\ 2 & 0 & -1 \\ -8 & 0 & 4 \end{pmatrix}$;   (3) 4;   (4) $\begin{pmatrix} -\frac{2}{3} & \frac{1}{3} & -\frac{1}{3} \\ \frac{4}{3} & -\frac{2}{3} & -\frac{1}{3} \\ -\frac{1}{6} & \frac{1}{3} & \frac{1}{6} \end{pmatrix}$.

3. $AB = \begin{pmatrix} 11 & 8 & 19 \\ 11 & 7 & 15 \end{pmatrix}$, BA 不存在.

4. 白天的电费标准为 0.462 元/度，夜间电费标准为 0.2323 元/度.

5. $AB = (630 \quad 560 \quad 280)$.

6. 甲公司的月利润为 27.5 万元，乙公司的月利润为 29.7 万元.

7. (1) $\lambda \neq 1$ 且 $\lambda \neq -2$;   (2) $\lambda = -2$;   (3) $\lambda = 1$.

8. 开发这种新产品是可能的，而且有无穷多种配方可供选择.

习题 7.2

1. (1) -3;   (2) NaN;   (3) exp(-2);   (4) $\lim_{x \to 1} \frac{x^2 + 2x - 3}{x - 1}$;   (5) =limit((cos(x)-1)/x, x, 0)=0

2. (1) (1/x)*sin(3*x)+3cos(3*x)*log(2*x);   (2) x^x*(log(x)+1);

3. (1) 2*exp(-t)*sin(t);   (2) 4-(1/x^2).

4. -(y-e^x)/(x-e^x).

5. (1) cos(x)+x*sin(x);   (2) -atanh(1/(x^2+1)^(1/2).

6. (1) 2*t*(sin(t)^2-4);   (2) -2*log(3)+4.

7. (1) x*exp(-x)+C1* exp(-x);   (2) C1*exp(-x)+C2* exp(-x)-1/2+1/10*COS(2*x);
   (3) exp(-x)*(-1+ exp(2*x)-x *exp(2*x)+ x^2*exp(2*x)).

8. (2*log(1+ exp(x))-2*log(1+ exp(1))+1)^(1/2).

习题 7.3

1. $\begin{pmatrix} 17 & 8 & 30 \\ -2 & 1 & -3 \\ 22 & 8 & 30 \end{pmatrix}$.

2. $\begin{pmatrix} 1 & -2 & 7 \\ 0 & 1 & -2 \\ 0 & 0 & 1 \end{pmatrix}$.

3. 2.

4. 原方程组有唯一解：$x_1 = 2$，$x_2 = 1$，$x_3 = -3$.

5. 原方程组有无穷多个解：$x_1 = -c+3$，$x_2 = c+5$，$x_3 = c$，其中 c 是任意常数.

主要参考书目

[1] 邵汉强.机械类高等数学.北京:高等教育出版社,2006.
[2] 郝军,张绪绪.高等数学.北京:高等教育出版社,2008.
[3] 李天然.高等数学(建工类).北京:高等教育出版社,2008.
[4] 朱建国.计算机应用数学.北京:高等教育出版社,2008.
[5] 黄开兴.工科应用数学.北京:高等教育出版社,2008.
[6] 曾庆柏.经济应用数学.西安:世界图书出版公司,2009.
[7] 吴洁,胡农.高等数学(工科类专业适用).北京:高等教育出版社,2010.
[8] 刘继杰,白淑岩.工科应用数学(下册).北京:高等教育出版社,2010.
[9] 曾庆柏.高等应用数学实训指导.西安:世界图书出版公司,2010.
[10] 康永强.经济数学与数学文化.北京:清华大学出版社,2011.
[11] 娄亚敏.数学与现代生活.南京:南京大学出版社,2011.
[12] 刘继杰,李少文.工科应用数学(上册).北京:高等教育出版社,2011.
[13] 颜文勇.数学建模.北京:高等教育出版社,2011.
[14] 王玉华,彭秋艳.应用数学基础.北京:高等教育出版社,2013.